江苏省《化学工业挥发性有机物排放标准》（DB 32/3151—2016）实施技术指南

李建军　王志良　胡志军　等 著

U0345653

中国环境出版集团·北京

图书在版编目（CIP）数据

江苏省《化学工业挥发性有机物排放标准》（DB 32/3151—2016）实施技术指南 / 李建军等著. 一北京：中国环境出版集团，2018.6

ISBN 978-7-5111-3263-5

Ⅰ. ①江… Ⅱ. ①李… Ⅲ. ①化学工业—挥发性有机物—污染物排放标准—江苏—指南 Ⅳ. ①X783-62

中国版本图书馆 CIP 数据核字（2017）第 155811 号

出 版 人	武德凯	
责任编辑	黄　颖	曹靖凯
责任校对	任　丽	
封面设计	宋　瑞	

出版发行　中国环境出版集团
　　　　　（100062　北京市东城区广渠门内大街 16 号）
　　　　　网　　　址：http://www.cesp.com.cn
　　　　　电子邮箱：bjgl@cesp.com.cn
　　　　　联系电话：010-67112765（编辑管理部）
　　　　　发行热线：010-67125803，010-67113405（传真）
印　　刷　北京中科印刷有限公司
经　　销　各地新华书店
版　　次　2018 年 6 月第 1 版
印　　次　2018 年 6 月第 1 次印刷
开　　本　787×1092　1/16
印　　张　16.25
字　　数　350 千字
定　　价　58.00 元

江苏省《化学工业挥发性有机物排放标准》
（DB 32/3151—2016）实施技术指南

编 委 会

前　言

江苏跨江濒海，平原辽阔，水网密布，湖泊众多，具有良好的自然禀赋。近年来，省委、省政府紧紧围绕实现"两个率先"的目标，坚持以推动科学发展、建设美好江苏为主题，以转变经济发展方式为主线，以生态省建设为目标，以生态文明建设工程为抓手，统筹推进经济社会发展与生态环境保护工作，努力建设"天蓝、地绿、水净、景秀"的美丽新江苏。

"十二五"以来，江苏省委、省政府陆续发布了《省政府关于实施蓝天工程改善大气环境的意见》（苏政发[2010]87 号）、《省政府关于印发〈江苏省大气污染防治行动计划实施方案〉的通知》（苏政办发[2014]1 号）、《省委　省政府关于印发〈两减六治三提升专项行动方案〉的通知》（苏发[2016]47 号）等文件，在各项大气污染治理措施的共同作用下，在经济社会快速发展的同时，污染物排放总量不断下降，环境空气质量持续改善，大气环境中主要污染物浓度显著下降。

但是，江苏省大气污染物排放总量仍然处于较高水平，大气复合型污染特征突出。随着雾霾现象频发，细颗粒物（$PM_{2.5}$）污染成为新的社会关注焦点，环境空气质量现状与人民群众的要求仍有较大差距，尤其是实现控制 $PM_{2.5}$ 目标将面临巨大挑战。目前，制约江苏省空气质量达标的首要污染物是细颗粒物，另外臭氧污染加重趋势也尚未得到有效控制。臭氧主要通过大气中挥发性有机物（Volatile Organic Compounds，VOCs）与氮氧化物（NO_x）相互作用生成，它会导致大气氧化性增强，促进包括二次污染形成的硫酸盐和硝酸盐等在内的二次粒子的转化，从而加重 $PM_{2.5}$ 污染。因此，要减轻 $PM_{2.5}$ 污染，就必须控制 VOCs 排放。

化学工业是国民经济的重要基础产业。多年来，江苏省化学工业取得了长足发展，经济总量位居全国前列，已成为江苏省支柱产业之一，然而行业发展所带来的环境污染不容忽视。根据《"十三五"规划全国分行业 VOCs 排放基数——江苏》，江苏省工业源 VOCs 排放量为 108.07 万 t，占总排放量的 46.81%，远高于交通源、生活源或农业源。根据《国民经济行业分类》（GB/T 4754—2011），化学工业（除石化外）VOCs 排放量 23.20 万 t，占工业源排放量的 21.47%，是重要的 VOCs 来源。

为了控制江苏省化学工业大气污染物排放，保证人体健康、保护生态环境，改善环境空气质量，近年来江苏省从大气污染防治的实际需要出发，相继颁布了一些地方大气污染防治文件、技术规范和指南，诸如《省政府办公厅关于印发〈全省化工生产企业专项整治方案〉的通知》（苏政办发[2006]121号）、《省政府办公厅关于印发〈全省深入开展化工生产企业专项整治工作方案〉的通知》（苏政办发[2010]9号）、《省政府办公厅关于印发〈全省开展第三轮化工生产企业专项整治方案〉的通知》（苏政办发[2012]121号）、《省政府办公厅关于〈开展全省化工企业四个一批专项行动〉的通知》（苏政办发[2017]6号）、《江苏省环保厅关于印发〈江苏省化工行业废气污染防治技术规范〉的通知》（苏环办[2014]3号）、《江苏省环保厅关于印发〈江苏省重点行业挥发性有机物污染整治方案〉的通知》（苏环办[2015]19号）、《江苏省环保厅关于印发〈江苏省化学工业挥发性有机物无组织排放控制技术指南〉的通知》（苏环办[2016]95号）等，其中《化学工业挥发性有机物排放标准》（DB 32/3151—2016）是控制化学工业固定污染源排放VOCs的主要标准。

江苏省《化学工业挥发性有机物排放标准》（DB 32/3151—2016）在包括国家标准《大气污染物综合排放标准》（GB 16297—1996）中"苯、甲苯、二甲苯、酚类、甲醛、乙醛、苯胺类、酚类、甲醇、丙烯腈、丙烯醛、氯苯类、硝基苯类、氯乙烯"13项VOCs基础上，将VOCs种类增加至33项，同时延续使用"非甲烷总烃"作为排气筒和厂界VOCs综合性控制指标，保证了与国家标准的衔接。此标准充分考虑了技术经济可行性，合理设定排放限值。排放浓度限值严于国标；排放速率限值比国标严30%，同时所有厂家监控点浓度限值也严于国标，这体现了江苏省对大气环境质量的更高要求。

环境标准的主要作用：一是作为环境管理部门环保审批、验收和环境监管的依据，二是作为排污企业工程设计和日常管理的依据。为充分发挥标准的上述作用，必须加强对标准的宣传和贯彻力度，解答标准实施过程中所遇到的问题，为化学工业大气污染源达标排放提供技术支持。为此，江苏省环境科学研究院的标准编制组根据《化学工业挥发性有机物排放标准》（DB 32/3151—2016）的内容和实施要点编制了标准及实施技术指南，以期为环境管理部门执法监督检查提供技术支持。

本书在编写过程中得到了江苏省环保厅相关处室、江苏省环境科学研究院及江苏省环境科技有限责任公司相关部门的大力支持，在此一并表示感谢。

由于编者水平有限，在编写本书的过程中还有不少差错和遗漏，敬请广大读者批评指正。

李建军

2017年2月1日

目　录

第1章　标准编制的背景和必要性

1.1　江苏省化学工业行业现状

1.1.1　行业分类

本标准"化学工业"指以石油、煤炭和化学矿等为原料进行一次或多次化学加工的产业，主要包括精炼原油产品、基础化学原料、化学肥料、农药、涂料、油墨颜料及类似制品、专用化学品、合成材料、橡胶制品、专用设备制造业等，不包括石油和天然气开采业。

根据《国民经济行业分类》（GB/T 4754—2011），化学工业可细分为：

C25 石油加工炼焦和核燃料加工业：C251 精炼石油产品制造、C252 炼焦、C253 核燃料加工；主要产品包括各种燃料油（汽油、煤油、柴油等）、润滑油、液化石油气、石油焦碳、石蜡、沥青等石油产品以及乙烯、丙烯、丁二烯、苯、甲苯、二甲苯为代表的基本化工原料。

C26 化学原料和化学制品制造业：C261 基础化学原料制造、C262 肥料制造、C263 农药制造、C264 涂料、油墨、颜料及类似产品制造、C265 合成材料制造、C266 专用化学产品制造、C267 炸药、火工及焰火产品制造、C268 日用化学产品制造；主要产品包括"三酸两碱"、三烯、三苯、乙炔、萘等基础化学原料，氮肥、磷肥、钾肥、复合肥料、有机肥料等肥料，除草剂、杀菌剂、杀虫剂、杀螨剂、杀鼠剂等化学和生物农药，涂料、油墨、颜料以及染料等类似品，合成树脂、合成橡胶、合成纤维等，化学试剂、助剂、信息化学品等，肥皂及合成洗涤剂、化妆品、口腔清洁用品以及香料香精等。

C27 医药制造业：C271 化学药品原料药制造、C272 化学药品制剂制造、C273 中药饮片加工、C274 中成药生产、C275 兽用药品制造、C276 生物药品制造、C277 卫生材料及医药用品制造；主要产品包括化学原料药及其制剂，中药饮片及其制剂，动物用化学药品、抗生素、畜禽疫苗等兽用药品，生化药品及制剂、基因工程药物、血液制品、诊断试剂等，药用包装材料等辅助医药用品。

C28 化学纤维制造业：C281 纤维素纤维原料及纤维制造、C282 合成纤维制造；主要产品包括黏胶纤维、人造纤维、锦纶纤维、涤纶纤维、腈纶纤维、维纶纤维、丙纶纤维、氨纶纤维等。

C29 橡胶和塑料制品业：C291 橡胶制品业、C292 塑料制品业；主要产品包括轮胎、橡胶板、橡胶管、橡胶带、橡胶零件、日用及医用橡胶制品，塑料薄膜、塑料板、塑料管、塑料型材、塑料丝、塑料绳、编织品、泡沫塑料、塑料人造革、合成革、塑料包装箱及容器等。

1.1.2　经济规模

（1）江苏省化学工业经济规模

根据江苏省发改委发布的《2015 年江苏省石化行业经济运行特点及趋势分析》，2015 年，江苏省石油和化学工业（简称"石化行业"）经济运行总体保持平稳，但下行压力显著。全年规模以上石油和化工企业实现主营业务收入 20 205.49 亿元，比上年（下同）增长 3.61%；实现利润总额 1 221.33 亿元，同比增长 13.72%；进出口总额 779.43 亿美元，下降 19.33%；完成固定资产投资 2 274.59 亿元，增长 4.36%。

（2）江苏省化工园区分布格局

按照产业布局和主体功能区的要求，江苏省化工产业呈现"四沿"空间分布，即沿沪宁线空间分布、沿江空间分布、沿海空间分布和沿东陇海线空间分布。沿沪宁线发展的城市包括苏州、常州、无锡、南京和镇江，该地区有南京化学工业园区、南京经济开发区精细化工工业园、常州滨江化学工业园 3 个国家级化学工业园区；沿江开发的城市包括南京、镇江、常州、扬州、泰州和南通，有南通化学工业园 1 家国家级化工园区以及 3 家省级化工园区；沿海发展的城市包括连云港、盐城和南通三市，有连云港港口、响水化工业园区、滨海化工园区等；沿东陇海线空间分布的是东陇海铁路沿线地带，包括徐州、连云港两市，形成"基础原料—中间体—药品包装"的医药产业链。

表 1-1　各省辖市涉及化工定位的省级开发区分布（截至 2014 年 6 月）

序号	城市	名称	地址	重点发展行业
1	南京	南京化学工业园	南京市六合区方水路 168 号	石油和天然气化工、基础有机化工原料、精细化工、高分子材料、生命医药和新型化工材料
2	苏州	吴中区化工集中区	吴中区北溪江路 2 号	精细化工、生物医药、机械、电子、纺织和新型建材
3		苏州浒东化工集中区	南片区位于高新区浒墅关镇，北片区位于相城区黄埭镇	日用化学品制造、专用化学品制造、新材料制造、生物技术和新医药产业
4		江苏省常熟经济开发区化工集中区	常熟市通港路 88 号滨江国际大厦	高科技精细化工及化工仓储配套产业

序号	城市	名称	地址	重点发展行业
5	苏州	昆山市千灯精细化工区	昆山市千灯镇	精细化工、生物医药、新材料和基础原材料
6		江苏高科技氟化学工业园	常熟市海虞镇盛虞大道1号	重点发展以氟化工为主的精细化工、功能高分子材料、生物化工和医药化工
7		江苏扬子江国际化学工业园	张家港保税区北京路长江大厦	以精细化工、合成树脂、绿色环保型化工为主导产业，辅以石油化工仓储物流产业，适当发展机械、纺织
8		张家港东沙化工集中区	张家港市南丰镇	精细化工、医药中间体、农药、新型工程塑料、聚酯新材料和其他高分子材料等
9		苏州太仓港区化工园区	太仓市滨江大道88号	日用化学品制造、专项化学品制造、生物医药制造和化工仓储物流
10		吴江经济技术开发区化工集中区	苏州市吴江区云梨路1688号	电子化学品、荧光增白剂、表面活性剂、水处理化学品、着色剂、胶黏剂等专用精细化学品和环氧树脂、聚氨酯等高分子材料、硅材料、薄膜产品等
11	无锡	江苏江阴经济开发区化工集中区	江阴市长江路201号	精细化工、生物医药和仓储
12		江苏江阴临港新城石庄区	江阴市花港东路21号	化工及化工仓储运输业、机械电子、纺织和建筑新材料
13		江苏江阴临港经济开发区	江阴市珠江路198号	化工及化工仓储运输业、机械电子和新材料
14		宜兴市化学工业园	宜兴市经济技术开发区袁桥路8号	精细化工
15		宜兴市官林化工集中区	宜兴市官林镇三木路85号	以合成树脂、涂料、配套原材料为基础的精细化工
16		锡山经济开发区新材料产业园	东港镇	新材料和精细化工
17	南通	南通经济开发区化工片区	南通开发区通盛大道188号A座	化工
18		海门灵甸工业集中区	海门市临江镇人民西路666号	机械、电子和化工
19		江苏省启东经济开发区滨江精细化工园	启东市北新镇	精细化工、印染、造纸和基础化工
20		江苏省如东沿海经济开发区高科技产业园	如东县	精细化工、印染和高新技术产业
21		江苏海安经济开发区精细化工园	海安县迎宾路199号	精细化工
22		如皋市沿江经济开发区	如皋市长江镇	精细化工、石化、冶金、电力、造船和高科技产业

序号	城市	名称	地址	重点发展行业
23	常州	常州市新北区新港分区	新北区春江镇兴民西路	仓储物流、生物工程、医药、基础化工、环保、机械、电子和纺织
24		金坛经济开发区盐化工区	金坛市华城中路168号	盐化工延伸产品及"三废"综合利用项目
25		金坛市金城镇培丰化工集中区	金坛市金城镇后阳培丰村	化工
26		溧阳市南渡新材料工业集中区	溧阳市南渡镇	机械、轻工和以有机硅、多元醇、氨基模塑料为主的新材料产业链
27		常州市武进区武澄工业园	武进区郑陆镇	机械加工、汽车配件、塑料制品、纺织服装和精细化工
28	扬州	扬州化学工业园	扬州仪征市万年南路9号	精细化工、化工新产品、石油化工和配套服务产业
29	徐州	新沂市化工产业集聚区	新沂市大桥西路99号	精细化工、农用化工、生物化工和化工仓储
30		江苏邳州经济开发区化工产业集聚区	邳州市福州路	煤化工和下游产业链项目
31		江苏睢宁经济开发区	桃岚化工园经二路8号	食品加工、轻纺服装、建材、精细化工、轻工、信息产业、机械加工和配套仓储
32		徐州贾汪区化工产业园	贾汪区苏州大道	盐化工、煤化工、精细化工和医药
33	泰州	姜堰经济开发区化工片区	姜堰大道88号	化工
34		泰州经济开发区滨江工业园	滨江工业园区疏港东路2号	化工、机械制造、建筑材料和仓储物流
35		中国精细化工（泰兴）开发区	泰兴市福泰路1号	化工
36		泰州高永化工集中区	泰州市高港区永安洲镇	化工、医药原料和配套加工
37	盐城	盐城市沿海化工园	江苏省盐城市滨海县滨淮镇	一期以与海洋产业相关度大的、精细化工、医药化工为主，二期发展仓储物流、海洋医药、新材料化工、生物化工、盐化工和化工机械
38		大丰港石化新材料产业园	江苏省盐城市大丰市王港闸南首	基础原料生产链、烯烃产业链、苯产业链和化工新材料产业链
39		东台市高新技术示范园区	东台市头灶镇人民政府	规划调整后重点发展纺织印染、服装加工、造纸及纸制品、机械加工、电子信息及新型电子元器件、塑料及塑料制品，不再新建化工项目
40		江苏省阜宁澳洋工业园	阜宁郭墅镇	化纤、纺织、印染行业，配套两个基础化工项目
41		盐城市陈家港化学工业园	响水陈家港镇	化工

序号	城市	名称	地址	重点发展行业
42	连云港	连云港徐圩新区	连云港市徐圩新区海堤路 1 号	钢铁、石化、港口物流、高新技术、装备制造和清洁能源
43		江苏省灌云县工业经济区临港产业园	灌云县临港产业区新城区	新型材料化工、高分子化工、微电子和光电机一体化
44		连云港市（堆沟港）化学工业园	连云港灌南县堆沟港镇	精细化工、染料、农药和生物制药项目
45		柘汪临港产业区化工片区	赣榆县柘汪镇	化工
46	镇江	镇江经济开发区国际化工园	镇江新区金港大道 98 号	化工和表面处理
47		江苏省丹徒经济开发区	镇江市丹徒区高资镇	化工、能源、新型建材、船舶制造、港口关联产业和机械加工产业
48		丹阳市化工集中区	丹阳市经济开发区	基本有机化工原料、精细化工、生物化工和有机高分子材料
49		镇江索普化工基地	镇江京口区象山街道长岗	醋酸产业链和氯碱产业链
50	淮安	淮安盐化工园区	淮安实联大道 1 号	以盐化工业为主体的化工制造业、化工生产服务业和辅助产业
51		淮安经济开发区新港片区	淮安市迎宾大道 8 号	盐化工产品链
52		淮安市洪泽工业园化工片区	洪泽县经济开发区东五街	盐化工
53		江苏涟水经济开发区薛行工业集中区	涟水县涟新路 28 号	精细化工、表面处理和电镀
54	宿迁	沭阳循环经济产业园	沭阳县迎宾大道	化工
55		宿迁生态化工科技产业园	宿迁生态化工产业园南化路 1 号	化工

（3）江苏省化学工业主要产品状况

根据江苏省化学工业协会发布的《2015 年江苏省石化行业经济运行特点及趋势分析》，从主要产品产量来看，重点监测的 21 种（类）产品主要产量为 6 495.30 万 t。具体如表 1-2 所示。

（4）行业产品市场供应、进出口状况

从主要行业来看，全省 9 个主要大类行业主营业务运营除精炼石油产品制造业同比下滑 10.80% 外，均实现不同程度增长，但同比增速较上年有所下滑。仅化学农药制造业实现了 10% 以上的增速，涂料油墨颜料及类似产品、专用化学品制造以 9.57% 和 9.33% 的增速与其共同领跑，如表 1-3 所示。

表 1-2　2015 年全省石油和化学工业主要产品产量

产品	产量/t	同比增速/%
硫酸（折 100%）	3 717 657	4.24
浓硝酸（折 100%）	514 491	−9.86
盐酸（含 HCl 30% 以上）	783 723	−3.36
碳酸钠（纯碱）	2 798 603	−12.16
氢氧化钠（折 100%）	3 606 167	−8.99
其中：离子膜法烧碱（折 100%）	3 127 078	8.27
合成氨	3 490 370	−1.45
化肥总计（折 100%）	235.01	−10.71
涂料	1 993 308	4.83
化学农药（折 100%）	1 055 261	9.06
乙烯	1 543 425	−0.67
纯苯	608 472	−7.07
精甲醇	736 919	2.69
冰醋酸	2 205 990	−8.12
合成树脂及共聚物	12 659 396	16.41
化学试剂	598 127	0.48
合成橡胶	1 485 981	2.18
化学纤维	3 991 649	12.63
轮胎外胎（条）	95 080 381	−11.06
其中：子午线轮胎外胎（条）	65 490 478	−7.33
炼油、化工专用设备（台/套）	189 894	−18.73

表 1-3　2015 年江苏省石油和化学工业主要行业主营业务收入情况

行业	主营业务收入/亿元	同比增速/%
基础化学原料制造业	6 429.49	3.25
其中：有机化学原料制造业	5 871.98	3.44
专用化学产品制造业	4 233.48	9.33
合成材料制造业	3 071.40	2.96
精炼石油产品制造业	1 874.13	−10.80
涂料、油墨、颜料及类似产品制造业	1 523.53	9.57
化学农药制造业	1 178.82	10.26
橡胶制品业	870.75	3.30
肥料制造业	323.62	3.48

1）出口方面：2015 年全省石油和化学工业共完成出口交货值 279.57 亿美元，同比下降 8.12%。从主要行业来看，有机化学品为第一大出口行业，全年实现出口交货值 104.04亿美元，占全行业出口比重为 37.21%；其次是橡胶制品，实现出口交货值 35.46 亿美元，占全行业出口比重为 12.68%；再次为专用化学品，实现出口 29.33 亿美元，占全行业出口

比重为 10.49%。

2）进口方面：2015 年江苏省石油和化学工业全年共进口 499.86 亿美元，同比下降 24.48%。从进口产品结构来看，有机化学品、石油和天然气分列两大进口产品类别，全年进口 146.48 亿美元和 99.33 亿美元，占全行业 29.30% 和 19.87%；其次是合成树脂和合成纤维单体，以 50.15 亿美元和 49.23 亿美元进口额占全行业总进口的 10.03% 和 9.85%。

1.1.3　发展状况

根据《江苏省化学工业发展规划（2016—2020 年）》，"十二五"期间，全省化学工业转方式、调结构、促创新，取得了长足发展，实现了主营业务收入、行业经济效益、固定资产投入、进出口总值等指标在"十一五"基础上翻一番的目标。

（1）行业保持良好增长态势

一是行业经济规模快速扩大。"十二五"期间，全行业累计实现主营业务收入 8.82 万亿元。其中，2015 年，全省 4 535 家规模以上化工企业共实现主营业务收入 20 205.49 亿元，较 2010 年增长 86.03%，年均增长 13.22%。二是国内行业领先地位稳固。2015 年江苏省化学工业主营业务收入占全国产业总量的 15.37%，继续稳居全国各省市第二位。三是主要产品规模稳步扩大。"十二五"期间，江苏省化工行业主要产品年产量较"十一五"实现较大增长。2015 年重点监测的 21 种（类）主要化学品总产量达到 6 495.30 万 t。四是固定资产投资较快增长。2015 年，全省化工行业实际完成固定投资 2 274.59 亿元，较 2010 年增长 133.09%，年均增长 18.44%。五年累计完成固定资产投资 9 787.01 亿元。截至 2015 年年底，全省化学工业总资产增至 12 973.99 亿元。五是国际经营战略推进良好。"十二五"期间，行业全球化经营战略稳步推进，海外市场拓展仍是江苏省石化产业发展的重要支撑之一。2015 年，全行业实现出口交货值 1 402.37 亿元，"十二五"期间年均增长 7.45%，累计实现出口交货值 6 779.59 亿元。一批企业积极实施"走出去"战略，在原料主产地或产品消费地投资设厂，优化产能区域配置，调整产品结构，以全球化视野实施跨国经营，取得较好业绩。六是行业效益水平稳步上升。"十二五"期间实现利润总额共计 5 174.61 亿元。其中，2015 年实现利润总额 1 221.33 亿元，较 2010 年增长 68.55%，年均增长 11.01%。"十二五"期间，各主要行业利润、利税指标均实现 10% 以上的年均增长率。

（2）产业布局调整初见成效

"十二五"期间，江苏化学工业产业布局战略调整初步取得成效。全省化学工业以长江为中轴线向苏南、苏北两侧延伸，以沿江区域化工产业带、沿海区域化工产业带、资源开发利用化工产业带为重点，根据产业与产品技术、市场、规模、差异等特点，加快产业及产业链整合发展，取得了长足进步。三大产业集聚带以运营成本最低化、市场份额最大化、集聚效益最优化为原则，发挥各自资源与禀赋优势，区域间错位竞争、协调发展、共同提升的内生动力机制初步显现。

（3）产业集聚发展态势明显

以化工园（集中区）为重要载体的产业集聚发展态势明显，基地化、集约化、规范化、链条化发展等方面取得长足进步。全省 63 家化工园（集中区）已支撑起江苏省化学工业的半壁江山（园区内规模以上化工生产企业数、主营业务收入均约占全省化学工业的50%）。园区内多种所有制企业集聚发展、协同发展，形成了企业间竞争中合作、合作中竞争的良性互动发展格局。一批化工园区重视物流信息化、管理标准化、生产智能化、运营网络化、环保集中化理念与手段的推广和应用，在一定范围内与程度上实现了产业结构有优势、专业技术有特色、安全环保有力度、管理服务有效率。

（4）产业骨干支柱作用凸显

围绕新兴产业发展战略，重点实施"3+1"化工产业发展战略，成果初显。石油化工、化工新材料、高中端精细化学品、生物能源化工等四大产业主营业务收入占全行业比重已达 56%。其中，石油化工、化工新材料和高中端精细化学品 2015 年主营业务收入、利润占全行业的比重合计升至 49.26%、57.34%。重点园区和重点企业的骨干作用得到进一步提升，主营业务收入、利税、利润指标对全行业的贡献率均超过 80%。2015 年中国民营企业 500 强榜单，江苏省石化企业占据 14 席。

（5）创新驱动体系初步建立

"十二五"期间，江苏省化学工业大力发展四大重点产业，对接战略性新兴产业，取得了一批关键核心技术成果，形成了一批具有自主知识产权的专利技术产品，打造了一批综合实力强的大企业（集团）和一批创新活力旺盛的科技型中小企业，培育了一批产业链完善、创新能力强、特色鲜明的战略性新兴产业集群。全省化工企业取得国家、国际PTC授权发明专利 1 000 余件，获得国家、省和中国石化联合会科技进步奖 200 余项，新认定高新技术企业 600 余家，制定国家或行业标准 500 余项，国家、省驰名商标和名牌产品 1 500余件，新建国家与省级企业技术中心、工程技术研究中心以及院士或博士后工作站 500 余家，在国内外证券市场新上市企业近百家。全行业实施科技创新工程取得新成效，在创新体系顶层设计、核心技术产品产业化、战略性新兴化工产业发展等方面取得新进展。

（6）安全环保能力稳步推进

"十二五"期间，江苏省化学工业环境"库兹涅茨曲线"发生积极变化。全社会主要污染物化学需氧量、氨氮、二氧化硫、氮氧化物累计排放量比"十一五"分别下降 10.1%、9.8%、12.9%、8.6%。行业强化企业安全生产主体责任，以安全生产标准化达标和正常有效运行为抓手，全面管控和提升企业安全管理能力。截至 2015 年年底，全省共 8 423 家危险化学品生产、使用、经营企业完成达标创建，其中一级 2 家，二级 444 家，三级 7 977家，总达标率 95.7%。践行责任关怀、安全环保、绿色可持续发展理念正逐步成为全行业的共同承诺和自觉行动，并不断推进。

1.1.4　面临挑战

"十二五"期间，化学工业在多方面均取得了长足进展，但仍面临着一系列复杂多变的挑战，暴露出一些亟待解决的突出问题。

1）装置产品同质化和低端化问题依然突出。通用型和基础化工产品产能扩张过快，传统化工产品同质化、低端化问题依然突出。部分产品产能严重过剩，相当一部分生产装置全年开工率不足 80%。但仍有相当一部分企业对传统产品、传统项目投资热情高涨，低水平重复建设严重。

2）安全环保及社会压力持续增大。"十二五"期间，江苏省化工企业在生产、运输、储存等方面发生了一些安全、环保事故，部分企业违规排放污染物，造成多起生态环境事故。化学工业的社会容忍度与自然环境承载空间不断压缩，行业负面形象进一步恶化，民众普遍存在"谈化色变"心理。安全环保问题所带来的社会与环境压力已成为江苏省化学工业未来生存发展的主要制约因素之一。

3）园区外化工企业生存环境越发严峻。"十二五"期间，江苏省继续推进化工生产企业专项整治，关闭了 2 000 余家生产规模较小、安全与环保风险较高的化工生产企业。但截至 2015 年年底，江苏省仍有半数以上的化工生产企业散布在化工园区（集中区）之外。这些企业面临着劳动力、土地、能源、公用工程等生产要素供应方面的制约，环境容量指标日益收缩、安全生产措施要求日益提升的困境，以及技术改造及新扩建项目需求受到政策制约的窘境，已有产品与技术竞争优势难以维持，盈利能力和市场竞争力将大大削弱，而设备与技术无法及时升级、更新也将进一步加大安全与环保风险。园区外化工生产企业发展能否持续，已成为影响整个产业长期稳定可持续发展的重大不确定因素。

4）战略性新兴化工产业发展仍需加快。"十二五"期间，江苏省化学工业形成了一批以新兴产业及其配套为主业的企业与集聚区，部分产品技术水平达到国际先进水平。但大多数产品仍以跟踪和仿制国外先进产品为主，核心技术缺失，质量不够稳定，规格系列化、生产规模化能力偏弱，在国际产业价值链中多处于中低端水平。同时，由于市场应用开发和拓展不力，加之国外高端产品冲击，本土新兴产业发展空间受到挤压，产业升级裹足不前，企业盈利能力偏弱。

5）以企业为主体的创新体系仍需完善。行业整体技术研发创新实力仍然不强。企业研发费用投入不足，行业平均研发投入仅占销售收入的 1% 左右；企业对研发成果的消化能力不足，科研成果产业化能力偏弱；应用技术及公共研发检测装备平台建设滞后，系统集成配套能力较差；企业高层次专业研发人才短缺，导致原始创新能力偏弱，缺少必要的技术人才支撑。

1.2 江苏省化学工业大气污染状况

1.2.1 环境空气质量状况

面对江苏省日益严重的大气污染形势，江苏省政府自 20 世纪 90 年代就采取了大气污染控制措施，有效地遏制了大气污染加重的趋势。特别是"十二五"期间，省政府发布了《关于实施蓝天工程改善大气环境的意见》（苏政发[2010]87 号）、《关于印发江苏省大气污染防治行动计划实施方案的通知》（苏政办发[2014]1 号）、《两减六治三提升专项行动方案》（苏发[2016]47 号）等文件，在各项大气污染治理措施的共同作用下，江苏省的环境空气质量得到明显改善：按日评价，全省环境空气质量达标率由 2013 年的 60.3%上升至 2015 年的 66.8%；二氧化硫（SO_2）、氮氧化物（NO_x）分别由 2011 年的 105.38 万 t、153.58 万 t 下降至 2015 年的 83.51 万 t、106.76 万 t，烟粉尘由 2011 年的 49.14 万 t 上升至 2015 年的 64.5 万 t（图 1-1）；SO_2 和 NO_2 的年均浓度（图 1-2）已达到《环境空气质量标准》（GB 3095—2012）要求。

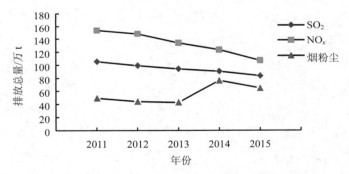

图 1-1   "十二五"期间江苏省大气污染物年排放总量变化

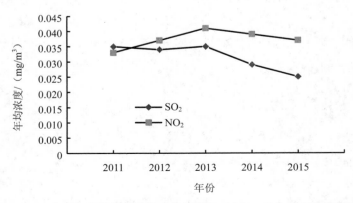

图 1-2   "十二五"期间江苏省大气污染物（SO_2、NO_2）年均浓度变化

目前，影响江苏省大气环境质量的首要污染物是 PM_{10} 和 $PM_{2.5}$，其年均浓度呈明显下降趋势（图 1-3），但仍处于较高水平，2015 年分别为 0.096 mg/m³ 和 0.058 mg/m³，均超过《环境空气质量标准》（GB 3095—2012）要求。

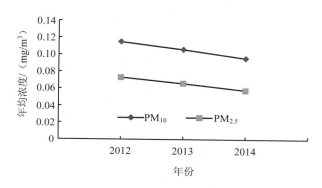

图 1-3 "十二五"期间江苏省大气污染物（PM_{10}、$PM_{2.5}$）年均浓度变化

一氧化碳 24 小时平均浓度值有所下降，臭氧日最大 8 小时平均浓度值却逐年上升，2015 年为 0.167 mg/m³，超过《环境空气质量标准》（GB 3095—2012）要求，臭氧污染加重的趋势尚未得到有效遏制。因此，未来江苏省环境空气质量进一步改善和完全达标将面临巨大挑战。

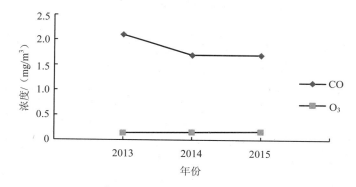

图 1-4 "十二五"期间江苏省大气污染物（CO、O_3）浓度变化

1.2.2 VOCs 排放总量

可吸入颗粒物中的细颗粒物即 $PM_{2.5}$ 可以被人体吸入肺部更深的部位，对健康的危害很大，细颗粒物污染日益受到社会的广泛关注，根据相关课题研究成果，江苏省大气中 $PM_{2.5}$ 占可吸入颗粒物的比例大约为 60%。

包括二次污染形成的硫酸盐和硝酸盐等在内的二次粒子是大气细颗粒物的主要来源

之一，其形成与大气中臭氧浓度升高导致的氧化性增强有关。臭氧的产生来源复杂，主要通过大气中的 VOCs 与 NO_x 相互作用生成。研究表明江苏省大气 VOCs/NO_x 比值较低，大气中有足够多的 NO_x 参与光化学反应过程，因此，NO_x 不是光化学反应的限制因素，而 VOCs 则对臭氧生成起着十分重要的作用。因此，要减轻臭氧污染，就必须控制 VOCs 排放。

根据中国环境规划院的研究报告《中国主要污染源 VOCs 排放清单分析和趋势预测研究》，2008 年江苏省 VOCs 排放总量是 203 万 t，仅次于山东省（206 万 t）和广东省（234 万 t）；单位面积 VOCs 的排放密度高达 20.8 t/km^2，仅低于上海、北京和天津。分部门排放估算的结果显示，江苏省的工业源排放的 VOCs 达到 130.8 万 t，比其他省或直辖市工业源排放量均高，江苏省工业源排放的 VOCs 占到省总排放量的 65%左右。据统计（江苏省环科院数据），2010 年江苏省化工行业 VOCs 排放量占全省工业源的 1/3，因此化学工业是江苏省目前 VOCs 排放的重点行业。

2010 年江苏省各城市化工行业的 VOCs 排放量见表 1-4[①]。总体来看，VOCs 排放集中于人口相对集中、工业相对发达的地区。苏南五市（南京、苏州、无锡、常州、南通）VOCs 排放量明显高于苏北和苏中地区，占全省排放量的 60.0%，其中南京、苏州居排放量前 2 位，分别占全省排放量的 24.64%和 13.96%，淮安、宿迁排放量最小。

表 1-4　江苏省各城市化工行业 VOCs 排放量

城市 行业	南京	无锡	徐州	常州	苏州	南通	连云港	淮安	盐城	扬州	镇江	泰州	宿迁	总量
石油炼制	5.31	0.02	0.12	0.06	0.27	0.04	0.06	0.24	0.08	0.06	0.25	0.6	0	7.11
有机化工	3.59	2.3	1.3	1.94	3.19	1.96	0.51	0.49	1.03	1.69	1.6	1.28	0.14	21.02
医药制造	0.65	0.53	0.53	0.59	1	0.66	0.63	0.21	0.4	0.32	0.09	1.83	0.05	7.49
其他	0.31	0.55	0.45	0.2	1.13	0.34	0.08	0.19	0.2	0.45	0.15	0.09	0.26	4.4
总量	9.86	3.4	2.4	2.79	5.59	3	1.28	1.13	1.71	2.52	2.09	3.8	0.45	9.86

根据《"十三五"规划全国分行业 VOCs 排放基数——江苏》（表 1-5）可知，其中工业源 VOCs 排放量为 108.07 万 t，占总排放量的 46.81%，远高于交通源、生活源或农业源。根据《国民经济行业分类》（GB/T 4754—2011），化学工业（除石化外）VOCs 排放量为 23.20 万 t，占工业源排放量的 21.47%，是重要的 VOCs 来源。

---

① 夏思佳，赵秋月，李冰，等. 江苏省人为源挥发性有机物排放清单[J]. 环境科学研究，2014，27（2）：120-126.

表 1-5 "十三五"规划全国分行业 VOCs 排放基数（江苏省）

排放源		重点行业		VOCs 排放量/万 t
交通源	道路机动车	小型客车		34.67
		轻型货车		0.39
		重型货车		2.34
		大型客车		1.34
		摩托车		5.76
交通源	非道路移动源	飞机		0.01
		轮船		1.18
		铁路		0.11
		农业机械		6.34
		建筑机械		1.41
	油品储运销	VOCs 的储存与运输		10.40
		加油站		0.00
工业源	化石燃料燃烧	工业	煤	2.16
			燃料油	0.01
			液化石油气	1.79
			天然气	0.05
		火力发电	煤	2.59
			燃料油	0.00
			天然气	0.00
		供热	煤	0.29
			煤气	0.00
			天然气	0.00
	工艺过程	VOCs 的生产	石油炼制、石油化工	13.63
			基础化学原料制造	2.22
		以 VOCs 为原料的工艺过程	涂料制造	2.37
			油墨制造	0.22
			合成纤维制造	0.39
			合成树脂制造	3.87
			合成橡胶制造	0.65
			胶黏剂生产	0.86
			食品制造	5.01
			日用品生产	0.91
			化学药品原料药制造	2.75
			金属冶炼	3.41
			轮胎制造	3.96
		含 VOCs 产品的使用和排放	家具制造	1.24
			机械设备制造	18.62
			交通运输设备制造	4.68
			电子制造业	5.13
			印刷和包装印刷	10.62
			造纸和纸制品	0.05
			制鞋	0.66
			合成革制造	5.71
			纺织印染	2.47
			木材加工	9.30
			焦炭生产	2.13
			废物处理	0.35

排放源	重点行业		VOCs 排放量/万 t
生活源	生活燃料燃烧	农村	煤	0.01
			液化石油气	1.24
			天然气	0.00
		城市	煤	0.00
			液化石油气	3.13
			天然气	0.01
		住宿和餐饮业	煤	0.00
			液化石油气	0.35
	环境管理	固体废物处理	市政垃圾焚烧	0.01
			危险废物焚烧	0.81
			固体废物填埋	0.67
		污水处理	0.31
	居民生活消费	干洗	0.13
		日用品	家居用品	4.38
			化妆品	3.26
			抛光剂	1.48
			挡风玻璃清洗剂	1.48
			抛光和打蜡	1.12
			非工业黏合剂	0.66
			空间除臭剂	0.46
			驱虫剂	0.36
			洗涤剂	0.10
	建筑装饰		14.24
	餐饮油烟		4.80
农业源	生物质露天燃烧源	秸秆燃烧	水稻	2.40
			小麦	4.25
			玉米	0.27
			其他	0.40
	生物质燃料燃烧源	秸秆燃料	8.04
		薪柴燃料	0.65
	农药使用		3.81

1.3 标准编制的必要性分析

1.3.1 当前污染形势和演化特征的需要

近年来随着社会经济的快速发展和工业化、城市化进程的加速，大气污染问题日益突出，严重威胁人民群众的身体健康和生态安全，引起国内外各界的广泛关注。我国不仅面临传统的大气环境污染问题，而且也面临挥发性有机污染物（VOCs）污染的严峻挑战。

VOCs 种类较多，物理化学性质多样，一些活性强的 VOCs 可以在一定条件下与氮氧化物发生光化学反应，引起地表臭氧浓度的增加，形成光化学烟雾污染，也可以与大气中的一些自由基反应，形成二次有机气溶胶，部分 VOCs 如氯代烃类则会消耗平流层的臭氧，形成臭氧空洞。此外，VOCs 大多为高毒性、致癌性物质，对人体健康会造成一定的危害。研究指出，VOCs 已成为我国各大城市光化学烟雾决定性前体物，要降低颗粒物浓度，减少光化学烟雾发生，提高城市空气质量，VOCs 控制势在必行。

国务院办公厅《转发环境保护部等部门关于推进大气污染联防联控工作改善区域空气质量指导意见的通知》（国办发[2010]33 号）首次正式地从国家层面上提出了开展 VOCs 污染防治工作，并将 VOCs 列为重点防控的污染物之一；江苏省政府《关于印发江苏省大气污染防治行动计划实施方案的通知》（苏政发[2014]1 号）明确提出"积极推进挥发性有机物污染治理"，江苏省政府发布的《两减六治三提升专项行动方案》（苏发[2016]47 号）中明确将"治理挥发性有机物污染"作为本次专项行动的十一大主要任务之一，提出"到 2020 年全省挥发性有机物排放总量削减 20%"的政治目标。省政府办公厅《关于开展全省化工企业"四个一批"专项行动的通知》（苏政办发[2017]6 号）决定在全省范围内开展化工企业"四个一批"（关停一批、转移一批、升级一批和重组一批）专项行动，力争到 2020 年年底前，全省化工企业数量大幅减少，化工行业主要污染物排放总量大幅减少，化工园区内化工企业数量占全省化工企业总数的 50% 以上。

PM$_{2.5}$ 是霾污染的元凶，而且江苏省多年的研究已经表明，由气态污染物形成的二次颗粒物对江苏省大气中细颗粒物的贡献比较大，因此必须控制加强对前体污染物的控制。VOCs、氮氧化物是臭氧的重要前体污染物，也是 PM$_{2.5}$ 的重要前体污染物。特别值得重视的是挥发性有机物（VOCs），因为过去几十年来，气态污染物控制的重点都在二氧化硫和氮氧化物上，对挥发性有机物的控制基础比较差。其实，VOCs 除了对霾污染有重要贡献外，大部分 VOCs 还具有直接或间接的健康影响，甚至是气候效应。以美国为代表的发达国家，在经济快速增长期间，综合控制臭氧和细颗粒物的复合型污染的重要目标污染物之一是 VOCs，因此有关 VOCs 控制的法规、标准和技术规范等都比较丰富。江苏省清洁空气行动计划明确将 VOCs 列为重点控制污染物，围绕 VOCs 减排制定一系列标准和规范，推动 VOCs 减排方案。过去的多轮三年环保行动计划，使脱硫、脱硝工程得以顺利推行和落实，而 VOCs 排放恰恰随着石化、化工以及涂装等工业的发展，呈现明显的增量趋势，由此 VOCs 控制显得尤为重要，制定有效的标准成为十分迫切的任务。但目前国家和地方的标准体系中，对 VOCs 的标准尚十分缺乏。在新的形势下，需要对标准体系进行梳理，满足当前和长期污染控制的需求。

1.3.2 国家和江苏省地方污染物排放标准的发展需要

我国标准体系的建设在过去十年里已经发生了巨大变化，由过去的以综合排放标准为主的体系向以行业标准为主的体系发展。但在水污染行业排放标准方面发展较快，大气方面的发展相对较慢。目前公布的涉及挥发性有机物的排放标准有《橡胶制品工业污染物排放标准》（GB 27632—2011）、《炼焦化学工业污染物排放标准》（GB 16171—2012）、《石油炼制工业污染物排放标准》（GB 31570—2015）、《石油化学工业污染物排放标准》（GB 31571—2015）、《合成树脂工业污染物排放标准》（GB 31572—2015）等。但到目前为止，大部分地区和大部分行业仍执行《大气污染物综合排放标准》（GB 16297—1996）。该标准中规定了 15 项挥发性有机物的排放标准，已经无法满足当前大气污染控制的要求。

根据国务院的《大气污染防治计划》（国十条），制定严格标准是确保污染物减排的重要依据，因此国家层面也重点围绕综合排放标准、行业排放标准和通用型排放标准体系积极推动标准制定工作。2012 年，环境保护部发布的《关于加快完善环保科技标准体系的意见》（环发[2012]20 号）提出加快完善环保标准体系，要依据环境管理与经济社会发展要求，以总量控制污染物、重金属、持久性有机污染物和其他有毒有机物为重点控制对象，不断加严排放标准，提高重点行业环境准入门槛，最大限度降低环境风险、改善环境质量。

各地方也正在加紧地方大气污染物排放标准的制定工作，北京市在 2007 年颁布的地方大气污染物综合排放标准的基础上，也开始积极修定；在北京的综合排放标准中，跨越了浓度控制的单一模式，开始关注总量控制，引入了不同行业的 VOCs 排放控制要求，并对一些尚未知监测方法的化学物质的暂时执行标准提出了计算方法。广东省、上海市、厦门市、重庆市等地的地方大气污染物综合排放标准基本上延续了 GB 16297—1996 的体系。天津市和河北省先后于 2014 年和 2016 年颁布了工业企业挥发性有机物排放标准，针对挥发性有机物制定了专门的控制标准。

江苏省是我国最早开展行业污染物排放标准制定工作的省份之一，目前已经颁布了《表面涂装（汽车制造业）挥发性有机物排放标准》（DB 32/2862—2016），目前正在制定《生物制药行业污染物排放标准》《半导体行业污染物排放标准》《家具制造行业污染物排放标准》《包装印刷行业大气污染物排放标准》等几项行业排放标准。化工行业是江苏省目前 VOCs 排放的重点行业，目前仍执行《大气污染物综合排放标准》（GB 16297—1996），因此制定《化学工业挥发性有机物排放标准》，对于提升化学行业的环境管理水平、引导企业提高清洁生产和污染控制技术、加强污染物减排等意义重大。

1.3.3 江苏省空气质量达标和污染物总量减排的需要

2012 年我国颁布的《环境空气质量标准》（GB 3095—2012）是我国空气质量改善工程的

里程碑，与 1996 年版本的空气质量标准相比，增设了 $PM_{2.5}$ 浓度限值和臭氧 8 小时平均浓度限值；加严了 PM_{10}、二氧化氮的浓度限值，恢复了氮氧化物标准。同时国家在未来"十三五"的总量控制指标中也将在"二氧化硫+氮氧化物"的基础上增加"挥发性有机物+颗粒物"。

大气污染物总量减排也需要标准的支持。但 GB 16297—1996 的标准是基于 1996 年的控制技术水平而制定的，已经不能体现当前科学技术的进步水平。GB 16297—1996 的标准体系、限值等都不能满足当前达标和污染物总量削减的要求，必须制定与当前科技水平相适应的标准限值。

1.3.4 标准实施所解决的实际问题

（1）加严污染物排放限值，满足对环境质量的要求

从我国和国外治理实践来看，污染物的实际排放情况完全可以做到大大低于目前标准中规定的排放限值。在炼焦化学工业、石油炼制工业、石油化学工业、合成树脂工业执行了比较严格的行业标准后，剩余的固定源排放就凸显出来。因此，应当根据江苏省现状和对环境质量的要求，对污染物的排放限值加严。

（2）增加对挥发性有机物（VOCs）的控制，解决臭氧污染问题

根据江苏省环境空气质量现状及对策相关研究，控制 VOCs 有助于降低臭氧浓度和 $PM_{2.5}$ 的质量浓度。因此需要增加对挥发性有机物的控制要求。而目前大气综合标准和恶臭标准仅对苯、甲苯、二甲苯、酚类、氯苯类、甲硫醇、苯乙烯等少数 VOCs 的排放浓度和排放速率进行限制，VOCs 控制的种类是远远不够的。

（3）完善环境标准体系，提升行业污染控制管理能力

目前，仅仅依靠国家标准，远远不能满足江苏省化学工业 VOCs 的控制要求，该标准的制定将完善江苏省化学工业环境标准体系建设；标准的执行能够加大化学工业治理力度，提升行业 VOCs 污染控制管理能力，有效控制该行业 VOCs 排放。

（4）有利于促进化学工业的绿色发展

该标准的出台，一是可以使相关监管部门有法可依、有的放矢，二是促进生产工艺落后、排放不达标企业的退出，避免市场的恶意竞争以及资产重复建设产生的浪费，使得生产规范、污染物排放达到标准的规模化企业健康快速发展。同时，标准的出台还能够带动相关环保产业的发展。

第 2 章 江苏省化学工业 VOCs 产排现状

2.1 化学工业 VOCs 产排现状

根据龚芳的研究成果[①]，图 2-1 给出了 31 个省（市、自治区）人为源 VOCs 排放量及贡献率。由图 2-1 可知，贡献率最高的省份是江苏，占到 11.23%，其排放量高达 250.4 万 t。排放量最高的 5 个省份分别是江苏、浙江、山东、广东、辽宁，其中浙江省的溶剂使用和工艺过程排放量均高于其他省（市、自治区）。这 5 个省的年排放量均超过 100 万 t，五省之和占到全国总排放量的 44.47%，这主要是因为上述地区人口密度较高、工业较发达。

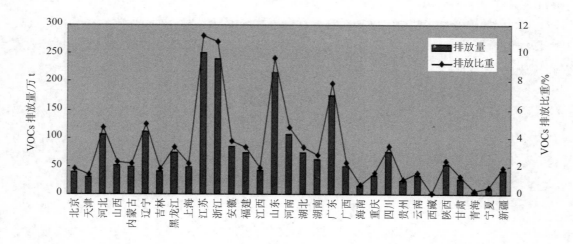

图 2-1 2010 年 31 个省（市、自治区）人为源 VOCs 排放量及贡献率

图 2-2 给出了 2010 年 31 个省（市、自治区）不同活动部门对 VOCs 排放贡献率，其中山西、上海、江苏、浙江、新疆 5 省（市、自治区）工艺过程环节贡献率显著，超过了 30%，主要因为这些省（市、自治区）境内有着发达的有机化工业、原油加工业、炼焦业以及化学制药业。

---

① 龚芳. 我国人为源 VOCs 排放清单及行业排放特征分析[D]. 西安：西安建筑科技大学，2013.

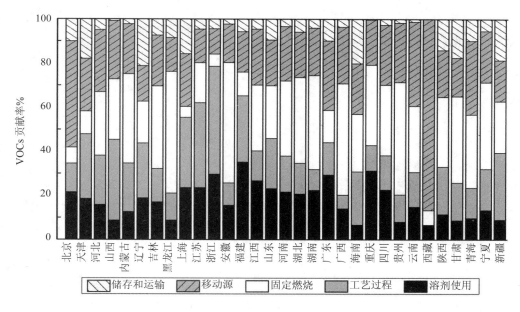

图 2-2　2010 年 31 个省（市、自治区）不同活动部门对 VOCs 排放贡献率

根据龚芳的研究成果[①]，以 VOCs 为原料的工艺过程包含 11 个行业，涉及合成材料生产、原油加工、炼焦、化学原料药制造、轮胎制造、食品饮料生产、涂料等生产制造行业。2010 年这些行业排放 VOCs 约 499.7 万 t，各行业的排放贡献情况见图 2-3。其中，合成材料生产是该环节最主要的 VOCs 排放源，2010 年该行业排放 VOCs 约 232.9 万 t，占该部分排放比重的 46.6%；化学原料药制造业使用的有机溶剂种类多，使用量大，主要作为制药生产的原料使用、对药物分离纯化和精制，用于干燥器、蒸馏系统、储罐和其他工艺设备中。此行业排放的有机气体主要是醇类、酯类、酮类和苯系物等，2010 年共排放 VOCs 约 23.1 万 t，排放比重为 4.6%；此外，胶黏剂生产、涂料和油墨生产年排放量分别为 5.4 万 t、4.4 万 t 和 1.8 万 t，日用品生产即合成洗涤剂生产年排放量约 200 t。这四个行业的总排放占该部分排放比重的 2.3%。

根据龚芳的研究成果[①]，图 2-4~图 2-6 描述了 2010 年各省（市、自治区）人均排放强度、单位面积排放强度和单位 GDP 排放强度。从这三个图的分析结果可知：人均排放强度最高的 7 省（市、自治区）依次为浙江、江苏、辽宁、天津、山东、上海、北京，人均排放量均超过了 20 kg/人；西藏、贵州、云南 3 省（自治区）人均排放强度最低，均不足 8 kg/人，其余各省（市、自治区）均在 8~20 kg/人。单位 GDP 排放强度最高的浙江、新疆、海南、黑龙江 4 省（自治区）均在 70 t/亿元以上；而经济发达的北京、上海两地均不足 20 t/亿元。土地面积最小、经济发达的上海市单位面积排放强度高达 76.7 t/km²，约是

---

① 龚芳. 我国人为源 VOCs 排放清单及行业排放特征分析[D]. 西安：西安建筑科技大学，2013.

位居第二的天津市的 2.8 倍；土地面积大、经济不发达的内蒙古、云南、西藏、甘肃、青海、新疆 6 省（市、自治区）单位面积排放强度还不足 1 t/km²。

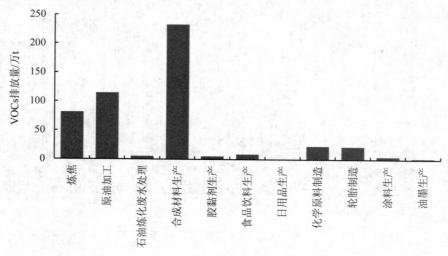

图 2-3　以 VOCs 为原料的工艺过程排放源情况

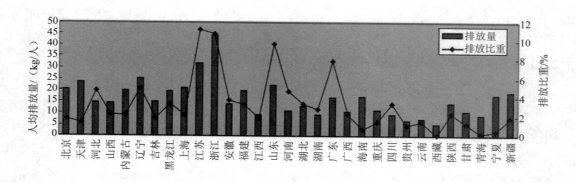

图 2-4　2010 年各省（市、自治区）人均排放强度

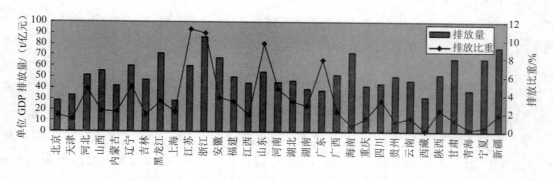

图 2-5　2010 年各省（市、自治区）单位面积排放强度

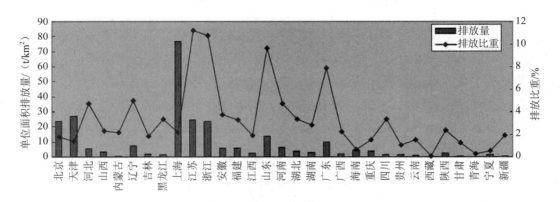

图 2-6　2010 年各省（市、自治区）单位 GDP 排放强度

根据夏思佳等的研究成果[①]，江苏省 2010 年人为源 VOCs 排放量约为 179.20 万 t，六大类污染源的排放量所占比例如图 2-7 所示，其中化石燃料燃烧源、生物质燃烧源、工业过程源、溶剂使用源、移动源、油品储运源分别占排放总量的 24.1%、3.3%、22.3%、25.3%、18.4% 和 6.6%，所有污染源中工业排放占 51.3%，是江苏省 VOCs 排放的最主要来源。

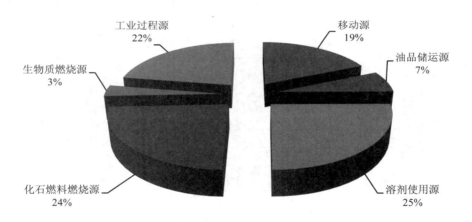

图 2-7　2010 年江苏省 VOCs 排放分行业所占比例

分行业排放量如图 2-8 所示，工业过程源中石油炼制、有机化工、合成材料、化学药品原药制造、机械装备制造、电子设备制造为重点行业，排放量均超过 7 万 t。

2010 年各城市分行业的 VOCs 排放量见表 2-1。总体来看，VOCs 排放集中于人口相对集中、工业相对发达的地区。苏南五市（南京、苏州、无锡、常州、南通）VOCs 排放量明显高于苏北和苏中地区，占全省排放量的 60.0%，其中苏州、南京、无锡居排放量前 3 位，分别占全省排放量的 20.9%、13.7% 和 10.3%，盐城、宿迁排放量最小。各城市化石

① 夏思佳，赵秋月，李冰，等. 江苏省人为源挥发性有机物排放清单[J]. 环境科学研究，2014，27（2）：120-126.

燃料燃烧源和移动源 VOCs 排放量所占比例均较大，而其他特征行业分布差异显著，南京以石油炼制、有机化工排放占比大，苏州市以有机化工、机械涂装排放占比大，无锡市以有机化工、电子设备制造排放占比大。

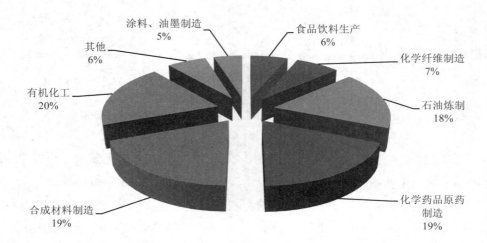

图 2-8　2010 年江苏省工业过程源 VOCs 排放分行业所占比例

表 2-1　江苏省各城市分行业 VOCs 排放量　　　　单位：万 t

行业		南京	无锡	徐州	常州	苏州	南通	连云港	淮安	盐城	扬州	镇江	泰州	宿迁	总量
化石燃料燃烧		6.07	6.07	3.04	3.04	9.71	3.64	1.21	1.21	2.43	2.43	1.82	1.82	0.61	43.1
生物质燃烧		0.19	0.12	0.79	0.17	0.14	0.45	0.83	0.65	0.96	0.89	0.04	0.28	0.51	6.02
工业过程源	石油炼制	5.31	0.02	0.12	0.06	0.27	0.04	0.06	0.24	0.08	0.06	0.25	0.6	0	7.11
	有机化工	3.59	2.3	1.3	1.94	3.19	1.96	0.51	0.49	1.03	1.69	1.6	1.28	0.14	21.02
	医药制造	0.65	0.53	0.53	0.59	1	0.66	0.63	0.21	0.4	0.32	0.09	1.83	0.05	7.49
	其他	0.31	0.55	0.45	0.2	1.13	0.34	0.08	0.19	0.2	0.45	0.15	0.09	0.26	4.4
溶剂使用源	交通设备制造	0.56	0.64	0.06	0.25	0.49	0.38	0.05	0.04	0.32	0.48	0.18	0.47	0	3.92
	机械装备制造	0.43	1.22	0.44	0.8	3.66	0.73	0.05	0.23	0.33	0.67	0.44	0.56	0.04	9.6
	电子设备制造	1.59	1.82	0.12	0.7	2.29	0.44	0.04	0.25	0.04	0.29	0.27	0.24	0.01	8.1
	印刷包装	0.47	0.84	0.28	0.33	1.67	0.21	0.04	0.35	0.23	0.24	0.24	0.1	0.09	5.09
	家具制造	0.13	0.05	0.19	0.11	0.87	0.04	0.01	0.01	0.03	0.05	0.05	0.16	0.05	1.89
	皮革及鞋制造	0.2	0.07	0.08	0.13	0.47	0.33	0.03	0.17	0.18	0.67	0.2	0.03	0.03	2.59
	木材加工	0.01	0.02	0.61	0.08	0.07	0.01	0.03	0.06	0.02	0.03	0.14	0.01	0.22	1.31
	餐饮	0.48	0.4	0.71	0.29	0.54	0.6	0.37	0.38	0.62	0.35	0.2	0.36	0.39	5.69
	建筑装饰	0.95	0.66	0.41	0.43	0.52	0.41	0.37	0.37	0.13	0.96	0.1	0.96	0.24	6.51
	干洗	0.04	0.04	0.07	0.03	0.06	0.06	0.04	0.04	0.06	0.04	0.03	0.04	0.04	0.59
储运		0.91	0.82	1.29	0.66	2.98	1.19	0.38	0.74	0.7	0.55	0.4	0.63	0.55	11.8
移动源		2.55	2.29	3.61	1.83	8.33	3.33	1.07	2.06	1.96	1.53	1.13	1.75	1.54	32.98
总量		24.44	18.47	14.09	11.63	37.4	14.95	5.81	7.69	9.72	11.71	7.32	11.21	4.77	179.21

2.2　VOCs 产污环节与特征污染物分析

2.2.1　典型 VOCs 产污环节

根据《国民经济行业分类》（GB/T 4754—2011），石油和化学工业主要分为 C25 石油加工、炼焦和核燃料加工业、C26 化学原料和化学制品制造业、C27 医药制造业、C28 化学纤维制造业及 C29 橡胶和塑料制品业，不同行业的大气污染物典型产生环节如表 2-2 所示。

表 2-2　不同行业大气污染物典型产生环节[①]

编号	行业大类	典型环节	特征污染物
C25	石油加工、炼焦和核燃料加工业	石油炼制、炼焦、原料和产品的存储输送过程泄漏、污水处理过程挥发、罐体检修或发生事故	VOCs、恶臭、氯化氢、氟化氢、溴化物以及金属化合物
C26	化学原料和化学制品制造业	涂料、油墨、农药、合成材料、染料等的制造、储罐呼吸气、管线泄漏、污水处理、罐体检修或事故	VOCs（苯系物、硝基苯类、卤代烃类、酮类、酯类、羧酸类等）、恶臭、氯化氢、氟化氢以及金属化合物、颗粒物
C27	医药制造业	反应釜尾气、药物有效成分萃取、炮制、洗涤、提取、污水处理	VOCs（卤代烃、酯类、醇类等）、恶臭、氯化氢、溴化物、颗粒物
C28	化学纤维制造业	人造纤维、合成纤维制造	VOCs、恶臭、氯化氢、氨、颗粒物
C29	橡胶和塑料制品业	炼胶、橡胶硫化、人造革生产、泡沫板生产、上胶、表面喷涂	VOCs、恶臭、氯化氢、氨、颗粒物

2.2.2　特征污染物分析

根据我国对工业源 VOCs 排放特征和控制技术的调研（席劲瑛等，2014），不同行业的 VOCs 排放种类如表 2-3 至表 2-5 所示。

[①] 基于《工业源挥发性有机物（VOC）排放特征与控制技术》等进行改编。

表 2-3 化学工业 VOCs 分类及典型污染物

类别	典型物质
苯类	苯、甲苯、二甲苯、乙苯、异丙苯、苯并芘
烷烃	甲烷、丙烷、正丁烷、环己烷、己烷
烯烃	丙烯、氯丁二烯、戊二烯、氯乙烯、苯乙烯
卤代烃	氯甲烷、二氯甲烷、三氯甲烷、氯仿、二氯乙烷
醇类	甲醇、乙醇、丁醇、乙二醇、正丁醇、异丙醇、异丁醇、甲硫醇
醛类	甲醛、乙醛、丙烯醛
酮类	丁酮、丙酮、环己酮
酚类	苯酚、苯硫酚
醚类	丁醚、乙醚、二甲醚、甲硫醚、四氢呋喃
酸类	丙烯酸、苯乙酸、乙酸
酯类	辛酯、戊酯、乙酸乙酯、乙酸丁酯、乙酸丙酯、丙烯酸乙酯、丙烯酸丁酯、酚醛树脂、环氧树脂
胺类	一甲胺、二甲胺、三甲胺、三乙胺、苯乙胺、N-甲酰二甲胺（DMF）

表 2-4 不同行业 VOCs 源产生 VOCs 种类[1]

类别	石油加工、炼焦和核燃料加工业	化学原料和化学制品制造业	医药制造业	橡胶和塑料制品业
苯类	●	●	◎	◎
烷烃		●	○	
烯烃	○	●		
卤代烃		◎	●	○
醇类		●	●	○
醛类		●	○	○
酮类		●	◎	○
酚类		○		
醚类		○	●	
酸类		◎	◎	
酯类		◎	◎	
胺类		○	◎	

注：空白表示种类数为0；○表示种类数≤5；◎表示种类数在5～15；●表示种类数≥15。

[1] 基于《工业源挥发性有机物（VOC）排放特征与控制技术》等进行改编。

表 2-5　化工行业 VOCs 源产生 VOCs 种类[①]

类别	基础化学原料制造	农药制造业	涂料、油墨、颜料及类似产品制造	专用化学产品制造	合成材料	日用化学产品制造
苯类	○	○	●	◎	◎	○
烷烃				◎	◎	
烯烃			○	◎	◎	○
卤代烃	○			◎		
醇类		○	○	◎	○	○
醛类			○	◎	○	○
酮类			○	◎	○	○
酚类			○			
醚类					○	○
酸类			◎		○	○
酯类			○			
胺类		○			○	

注：空白表示种类数为 0；○表示种类数≤5；◎表示种类数在 5～15；●表示种类数≥15。

　　从表 2-3 至表 2-5 中可见，不同行业的 VOCs 种类繁多，不同行业差异大，大致上表中的 12 类有机物都有所涉及。从各行各业的 VOCs 来看，苯系物出现最频繁且行业分布最广，其次是酯类、醇类、醛类和酮类等。从表 2-5 中可见，合成材料制造行业和专用化学品制造行业的 VOCs 种类最为繁多，合成材料中主要是苯、烷烃和烯烃；专用化学品制造的有机物以苯系物、烷烃、烯烃、卤代烃、醇类、醛类、酮类和酸类为主。

2.3　典型行业 VOCs 产排现状

2.3.1　化学原料和化学制品制造业

　　根据《国民经济行业分类》（GB/T 4754—2011），C26 化学原料和化学制品制造业可细分为：C261 基础化学原料制造、C262 肥料制造、C263 农药制造、C264 涂料、油墨、颜料及类似产品制造、C265 合成材料制造、C266 专用化学产品制造、C267 炸药、火工及焰火产品制造、C268 日用化学产品制造；主要产品包括"三酸两碱"、三烯、三苯、乙炔、萘等基础化学原料，氮肥、磷肥、钾肥、复合肥料、有机肥料等肥料，除草剂、杀菌剂、杀虫剂、杀螨剂、杀鼠剂等化学和生物农药，涂料、油墨、颜料以及染料等类似品，合成树脂、合成橡胶、合成纤维等，化学试剂、助剂、信息化学品等，肥皂及合成洗涤剂、化妆品、口腔清洁用品以及香料香精等。

---

① 基于《工业源挥发性有机物（VOC）排放特征与控制技术》等进行改编。

2.3.1.1　行业基本情况

化工原料及化学制品制造业无论在工业废水还是在废水中均属江苏省污染物排放量较大的行业。

2010 年，该行业工业总产值为 2 934.37 亿元，占全省比重 9.7%；工业用水总量为 72 亿 t，占全省比重 19.2%；两者的投入产出比为 40.76 元/t，低于全省平均水平。

2010 年，化工原料及化学制品制造业排放废水 5.26 亿 t，占全省工业废水排放总量的 19.95%；排放化学需氧量和氨氮分别为 4.86 万 t 和 5 100 t，分别占全省工业化学需氧量和氨氮排放总量的 19.92% 和 30.36%，是江苏省工业废水排放量和化学需氧量第二大行业，氨氮则为全省排放量第一大行业，且总量远远高于其他行业。

从近 10 年的变化趋势可以看出，2001—2010 年，该行业工业总产值呈波动上升态势，该行业工业用水总量一直处于高位增长态势，且趋势显著（线性回归，$R=0.975$），占全省比重却呈缓慢下降形势，比例由 25.8% 降至 19.2%；与此同时，该行业工业用水总量和工业总产值之间的投入产出比在比例和增速方面均低于全省平均水平，是典型的"高投入、低产出"行业。

2001—2010 年，化工原料及化学制品制造业工业废水排放量由 8.57 亿 t 降至 5.26 亿 t，呈显著下降趋势（线性回归，$R=-0.944$），其单位工业产值废水排放强度则呈显著线性下降趋势。与废水排放量趋势相似，主要污染物化学需氧量和氨氮排放量也有所下降，但趋势并不明显，10 年间分别由 7.98 万 t、8 139 t 降至 4.86 万 t 和 5 100 t，而单位工业产值化学需氧量和氨氮排放强度则呈现显著的下降趋势，其中化学需氧量表现得更为明显（$R=-0.925$）。以上趋势和表现说明国家一系列政策调整的作用初步显现，化工原料及化学制品制造业在控制污染方面已取得一定的成效。

2.3.1.2　工艺过程及产污环节

（1）含有机化学原料、农药等制造行业

含有机化学原料、农药等制造行业生产中排放的气体污染物主要来源于化学反应时加入的过量气体原料及副反应产生的废气，由于生产工艺技术及设备因跑、冒等产生的废气，在过滤、蒸馏等单元操作中低沸点、易挥发溶剂蒸汽尾气以及处理废水、废渣时产生的气体污染物等。这些物质很容易在大气中扩散，对动植物和人体有极大的危害性，易造成扰民现象。

含有机化学原料、农药等制造行业品种繁多，原材料、合成工艺、产品化学结构的不同致使产生的农药废气成分复杂。生产工艺一般是将化工原料经合成、分离精制，再用水洗洗涤去反应副产物等制得产品，排放特点主要是大气污染源数量多、污染物成分复杂多变、排放浓度较高、VOCs 基本超标排放，多呈间断性、无组织排放。含有机化学原料、农药等制造行业工艺废气产生情况如表 2-6 所示。

表 2-6　含有机化学原料、农药等制造行业工艺废气产生情况

产污环节	废气种类	排放特征
反应釜排气	挥发性溶剂、挥发性物质	间断性无组织排放，排放源强，波动范围大
溶剂冷凝回收过程	挥发性溶剂的饱和蒸汽，其他低沸点化合物	连续性无组织排放，排气量少，浓度高
抽真空过程	低沸点、易挥发化合物	无组织排放
离心过程	溶剂、原料、反应副产物	间断性面源无组织排放
人工投料卸料过程	挥发性溶剂、原料	间断性面源无组织排放
污水处理站和危险固废堆场	挥发性溶剂、原料	连续性无组织排放，排气量少
储罐、储槽	挥发性溶剂、原料	间断性无组织排放

含有机化学原料、农药等制造行业生产废气中的污染物，因产品的品种、生产工艺、原料路线不同而异，如有机磷农药生产废气中主要无机污染物为氯化氢、氯气、硫化氢和氨气等，有机及恶臭污染物为苯、甲苯、二甲苯、甲硫醇、三甲胺、氯甲烷等；氨基甲酸酯类农药生产的废气主要为二甲基硫醚；杂环类农药产生的废气主要为丙烯醛、丙烯腈等；有机氯类及聚酯类农药产生的废气主要为氯化氢、氨气、环己烷、氯丙烯、二氯乙烷、甲醇、乙醇、异丙醇、三乙胺、甲酰胺等。

（2）涂料、油墨、颜料及类似产品制造

1）涂料工业

涂料工业属精细化工加工业，涂料产品主要可分为：油性涂料、粉末涂料、腻子、水性涂料、UV 光固化涂料、建筑涂料六大类。涂料工业的特点是品种多、生产规模小、厂点布局分散、间歇操作多，"三废"排放量大，污染较为严重。

①油性涂料，以 A01-8 氨基烘干清漆为例

生产流程：氨基树脂、醇酸树脂→混合（丁醇、二甲苯）→混合（硅油）→过滤→产品

生产工艺：将低醚化度三聚氰胺树脂、37%十一烯酸醇酸树脂与二甲苯、丁醇混合均匀，加入有机硅油溶液，充分调配均匀，过滤，得 A01-8 氨基烘干清漆。

②粉末涂料，以 H05-53 白环氧粉末涂料为例

生产流程：环氧树脂→粉碎→预混合（其余物料）→挤压成片→粉碎→过筛→包装

生产工艺：将环氧树脂粉碎后，与其余物料预混合，通过计量槽和螺旋进料机送入粉末涂料螺旋挤出机，挤出机加热温度控制在 120℃，挤出物压制成薄片，冷却后打成碎片，再经微粉机粉碎筛分后包装。

③腻子，以 G07-3 各色过氯乙烯腻子为例

生产流程：过氯乙烯树脂液→溶解（醇酸树脂、顺酐树脂）→混合（其余原料）→研磨→成品

生产工艺：先将过氯乙烯树脂液与长油度亚麻油醇酸树脂、顺丁烯二酸酐树脂液混合

溶解，再加入其余原料搅拌均匀，送入三辊机中研磨，至细腻均匀后，即得到成品。

④水性涂料，以水溶性氨基涂料为例

生产流程：氧化锌、焦磷酸钠、β-萘磺酸甲醛缩合物、部分水→研磨→混合（其余物料）→过滤→成品

生产工艺：将氧化锌、焦磷酸钠、β-萘磺酸甲醛缩合物和1.88份水混合研磨（在球磨机中研磨20h），然后将得到的稳定性防腐蚀颜料与其余组分混合，过滤得到水性涂料。

⑤UV 光固化涂料，以光固化环氧清漆为例

生产工艺：将各物料混合均匀，研轧后过滤。

⑥建筑涂料，以乳胶漆为例

乳胶漆是由乳液、颜料、填充料、助剂和水组成的。乳液是影响乳胶漆性能的最主要的原料，通常是合成树脂乳液，合成树脂乳液的常见品种有聚醋酸乙烯、醋丙、醋顺、醋叔、VAE、苯丙、纯丙、硅丙、氟碳乳液等，由一些石油化工原料如醋酸乙烯、丙烯酸酯、苯乙烯等，在水中经过聚合化学反应制成，主要作用是起到黏结、抗水、抗碱和抗日光老化的性能。乳胶漆大多数是白色或以白色为基础的浅淡颜色，颜料主要采用钛白粉和立德粉（锌钡白）。彩色颜料多数对人体无害。但劣质颜料含铅。填充料起填充作用。常用的填充料有碳酸钙（大白粉）、滑石粉、高岭土（瓷土）、硫酸钡（重晶石粉）、硅灰石粉等，这些都是天然矿物原料，对人体无害。助剂的成分较多，有增稠剂、成膜助剂和杀菌剂。为了防止乳胶漆在贮存过程中沉淀，以及涂刷垂直表面时不流坠，要添加增稠剂等助剂，常用的是纤维素醚类。为了在气温较低的情况下，也能使乳胶漆膜干燥延长施工季节，一般厂家均加入一些成膜助剂，常采用多元醇类及其衍生物等。乳胶漆在贮存过程中或干燥成膜后，易受到微生物污染，为了防止微生物的滋生，生产厂家要加入杀菌剂。

生产投料流程顺序如下：a. 水；b. 杀微生物剂；c. 成膜助剂；d. 增稠剂；e. 颜料分散剂；f. 消泡剂、润湿剂；g. 颜填料；h. 乳液；i. pH 调整剂；j. 其他助剂；k. 水和/或增稠剂溶液。

操作规程：将水先放入高速搅拌机中，在低速下依次加入 b、c、d、e、f。混合均匀后，将颜料、填料用筛慢慢地筛入叶轮搅起的旋涡中。加入颜填料后不久，研磨料渐渐变厚。此时要调节叶轮与调漆桶底的距离，使旋涡呈浅盆状，加完颜填料后，提高叶轮转速（轮沿的线速度约 1 640 m/min）。为防止温度上升过多，应停车冷却，停车时刮下桶边黏附的颜填料。随时测定刮片细度，当细度合格，即分散完毕。分散完毕后，在低速下逐渐加入乳液、pH 调整剂，再加入其他助剂，然后用水和/或增稠剂溶液调整黏度，过筛出料。

涂料生产工艺过程是将油料、树脂、颜料、溶剂和催干剂等原料进行热炼、合成、研磨、过滤而制成各类油漆。根据各产品的生产工艺描述，易产生 VOC 污染的主要为油性

涂料，油性涂料生产工艺过程是将油料、树脂、颜料、溶剂和催干剂等原料进行热炼、合成、研磨、过滤而制成各类油漆。热炼过程以及研磨过程均有 VOCs 排出，此外溶剂储罐、工艺设备、废水收集和输送系统以及辅助设备等也可产生废气。

2）染料工业

染料工业包括染料、纺织染整助剂和中间体生产等，其中染料主要有分散染料、还原染料、直接染料、活性染料及阳离子染料等。染料行业产品种类繁多，工艺复杂，生产步骤多、收率较低，大部分原料、中间体及副产物都以"三废"形式排出。

染料的生产过程大体分为下述三个步骤：①中间体制备：将简单的基本有机原料，如苯、萘、蒽等，经过化学反应过程生产出比原来结构复杂，但还不具备染料特性的有机物及中间体；②原染料制备：将几种中间体再经化学加工，制成各种染料，即原染料；③对原染料进行商品加工，最后制成商品染料。产生气体的污染源主要是加料口、生产过程中的跑、冒、滴、漏，废气中主要的污染物是二氧化硫、二氧化氮、氯化氢、溴化氢、氯气、溴气、氨气、苯胺类、硝基苯类、苯酚类、蒽醌类和环氧乙烷等化合物。

谭培功等[①]在详细进行染料行业工艺过程调查和废气分析的基础上，选用综合评分法和潜在危害指数法作为筛选的判据对染料行业废气中的优先污染物进行了筛选，表 2-7 列出了染料行业粗选污染物的评分结果，最终确定的染料行业废气的优先污染物属于第一类的污染物有 12 种，属于第二类的有 9 种，见表 2-8。

表 2-7　染料行业粗选名单的评分结果

化合物	综合潜在危险指数	综合评分值	化合物	综合潜在危险指数	综合评分值
邻甲苯胺	23.6	18.3	双乙烯酮	—	10.3
邻硝基氯苯	20	17.6	一萘酚	—	9.8
邻氨基苯甲醚	22.4	17.4	正丁醇	—	7.9
对氨基偶氮苯	22	16.2	二甲基苯胺	—	13.9
硝基苯	19.4	9.9	蒽醌	—	9.6
4-硝基-2-氨基苯酚	19	15.1	1-氨基蒽醌	—	8.6
苯酚	18.8	17.5	乙酸乙酯	—	8
苯胺	17	17	液氯		
丙烯腈	16.6	15.6	液氯		
环氧乙烷	—	18.7	液氨	—	15.8
间苯二胺	—	14.6	硫化氢		
2,4-二硝基氯苯	—	14.2	氯化氢		
对硝基苯胺	—	10.5	二氧化硫		
氯对硝基苯胺	—	10.1	燃料粉尘		

---

① 谭培功，李海燕，刘静. 染料行业工艺废气中优先污染物的筛选研究[J]. 中国环境监测，1999（10）：59-61.

表 2-8　染料行业废气中第一类优先污染物和第二类优先污染物名单

第一类优先污染物	苯酚、邻甲苯胺、苯胺、硝基苯、邻氨基苯甲醚、邻硝基氯苯、氯气、溴气、氯化氢、硫化氢、氨气和染料粉尘
第二类优先污染物	对氨基苯甲醚、对氨基偶氮苯、丙烯腈、环氧乙烷、2,4-二硝基氯苯、4-硝基-2-氨基苯酚、二甲基苯胺、间苯二胺

3）颜料工业

颜料工业属精细化工加工业，按照产品分子结构和组成，可分为无机颜料、有机颜料和金属颜料等类型。其中无机颜料主要有钛白、铅铬黄、立德粉等，有机颜料主要有偶氮类颜料、酞菁类颜料以及杂环等高性能颜料，颜料工业的特点与涂料类似，主要表现为品种多、生产规模小、厂点布局分散、间歇操作多，"三废"排放量大，污染严重。

钛白是采用浓硫酸将钛铁矿分解为可溶性钛盐，然后分离绿矾，再进行水解变成偏钛酸，经洗涤、煅烧、表面处理而成。钛铁矿分解时产生大量酸雾废气，偏钛酸煅烧成二氧化钛也会产生大量废气。立德粉是采用氧化锌和硫酸反应生成硫酸锌，重晶石在砖窑中还原成硫化钡，将硫酸锌和硫化钡按比例复合而成。氧化锌和硫酸反应会产生大量酸雾，重晶石还原时会产生氮氧化物。铅铬黄是将水溶性铅盐（硝酸铅）与重铬酸钠作用而成，制取硝酸铅时会有氮氧化物产生。有机颜料生产工艺流程较长，一般是从原料开始经过硝化、缩合、还原、氧化、重氮化、偶合等多个操作单元以及分离、精制、水洗等多道工序而得。

有机颜料工业产生的废气主要为有机溶剂挥发，其成分大多是甲苯、二甲苯、乙苯、三氯苯、硝基苯类、烷基苯类、长链烷烃类。

（3）专用化学产品制造

1）黏合剂工业

黏合剂是指树脂和橡胶一类物质，具有良好的黏合性能，用来把同质或异质物体表面黏结在一起。胶黏剂的种类繁多，可以分为环氧树脂胶黏剂、酚醛树脂胶黏剂、脲醛树脂胶黏剂、聚氨酯胶黏剂、α-氰基丙烯酸酯胶黏剂、厌氧胶黏剂、改性丙烯酸酯快固结构胶黏剂、不饱和聚酯胶黏剂、氯丁橡胶胶黏剂、4115 建筑胶、107 胶、溶剂型压敏胶、溶剂型纸塑复合胶、PVC 塑溶胶等。

不同胶黏剂中含有的挥发性有机化合物差异很大，如溶剂型胶黏剂中的有机溶剂；三醛胶（酚醛、脲醛、三聚氰胺甲醛）中的游离甲醛；不饱和聚酯胶黏剂中的苯乙烯；丙烯酸酯乳液胶黏剂中的未反应单体；改性丙烯酸酯快固结构胶黏剂中的甲基丙烯酸甲酯；聚氨酯胶黏剂中的多异氰酸酯；4115 建筑胶中的甲醇等。胶黏剂中的挥发性有机物主要是苯、甲苯、甲醛、甲醇、苯乙烯、三氯甲烷、四氯化碳、1,2-二氯乙烷、甲苯二异氰酸酯、间苯二胺、磷酸三甲酚酯、乙二胺、二甲基苯胺等。

食品和饲料添加剂是为改善食品及饲料品质和色、香、味，以及为防腐和加工工艺的需要而加入食品中的化学合成或天然物质。食品和饲料添加剂生产过程的特点是产品品种多、批量小、收率低、间歇操作多，加之大量使用有机原料和有机溶剂使得"三废"多，污染严重。

食品和饲料添加剂行业主要污染物为甲苯、二甲苯、苯甲酸、丙酸、乙醛、三甲胺等挥发性有机溶剂。

2）催化剂及助剂行业

催化剂和助剂是典型的专用化学品，催化剂是改变化学反应的媒介，是打开许多化学工艺过程的钥匙，因而也是实现化工技术进步的关键。催化剂制备方法有机械混合法、沉淀法、浸渍法、溶液蒸干法、热熔融法、浸溶法（沥滤法）、离子交换法等以及新方法如化学键合法、纤维化法等。

催化剂及助剂的生产过程，主要包括沉淀、静置、洗涤、过滤、干燥、成型、焙烧（或活化）等过程，基本上采用无机物作为原料，有机溶剂使用量较少，主要废气污染物为二氧化硫、氮氧化物、氨气、酸雾、粉尘等，含有少量的苯乙烯、草酸等。

3）信息用化学品行业

信息用化学品行业主要包括感光材料、磁性材料等能接受电磁波的化学品，属于典型的专用化学品。信息用化学品生产过程一般是包括乳剂制备（各种添加剂、有机溶剂、感光乳剂、磁性乳剂）、静置和过滤、涂布和干燥以及包装整理过程。废气排放具有排气量小、排放浓度高的特点。

乳剂制备工序因有机溶剂挥发而产生甲醇、乙醇、异丙醇、乙酸乙酯等有机废气，在过滤、涂布工序中要用有机溶液（如甲醇、乙醚等）进行淋洗，在光刻、刻蚀等过程中使用的光阻剂（光刻胶）中含有易挥发的有机溶剂，如醋酸丁酯等，在干燥工序中也有部分有机溶剂发挥。

4）功能高分子材料行业

功能高分子材料行业主要包括功能膜、偏光材料等，属于典型的专用化学品。如偏光材料的生产流程包括染色、延伸、贴合和干燥，染色和干燥工序是挥发性有机物的污染源强，废气排放具有排气量小、排放浓度高的特点。

功能高分子材料行业废气污染物主要有甲苯、乙酸乙酯、二氯甲烷、丙酮、丁酮、石油醚、溶剂油等有机溶剂。

2.3.1.3　行业 VOCs 产排污现状

2010 年江苏省各城市化工行业的 VOCs 排放量如表 2-4 所示。总体来看，VOCs 排放集中于人口相对集中、工业相对发达的地区。苏南五市（南京、苏州、无锡、常州、南通）VOCs 排放量明显高于苏北和苏中地区，占全省排放量的 60.0%，其中南京、苏州居排放量前 2 位，分别占全省排放量的 24.64%和 13.96%，淮安、宿迁排放量最小。

表 2-9　江苏省各城市化工行业 VOCs 排放量[①]　　　　　单位：万 t

行业	南京	无锡	徐州	常州	苏州	南通	连云港	淮安	盐城	扬州	镇江	泰州	宿迁	总量
石油炼制	5.31	0.02	0.12	0.06	0.27	0.04	0.06	0.24	0.08	0.06	0.25	0.6	0	7.11
有机化工	3.59	2.3	1.3	1.94	3.19	1.96	0.51	0.49	1.03	1.69	1.6	1.28	0.14	21.02
医药制造	0.65	0.53	0.53	0.59	1	0.66	0.63	0.21	0.4	0.32	0.09	1.83	0.05	7.49
其他	0.31	0.55	0.45	0.2	1.13	0.34	0.08	0.19	0.2	0.45	0.15	0.09	0.26	4.4
总量	9.86	3.4	2.4	2.79	5.59	3	1.28	1.13	1.71	2.52	2.09	3.8	0.45	9.86

2.3.1.4　典型企业及化工园区 VOCs 排放特征

（1）农药生产企业

谭冰等[②]以河北省张家口市 3 个代表性农药化工企业厂区为研究对象监测 VOCs 排放量，3 家企业均生产除草剂类农药，生产过程中用到大量甲苯、二甲苯等芳香烃以及卤代烃类有机物，监测结果如表 2-10 所示。

表 2-10　各场地 VOCs 的含量及分类

类别	化合物	各场地挥发性有机物组成/（μg/m³）		
		场地 A	场地 B	场地 C
烷烃	正己烷	6 910.00	6 680.80	6 161.90
	环己烷	2 501.90	2 671.60	1 902.30
卤代烃	二氯甲烷	507.40	724.00	511.40
	三氯甲烷	5.20	7.00	5.10
	氯甲烷	5.10	1.30	4.30
	间-二氯苯	3.50	4.90	3.80
	四氯乙烯	2.20	3.10	2.30
	三氯乙烯	3.50	5.00	—
	二硫化碳	3.50	6.40	2.20
	对-二氯苯	1.10	1.50	1.20
	邻-二氯苯	0.70	0.90	0.70
芳香烃	苯	126.90	179.30	126.00
	甲苯	109.00	153.70	110.00
	二甲苯	13.70	20.10	14.20
	乙苯	13.50	—	13.90
	三甲苯	3.70	5.40	4.40
	1-乙基-4-甲基苯	1.20	1.30	0.70
烯烃	1.3-丁二烯	151.00	177.30	115.00
	苯乙烯	3.50	5.00	3.60
醛酯	丙酮	17.10	10.30	7.20
	总量	10 383.70	10 658.90	8 990.20

① 夏思佳，赵秋月，李冰，等. 江苏省人为源挥发性有机物排放清单[J]. 环境科学研究，2014，27（2）：120-126.
② 谭冰，王铁宇，庞博，等. 农药企业场地空气中挥发性有机物污染特征及健康风险[J]. 环境科学，2013，34（12）：4577-4584.

由表 2-10 可知，在 A 企业场地内检出 20 种挥发性有机物，在 B、C 这 2 个企业场地内分别检出 19 种，各场地 VOCs 的组成大致相似，主要有烷烃类、卤代烃、芳香烃、烯烃、含氧有机物。各类有机物中含量最丰富的为烷烃类，以正己烷（6 161.90～6 910.00 μg/m³）、环己烷（1 902.30～2 671.60 μg/m³）为代表，种类最丰富的为卤代烃，其中二氯甲烷含量最高（507.40～724.00 μg/m³），芳香烃中以苯为主（126.00～179.30 μg/m³），烯烃类以 1,3-丁二烯为主（115.00～177.30 μg/m³），含氧有机物种类及含量较少。整体上，正己烷、苯、1,3-丁二烯含量超出了美国国家环保局（USEPA）给出的慢性吸入参考浓度（700 μg/m³、30 μg/m³、2 μg/m³），在场地 B 二氯甲烷含量 724.00 μg/m³ 也超过了参考浓度限值 600 μg/m³。在超标污染物中，1,3-丁二烯的超标倍数较高（57.5～88.65 μg/m³），正己烷、苯也具有较高的超标倍数，最高分别达到 9.87、5.98。值得注意的是，1,3-丁二烯是一种具有麻醉性，特别刺激黏膜的气体，长期接触一定浓度的 1,3-丁二烯会刺激中枢神经系统，可出现头痛、头晕、全身乏力、记忆力减退、心悸等症状，正己烷和苯也都具有高挥发性和脂溶性，在人体内可以蓄积，通过吸入或皮肤接触进入人体内可侵害神经系统。医学研究初步证实，1,3-丁二烯、苯都具有一定的致癌性。可以看出，企业场地 VOCs 存在较为严重的潜在健康风险，尤其需要引起重视的是 1,3-丁二烯、苯等致癌性物质。

（2）涂料生产企业

陈敏敏[1]开展了佛山地区涂料生产行业中油性涂料相关资料收集和现场调研，对涂料生产行业 VOCs 排放特征进行了整体分析和研究。从现场调查来看，现阶段油性涂料的生产工艺简单，生产设备相对落后，导致有机溶剂在使用过程中大量挥发出来，这是形成 VOCs 的重要原因。此外涂料生产工艺不论企业产值大小、产品类型，其生产工艺流程相同，基本为敞开式的生产工艺，即生产过程不密闭，导致有机溶剂在使用过程中存在跑、冒、滴、漏等现象，特别是在涂料搅拌、兑稀工序感官判断有机溶剂挥发较多，味道较大，有刺激性气味。

从现场监测结果来看，VOCs 污染物中芳香族占 23%～56%，酯类占 17%～64%，酮类占 2%～20%，醇类占 3%～9%，其他化合物占 1%～11%。芳香族、酯类和酮类出现频率和浓度显著高于其他类型的 VOCs，这与涂料生产过程中芳香族（尤其是苯系物类）、酯类（乙酸乙酯、乙酸丁酯）、酮类（丙酮、丁酮）作为重要溶剂使用有关。

（3）典型化工园区

裴冰等[2]选择上海市某家化学工业园区作为研究对象，该化学工业区以基础化学工业为主，兼有电力、碳素和少量建材企业，共涉及企业 100 余家，原材料使用门类多、能耗大，生产工艺废气排放无序、污染成分复杂。连续 90 天的观测结果如表 2-11 所示，观测

① 陈敏敏. 佛山市涂料行业挥发性有机物（VOCs）排放特征调查与分析[J]. 广东化工, 2012, 39（6）: 179-181.
② 裴冰, 刘娟, 孙焱婧. 某化学工业区挥发性有机物组成特征及大气化学反应活性[J]. 环境监测管理与技术, 2011, 23（增刊）: 1-7.

期间该地区 52 种 VOCs 大部分均有较好的检出。研究表明，观测期间该工业区大气 VOCs 中烷烃、烯烃和芳香烃的分担率分别为 40.4%、32.2%和 27.4%，以体积分数计，烷烃、烯烃和芳香烃的分担率分别为 32.8%、48.3%和 18.9%。

表 2-11　观测期间 VOCs 统计特征及其反应活性常数

序号	物种	检出率/%	检出质量浓度/（μg/m³）			标准偏差/（μg/m³）
			平均值	最大值	最小值	
1	乙烯	100	7.10	10.40	4.02	1.28
2	丙烯	100	2.53	18.8	0.43	2.54
3	反式-2-丁烯	92.2	0.74	9.07	—	1.19
4	1-丁烯	100	1.19	9.31	0.05	1.46
5	异丁烯	100	1.53	5.15	0.17	0.93
6	顺式-2-丁烯	95.6	1.69	5.92	—	1.36
7	1,3-二丁烯	100	0.15	1.19	0.01	0.19
8	反式-2-戊烯	100	0.44	2.35	0.01	0.52
9	1-戊烯	100	0.21	1.03	0.01	0.16
10	顺式-2-戊烯	100	0.4	1.24	0.04	0.26
11	异戊二烯	100	1.48	10.8	0.15	1.71
12	2-甲基戊烷	100	0.15	0.97	0.01	0.17
13	3-甲基戊烷	98.9	0.06	1.59	—	0.17
14	正己烷	90.0	0.04	0.71	—	0.08
15	环己烷	81.8	0.03	1.71	—	0.18
16	2,3-二甲基戊烷	65.6	0.01	0.79	—	0.08
17	3-甲基己烷	100	0.07	1.89	—	0.20
18	2,2,4-三甲基戊烷	78.9	—	0.03		0
19	正庚烷	98.9	0.13	6.55	—	0.69
20	甲基环戊烷	77.8	0.08	3.16	—	0.34
21	3-甲基庚烷	71.1	0.01	0.85	—	0.09
22	辛烷	98.9	0.05	0.79	—	0.08
23	乙烷	100	0.65	3.25	0.34	0.36
24	丙烷	2.2	0.04	3.32	—	0.35
25	异丁烷	100	1.86	10.1	0.39	1.28
26	正丁烷	100	2.28	14.0	0.13	2.36
27	环戊烷	100	3.44	29.7	—	5.65
28	异戊烷	100	4.24	43.1	—	8.11
29	正戊烷	100	2.42	29.7	—	5.59
30	2,2-二甲基丁烷	100	1.20	5.31	0.04	1.13
31	丙烯腈	10.0	0.01	0.8	—	0.08
32	三氯乙烯	33.3	1.46	23.7	—	4.02
33	氯乙烯	80.0	0.67	6.90	—	1.34
34	顺式-1,2-二氯乙烯	100	0.51	4.40	0.02	0.54
35	四氯乙烯	65.6	0.02	1.49	—	0.16

序号	物种	检出率/%	检出质量浓度/（μg/m³）			标准偏差/（μg/m³）
			平均值	最大值	最小值	
36	1,2-二氯乙烷	44.4	2.13	29.8	—	4.91
37	四氯化碳	35.6	3.80	38.8	—	8.59
38	氯仿	82.2	4.41	35.1	—	6.94
39	二氯甲烷	94.4	0.19	4.03	—	0.61
40	苯	100	0.55	4.28	0.02	0.56
41	甲苯	100	15.4	31.6	3.51	10.2
42	氯苯	88.9	0.02	0.94	—	0.10
43	乙苯	100	0.53	4.99	0.05	0.65
44	间/对二甲苯	100	0.23	9.89	0.02	1.04
45	邻-二甲苯	20	0.02	1.25	—	0.13
46	苯乙烯	100	0.17	2.17	0.01	0.25
47	异丙苯	41.1	0.01	0.76	—	0.08
48	1,3,5-三甲苯	42.2	0.01	0.83	—	0.09
49	正丙苯	95.6	0.04	0.89	—	0.09
50	邻-乙基甲苯	72.2	0.01	0.05	—	0.01
51	1,2,4-三甲苯	87.8	0.03	1.01	—	0.11
52	1,2,3-三甲苯	76.7	0.03	0.93	—	0.10

2.3.2　医药制造业

根据《国民经济行业分类》（GB/T 4754—2011），C27 医药制造业可细分为：C271 化学药品原料药制造、C272 化学药品制剂制造、C273 中药饮片加工、C274 中成药生产、C275 兽用药品制造、C276 生物药品制造、C277 卫生材料及医药用品制造；主要产品包括化学原料药及其制剂，中药饮片及其制剂，动物用化学药品、抗生素、畜禽疫苗等兽用药品，生化药品及制剂、基因工程药物、血液制品、诊断试剂等，药用包装材料等辅助医药用品。

2.3.2.1　行业基本情况

根据《中国药学年鉴》统计数据，2011 年，江苏省规模以上医药制造企业有 783 家，医药工业总产值为 20 807 459 万元，占当年江苏省工业总产值的 0.2%（2011 年江苏省工业总产值约为 10.9 万亿元），其中化学药品原药 3 753 487 万元、化学药品制剂 8 325 712 万元、生物制品 2 400 865 万元、医疗器械及设备 3 293 252 万元、卫生材料及医药用品 308 563 万元、制剂专用设备 38 977 万元、中成药 322 200 万元、中药饮片 364 403 万元。

2.3.2.2　行业工艺过程及产污环节

（1）化学药品原料药制造

化学合成类制药工业是重要的工业 VOCs 排放源。据不完全统计，2009 年以 VOCs 为原料的工艺过程中，化学合成类制药工业排放 VOCs 达到 22 万 t，占排放估算总量的

7.4%。另外，化学合成制药生产过程中使用到大量的原辅料，大部分为有机溶剂，且含有一些"三致物质"。化学合成类制药是指以化学原料为主要起始反应物，通过化学反应合成生产药物中间体或对中间体结构进行改造和修饰，得到目标产物，然后经脱保护基、提取分离、精制和干燥等工序得到最终产品。其生产工艺及产排污节点如图 2-9 所示。从中可大致反映出化学合成类制药行业废气主要来源于以下 3 个方面：①合成反应过程中有机溶剂挥发；②提取和精制过程中有机溶剂挥发；③干燥过程中粉尘和有机溶剂挥发。除此之外，还包括企业污水处理厂和固废堆场产生的一些恶臭气体及挥发的残留有机溶剂。

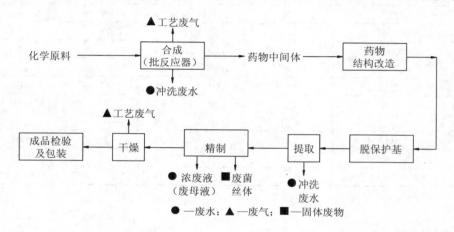

图 2-9　化学合成类制药生产工艺及排污节点图

（2）生物药品制造

1）发酵类药物

发酵类药物是通过微生物发酵的方法产生抗生素或其他药物的活性成分，然后经过分离、纯化、精制等工序得到的一类药物。发酵类药物的生产特点基本比较相似，一般都需要经过菌种筛选、种子制备、微生物发酵、发酵液预处理和固液分离、提炼纯化、精制、干燥、包装等步骤。

发酵类药物最开始是从抗生素的生产发展起来的，截至目前，发酵类药物中仍以抗生素为主。发酵类抗生素药物的生产特点基本相似，一般都需要经过菌种筛选、种子制备、微生物发酵、发酵液预处理和固液分离、提炼纯化、精制、干燥、包装等步骤。常见的发酵类抗生素制药生产工艺及排污节点如图 2-10 所示。

发酵类抗生素生产过程中产生的废气包括两部分：一部分为发酵工序排出的废气，主要是空气和二氧化碳的混合物，少量培养基物质，以及发酵后期细菌开始排抗生素时菌丝的气味，这部分气味小且不含对人体产生直接危害的物质；另一部分是分离、提取等生产工序产生的有机溶媒废气，是主要的废气污染源。

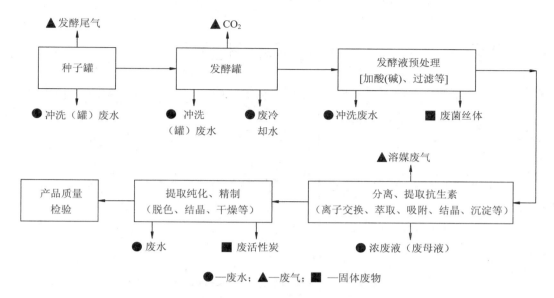

●—废水；▲—废气；■—固体废物

图 2-10　发酵类抗生素制药生产工艺及排污节点图

2）生物工程类制药

基因工程药物的生产涉及 DNA 重组技术的产业化设计和应用，包括上游技术和下游技术两大组成部分。上游技术指的是外源基因重组、克隆后表达的设计与构建（狭义的基因工程）；而下游技术则包括含有重组外源基因的生物细胞（基因工程菌或细胞）的大规模培养以及外源基因表达产物的分离纯化、产品质量控制等过程（图 2-11）。

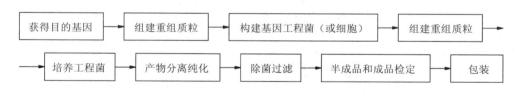

图 2-11　制备基因工程药物的一般程序

不同的基因工程药物的生产工艺又有所不同，下面分细胞因子、疫苗、克隆技术制药几个类型介绍其工艺流程及产污情况。

①细胞因子

细胞因子主要包括干扰素、白细胞介素、集落刺激因子、肿瘤坏死因子、红细胞生成素等 5 大系列。其中干扰素 α 的制备工艺及排污分析如图 2-12 所示。

②基因工程疫苗生产工艺流程

以抗原乙型肝炎疫苗为例，说明基因工程疫苗的生产流程，如图 2-13 所示。

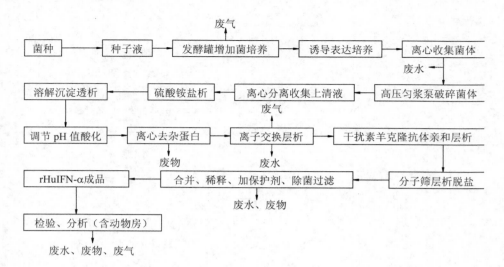

图 2-12 干扰素α的制备工艺及排污分析

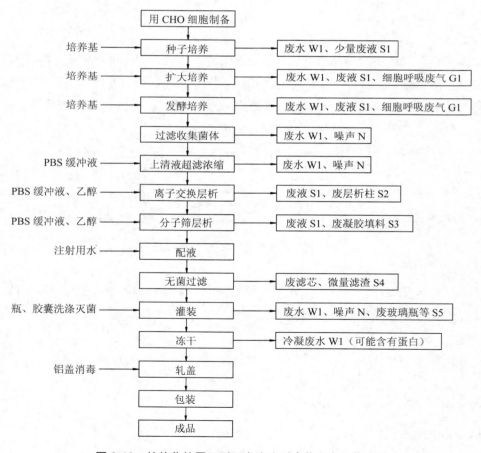

图 2-13 抗体化抗原乙型肝炎治疗型疫苗生产工艺流程

③克隆技术制药工艺流程

以抗乙型肝炎表面抗原（HBsAg）单克隆抗体为例介绍其工艺流程，如图 2-14 所示。

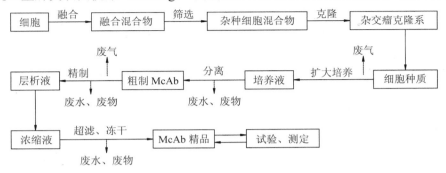

图 2-14　克隆技术制药的工艺流程

（3）中药饮片/中成药生产

1）中药饮片生产工艺及产污环节

生产工艺：传统的中药饮片是将中药材加工炮制成一定长短、厚薄的片、段、丝、块等形状供汤剂使用，其传统工艺通称为中药炮制。中药炮制工艺实际上包括净制、切制和炮制三大工序，有的饮片要经过蒸、炒、煅等高温处理，有的饮片还需要加入特殊的辅料如酒、醋、盐、姜、蜜、药汁等后再经高温处理，最终使各种规格饮片达到规定的纯净度、厚薄度和全有效性的质量标准。一般工艺流程为：原料（药材）→除杂→挑选→制片→包装。

产污环节：废水：主要来自药材的清洗和浸泡水、机械的清洗水以及炮制工段的其他废水，一般为轻度污染废水，COD 大约在 200 mg/L。但如果是在炮制工段需要加入特殊辅料如酒、醋、蜜等的中药饮片，则其废水的 COD 浓度一般较高，可达到 1 000 mg/L 以上。废气：主要是切制等工序产生的药物粉尘和炮制过程中产生的药烟。

2）中成药生产工艺及产污环节

生产工艺：中成药生产是间歇投料，成批流转。在生产过程中，一批投料量的多少一般由关键设备的处理能力决定。其生产过程是以天然动植物为主要原料，采用的主要工艺有清理与洗涤、浸泡、煮炼或熬制、漂洗等。中药材进行炮制（前处理）后，经提取、浓缩，最后根据产品的类型制成片剂、丸剂、胶囊、膏剂、糖浆剂等。生产工艺大致包括以下主要工序：水洗→浸汲浓缩→提取→精制→包装。

其中，核心工艺是有效成分的提取、分离和浓缩。根据溶剂不同分为水提和溶剂提取，其中溶剂提取以乙醇提取为主。图 2-15 和图 2-16 分别为水提和醇提工艺流程。

产污环节：主要为二氧化硫、烟尘、粉尘和挥发性有机物，主要来自某些提取工段因煎煮而产生的锅炉烟气，药材粉碎等工序产生的药物粉尘以及制药过程中使用的部分挥发性有机物的泄漏。

图 2-15　水提生产工艺流程　　　　图 2-16　醇提生产工艺流程

2.3.2.3　行业 VOCs 产排污现状

医药化工企业在生产操作、储存和输送物料、化学反应等过程中产生各种废气。医药化工废气一般分为无机废气、有机废气、恶臭气体、化工综合废气等。废气排放的特点是：品种复杂、点多面广、排放规律性差、收集和治理难度大。各种废气控制不当，扩散到大气中，将造成环境污染，形成俗称的化工异味，危害周围人员的身心健康，并易引起工厂周围居民投诉。

医药化工行业生产工艺一般是将化工原料经合成、分离精制，再用水洗洗涤去反应副产物等制得产品，大气污染物排放主要来自储存输送过程废气、产品生产过程废气以及污水处理站和危险固废堆场的废气。

（1）储存输送过程废气

槽车向储罐输入有机溶剂时，储罐内的有机溶剂气体就会通过顶部的排气管产生大呼吸废气。化学药品静置储存时液体处于静止状态，化学品由于其自身的挥发性使得化学品蒸气充满储罐空间。当外界环境发生变化时，储罐内部液态原料向气态转化，这部分原料蒸气通过储罐顶部的小呼吸阀逸入大气环境中。另外物料在转移输送过程中，都会产生废气。

（2）工艺废气

医药化工企业在生产过程中会产生大量的工艺废气，主要发生在投料、反应过程、反应后放空过程、回收、离心过滤、烘干等操作中。这部分废气主要为溶剂废气，溶剂废气有数十种之多，如甲醇、二氯甲烷、溶剂油、甲苯、丙酮、乙醚、乙酸乙酯、四氢呋喃等，按类别划分有醇类、卤代烃类、苯类、醚类、酮类、酯类、有机胺类等，按水中溶解度可分为水溶性和非水溶性溶剂废气，水溶性的有醇类、有机胺类等，非水溶性的有卤代烃类、苯类等。此外，医药化工企业大量使用各种挥发性无机酸（如盐酸），制冷系统大量使用液氨，某些化学反应过程中产生氯化氢、二氧化硫、硫化氢、氮氧化物、氨气、氰化氢等无机废气。

（3）污水处理站和危险固废堆场的废气

污水处理站中的调节池、曝气池、污泥浓缩池、厌氧池会产生高浓度的 VOCs 和一定量的含硫化合物和含氮化合物，并且散发点较多，大多为局部无组织排放。固废堆场由于存放一定量的固废气物，会产生一定量的废气。

医药化工行业工艺废气具体产生源强情况如表 2-12 所示。

表 2-12　医药化工行业工艺废气产生情况

生产过程	产污环节	废气种类	排放特征
物料储存	密闭储罐呼吸口	挥发性溶剂、挥发性物质	呼吸口无组织、间歇排放
	非密闭储槽		无组织连续排放
物料输送	输送泵	挥发性溶剂、挥发性物质	呼吸口无组织、间歇排放
	真空泵		
反应过程	人工投料卸料	挥发性溶剂、原料	间断性面源无组织排放
	反应釜	挥发性溶剂、原料、中间体	冷凝后无组织、过程连续排放
	溶剂冷凝回收过程	挥发性溶剂的饱和蒸气，其他低沸点化合物	连续性无组织排放，排气量少，浓度高
	过滤、离心	挥发性溶剂、原料	间断性面源无组织排放
	烘干	挥发性溶剂、产品	进入缓冲罐或放空口无组织、间歇排放
	出料	挥发性溶剂、产品	无组织、连续排放
辅助设施	污水处理站和危险固废堆场	挥发性溶剂、原料	连续性无组织排放，排气量少

医药化工企业在"三废"治理主要环节包括废水收集、废水处理、废气收集、废气处理、固废储存及运输等。各环节特征为：①废水收集：生产废水通过管路接入车间外围的污水收集池，经管道送至废水站；②废水处理：生产废水进入收集池或调节池，通过生化处理、沉淀分离后外排，生化污泥经压滤后外运处置；③废气收集：各废气产生点位经过废气支管、废气干管，引入废气处理装置；④废气处理：收集的废气经过末端处理设施处理后高空排放；⑤固废储存：各车间产生的固废根据特性分类储存至具有防雨、防腐、防渗的规范固废堆场；⑥固废运输：固废堆存到一定量时，统一由有资质的处置单位外运处置。

溶剂废气占医药化工废气排放总量的 95%（质量分数）以上，溶剂废气有数十种之多，如甲醇、二氯甲烷、溶剂油、甲苯、丙酮、乙醚、乙酸乙酯、四氢呋喃等，按类别划分有醇类、卤代烃类、苯类、醚类、酮类、脂类、有机胺类等。此外污水处理站会产生高浓度的 VOCs 和一定量的含硫化合物和含氮化合物，固废堆场由于存放一定量的固废气物，会产生一定量的废气。

"三废"治理过程中 VOCs 排放特征如表 2-13 所示。

表 2-13　"三废"治理过程中 VOCs 排放特征

"三废"治理	排放点源	排放方式
车间废水收集	污水管沟、车间废水收集池	无组织、间歇排放
废水处理	收集池	无组织、连续排放
	调节池	无组织、连续排放
	厌氧池、兼氧池	无组织、连续排放
	污泥压滤机	无组织、间歇排放
废气收集处理	排放口	有组织、连续排放
	泄漏点	无组织、间歇排放
固废储存运输	危险固废堆场	无组织、连续排放
	运输车	无组织、间歇排放

2.3.2.4　典型企业及化工园区 VOCs 排放特征

（1）化学合成类制药行业工艺 VOCs 废气产排现状

李嫣等[①]选取浙江台州具有代表性的 6 家化学合成类制药企业作为对象，其中 A 和 B 采用蓄热式催化燃烧工艺，C、D 和 E 采用蓄热式燃烧工艺，F 则采用了等离子体+催化氧化处理工艺（双氧水+浓硫酸）。筛选了苯、甲苯、二甲苯、甲醛、二氯甲烷、三氯甲烷、乙酸乙酯、甲醇、乙醇、乙酸、四氢呋喃、乙腈、二甲基甲酰胺、异丙醇、丙酮、丙烯腈、吡啶和乙酸丁酯这 18 项有机物进行监测分析，结果如表 2-14 所示。

表 2-14　6 家化学合成类制药企业废气排放浓度　　　　单位：mg/m³

污染物	IARC	MIR	RfD	浓度					
				A	B	C	D	E	F
苯	1 类	0.72	$4.0×10^{-3}$	<0.036	<0.036	<0.036	<0.036	—	<0.036
甲苯	3 类	4.00	$8.0×10^{-2}$	<0.036	18.6	2.09	38.8	0.814	<0.036
二甲苯	3 类	7.74	$2.0×10^{-1}$	<0.036	2.61	<0.036	<0.036	—	<0.036
甲醛	1 类	9.46	$2.0×10^{-1}$	—	0.481	—	—	—	0.666
二氯甲烷	2B 类	0.041	$6.0×10^{-5}$	0.594	158.0	14.7	49.8	0.849	0.033
三氯甲烷	2B 类	0.022	$1.0×10^{-2}$	41.5	—	—		5.1	—
甲醇		0.67	$5.0×10^{-1}$	0.28	12.4	0.42	25.3	1.27	5.97
乙醇		1.53		—	47.5	—		12.2	
乙酸		0.68		—	8.76	—		1.83	
THF		4.31	$9.0×10^{-1}$	0.023	—	0.885		14.1	3.45
乙腈			$6.0×10^{-2}$	<0.102	—	<0.102		—	1.277
DMF	3 类		$3.0×10^{-2}$	0.421	0.010	—	0.038	<7.62×10⁻³	
乙酸乙酯		0.63	$9.0×10^{-1}$	<0.073	31.9	12.45	1.64	9.16	<0.073
异丙醇	3 类	0.61		—	<0.15	—		—	
丙酮		0.36	$9.0×10^{-1}$	—	28.1	—		3.67	
丙烯腈	2B 类	2.24		—	<0.2	—		—	
吡啶	3 类		$1.0×10^{-3}$	—	—	—		<0.254	
乙酸丁酯		0.83		—	—	—		<0.152	
TVOC				42.9	308.6	30.6	115.6	49.2	14.9

注：IARC 为国际癌症研究中心；MIR 为最大增量活性因子（以 O₃/VOCs 计算），单位为 g/g；RfD 为参考剂量，单位为 mg/（kg·d）。

---

① 李嫣，王浙明，宋爽，等. 化学合成类制药行业工艺废气 VOCs 排放特征与危害评估分析[J]. 环境科学，2014，35（10）：3663-3669.

在监测的 18 项指标中仅有甲苯、甲醇、二氯甲烷和乙酸乙酯这 4 项物质 6 家企业全部使用，而丙烯腈、吡啶和乙酸乙酯均只有 1 家企业使用。另外，18 种 VOCs 中含有 3 种致癌物和 3 种可能致癌物。从表 2-14 中还可知不同化学合成类制药企业所排放的废气中 VOCs 差异明显，总浓度介于 14.9～308.6 mg/m³，均值浓度为 93.6 mg/m³。此外，表中还反映出了部分指标值浓度偏高，如甲苯 38.8 mg/m³、二氯甲烷 158 mg/m³、三氯甲烷 41.5 mg/m³、乙醇 47.5 mg/m³、乙酸乙酯 31.9 mg/m³ 和丙酮 28.1 mg/m³。

（2）生物药品制造行业工艺 VOCs 废气产排现状

津国黎[①]选取青霉素工业盐、维生素 C、阿莫西林以及头孢系列四种典型生物药品生产企业、经济开发区内制药企业密集区以及维生素 C 废水处理系统为例作为实测对象，对所选择监测对象可能产生的 VOCs 种类、数量及主要特征污染物进行分析。

样品定性定量结果表明：

①从青霉素工业盐中分析出 23 种 VOCs，其 TVOC 浓度范围为 0.36～3.59 mg/m³，主要 VOCs 有丙酮、乙酸乙酯、1,3,5-三甲基苯、二甲苯；维生素 C 分析出 21 种 VOCs，其 TVOC 浓度范围为 0.59～1.79 mg/m³，主要 VOCs 有 1,3,5-三甲基苯、乙苯、苯乙烯、丙酮、1,3-丁二烯；阿莫西林中分析出 21 种 VOCs，其 TVOC 浓度范围为 1.02～1.71 mg/m³，主要 VOCs 有丙酮、二甲苯、1,3,5-三甲基苯、二氯甲烷；头孢系列产品分析出 26 种 VOCs，其 TVOC 浓度范围为 1.16～2.47 mg/m³，主要 VOCs 有 1,3-丁二烯、丙酮、二甲苯、1,3,5-三甲基苯。

②经济开发区内制药企业密集区周边环境中定性定量分析出 31 种 VOCs，其 TVOCs 浓度范围为 0.89～2.04 mg/m³，主要 VOCs 有丙酮、间/对二甲苯、1,3,5-三甲基苯、邻二甲苯，复合型制药密集区较单一典型产品的 VOCs 污染更为复杂。

③以维生素 C 废水处理系统为例，该废水处理系统各单元周边环境中定性定量分析出 32 种 VOCs，其 TVOC 浓度范围为 0.96～32.10 mg/m³，主要 VOCs 有氯乙烯、二硫化碳、2-丁酮、丙酮、乙酸乙酯。

（3）综合性制药行业工艺 VOCs 废气产排现状

何华飞等[②]选取浙江省原料药基地的 8 家大型制药企业进行采样分析，研究对象包括发酵、提取、化学合成、生物工程等制药类型各两家，监测结果如表 2-15 所示。VOCs 成分分析如图 2-17 所示。

---

① 津国黎. 制药行业典型挥发性有机物（VOCs）污染特性研究[D]. 石家庄：河北科技大学，2013.
② 何华飞，王浙明，许明珠，等. 制药行业 VOCs 排放特征及控制对策研究 ——以浙江为例[J]. 中国环境科学，2012，32(12)：2271-2277.

表 2-15　8 家大型制药企业 VOCs 监测结果　　　　　　单位：mg/m³

序号	VOCs	A 公司	B 公司	C 公司	D 公司	E 公司	F 公司	G 公司	H 公司
1	甲醇	4.55	—	—	—	3.78			
2	丙酮	183	160	85	68	38	30	31	25
3	苯	2.28	1.58		0.89	—	—		
4	甲苯	3.19	2.10			4.21	3.25		
5	二甲苯	1.27	1.05						
6	二氯甲烷	2.16	2.03	—	—	2.36	2.13	2.03	10.56
7	乙酸乙酯	91.19	70.51	51.23	48.46	—	—		
8	三乙胺	0.33				0.89	1.03		
9	DMF	1.35							
10	醋酸丁酯	1.26	—						
11	正丙醇	0.56	1.39	—					
12	乙醇	—	—	10.41	8.65	9.87	8.65	12.04	—
13	异丙醇	—	—			54.81	32.32		—
14	乙腈	—	—			1.76	1.36	1.07	1.02
15	环氧乙烷	—	—					2.03	1.98
16	甲醛	—	—					3.26	2.31

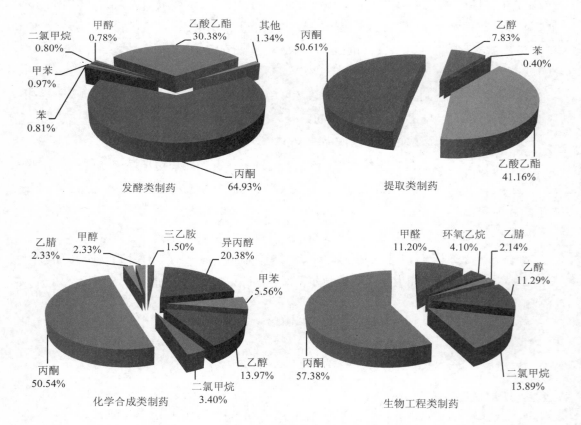

图 2-17　VOCs 源成分

对 8 家制药企业释放的废气进行化学分析，识别出 16 种 VOCs，分别为甲醇、丙酮、苯、甲苯、二甲苯、二氯甲烷、乙酸乙酯、三乙胺、二甲基甲酰胺、醋酸丁酯、正丙醇、乙醇、异丙醇、乙腈、环氧乙烷、甲醛。通过源成分谱图，确定出不同制药类型的主要 VOCs 污染物。发酵类为丙酮（64.93%）、乙酸乙酯（30.38%），提取类为丙酮（50.61%）、乙酸乙酯（41.16%）、乙醇（7.83%），化学合成类为异丙醇（20.38%）、丙酮（50.54%）、乙醇（13.97%）、甲苯（5.56%），生物工程类为丙酮（57.38%）、二氯甲烷（13.89%）、乙醇（11.29%）、甲醛（11.20%）。

2.3.3　化学纤维制造业

根据《国民经济行业分类》（GB/T 4754—2011），C28 化学纤维制造业可细分为：C281 纤维素纤维原料及纤维制造、C282 合成纤维制造；主要产品包括锦纶纤维、涤纶纤维、腈纶纤维、维纶纤维、丙纶纤维、氯纶纤维六大类。

2.3.3.1　行业基本情况

江苏省是以规模取胜的传统型化纤纺织大省，化纤企业数量居全国首位。2012 年，全省化纤企业数量 813 家，占全国总数的 53.63%，典型规模企业主要有中国石化仪征化纤股份有限公司、南京化纤股份有限公司、江苏恒力化纤股份有限公司等。2012 年江苏省化学纤维制造行业规模及产能如表 2-16 所示。

表 2-16　2012 年江苏省化学纤维制造行业规模及产能

	2011 年 1—12 月	2012 年 1—12 月
规模情况		
企业数量/家	684	813
从业人员/人	132 367	166 053
资产总计/亿元	1 447.85	1 852.04
增长率/%	16.73	9.67
负债总计/亿元	895.63	1 161.08
产量情况		
化学纤维/万 t	1 123.80	1 267.87
化纤用浆粕/万 t	22.94	28.92
合成纤维/万 t	1 063.84	1 144.89
锦纶/万 t	39.23	55.85
涤纶/万 t	1 004.41	1 014.25
腈纶/万 t	1.12	1.85
维纶/万 t	—	—
丙纶/万 t	10.50	8.69

　　江苏省化纤企业主要分布在苏州、无锡、盐城、扬州、南京等地区，详细分布如表 2-17 所示。江苏省化纤企业呈现"小而散"的现象，除了恒力、盛虹、扬子石化、仪征化纤等企业规模较大外，其余企业普遍较小，大部分企业的生产规模都不超过 10 万 t/a，而且技术水平不高、竞争力不强，劳动生产率较低。

表 2-17　江苏省化学纤维制造行业企业分布

省辖市	主要企业
苏州	世宝化纤有限公司、东南化纤有限公司、长海化纤有限公司、同舟化纤有限公司、大地化纤纺织有限公司、勤益化纤纺织有限公司、隆达化纤纺织有限公司、双雄化纤纺织有限公司
无锡	无锡华夏鼎盛化纤有限公司、中亿化纤有限公司、洪辉化纤有限公司、华顺化纤有限公司
盐城	东悦化纤有限公司、盐城永安化纤有限公司、环宇化纤有限公司、加洛特种化纤有限公司
扬州	威英化纤有限公司、扬州瑞辉化纤有限公司、星海化纤有限公司、中国石化仪征化纤有限公司
南京	南京南迪化纤有限公司、恒力化纤有限公司、南京化纤有限公司、九龙化纤集团有限公司

2.3.3.2　行业工艺过程及产污环节

　　合成纤维的生产，一般经过三个步骤。第一步是将乙烯、丙烯、苯、二甲苯等基本有机原料通过各种方法制成单体。第二步是将单体聚合或缩聚成高聚物。第三步是把高聚物熔融或制成纺丝原液，进而纺成纤维。

　　（1）锦纶：锦纶是聚酰胺纤维的商品名称，也叫"尼龙""卡普隆"。目前生产的主要品种有锦纶-6、锦纶-66、锦纶-1010 三个品种。

　　锦纶-6：是由含 6 个碳原子的己内酰胺聚合制得聚己内酰胺经纺丝而成的。生产过程包括：己内酰胺的制造、聚合、纺丝及后加工。制造己内酰胺的方法有环己烷法、苯酚法、甲苯法等。生产工艺流程如图 2-18 所示。

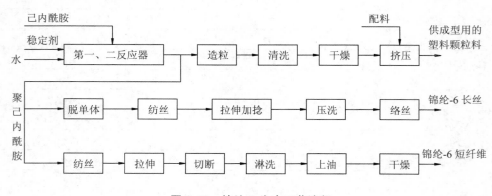

图 2-18　锦纶-6 生产工艺流程

　　锦纶-66：是由含有 6 个碳原子的己二胺与 6 个碳原子的己二酸缩聚，并经纺丝而成。生产过程包括：己二酸与己二胺混合制成己二胺己二酸盐（简称尼龙 66 盐），以 50%尼龙 66 盐的水溶液为原料，经缩聚反应得到聚己酸己二胺，再经纺丝及后加工，生产出锦纶-66 长丝，其生产工艺流程如图 2-19 所示。

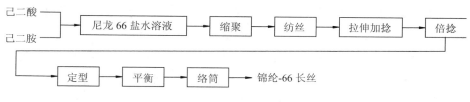

图 2-19 锦纶-66 生产工艺流程

锦纶是由己内酰胺聚合纺丝而成，己内酰胺的制造是关键步骤，涉及的化学反应主要是苯加氯制环己烷、环己烷氧化制环己酮、环己酮氧化制己内酯、己内酰胺的合成，涉及有机原料及中间体有苯、环己烷、环己酮、己内酰胺等，故锦纶生产工序（氧化、聚合等）易产生上述 VOCs 废气。此外在热定型工序也会产生大量 VOCs 废气。

（2）涤纶：也叫"的确良"。生产过程包括：对苯二甲酸的制造；对苯二甲酸的酯化；乙二醇的制造；对苯二甲酸乙二酯的缩聚；乙二醇的回收；纺丝及后处理。制造对苯二甲酸的方法有：对二甲苯硝酸氧化法，对二甲苯分步空气氧化法，对二甲苯一步空气氧化法；甲苯氧化-歧化法和苯酐转位法等。生产涤纶短纤维是以聚酯（PET）融体为原料进入纺丝机；或以聚酯切片为原料，经干燥、熔融后送入纺丝机，再经若干加工过程得到涤纶短纤维。生产涤纶长丝是以聚酯切片为原料，经干燥、熔融后送入纺丝机；或以聚酯融体为原料送入纺丝机，经不同的后处理加工，得到涤纶长丝。其生产工艺流程如图 2-20 所示。

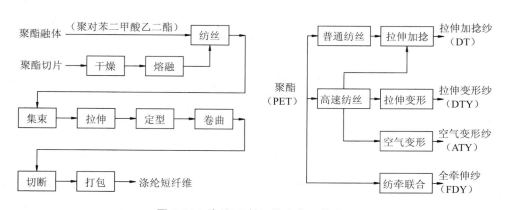

图 2-20 涤纶短/长纤维生产工艺流程

涤纶生产涉及的化学反应主要是对二甲苯一步空气氧化酯化、甲苯空气氧化、对苯二甲酸酯化、乙烯氧化制环氧乙烷、酯交换、聚合反应等，涉及有机原料及中间体有对二甲苯、甲苯、对苯二甲酸、乙烯、环氧乙烷等，故涤纶生产工序（氧化、酯化、聚合等）易产生上述 VOCs 废气。此外在熔融、热定型工序中也会产生大量 VOCs 废气。

（3）腈纶：腈纶是聚丙烯腈纤维的商品名称。生产过程包括：丙烯腈的合成和精制，丙烯腈的聚合或共聚，纺丝及后处理，溶剂的回收。制造丙烯腈的方法有乙炔法和丙烯氨氧化法两种。以丙烯氨氧化法为例，其工艺过程是丙烯与氨按一定比例混合送入氧化反应器，空气按一定比例从反应器底部进入，经分布板向上流动，与丙烯、氨混合并使催化剂床层流化。丙烯、氨、空气在 440～450℃和催化剂的作用下生成丙烯腈。反应气体中的丙烯腈和其他有机产物在吸收塔被水全部吸收下来，在成品塔将水和易挥发物脱除得到高纯度的丙烯腈产品。由丙烯腈生产腈纶纤维还需加入其他单体共聚制成。以一步法（均相溶液聚合）为例加入第二单体为丙烯酸甲酯，第三单体为衣康酸，溶剂为硫氰酸钠水溶液。腈纶纤维生产工艺流程如图 2-21 所示。

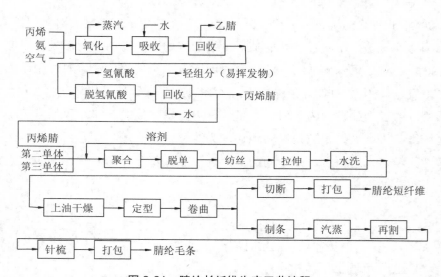

图 2-21　腈纶长纤维生产工艺流程

腈纶生产涉及的化学反应主要是丙烯胺氧化、丙烯腈缩合等，涉及有机原料及中间体有丙烯、氨、丙烯胺、丙烯腈、乙腈等，故腈纶生产工序（氧化、脱水、聚合等）易产生上述 VOCs 废气。此外在上油干燥、热定型工序中也会产生大量 VOCs 废气。

（4）维纶：维纶是聚乙烯醇缩醛纤维的商品名称。生产过程包括：醋酸乙烯的合成，醋酸乙烯的聚合，醋酸乙烯的醇解，甲醇和醋酸的回收，纺丝及后加工，热处理及缩醛化。合成醋酸乙烯的方法有乙炔法和乙烯法两种。以乙烯法为例，其工艺过程是以乙烯、醋酸和氧气送入固定床反应器，在催化剂作用下进行合成反应，生成醋酸乙烯，经气体分离器分离出含醋酸乙烯和醋酸的反应液，经精馏后送入聚合釜，在釜中以甲醇为溶剂，在聚合引发剂作用下进行聚合反应，生成聚醋酸乙烯的甲醇溶液，经醇解反应，固化后得到聚乙烯醇（PVA）成品。用水洗去不纯物后，用热水溶解制成纺丝原液，然后经喷丝头将原液喷入凝固浴中形成纤维，再经热处理和用甲醛进行醛化处理、上油、干燥等工序，得到维纶短纤维或维纶牵切纱。其生产工艺流程如图 2-22 所示。

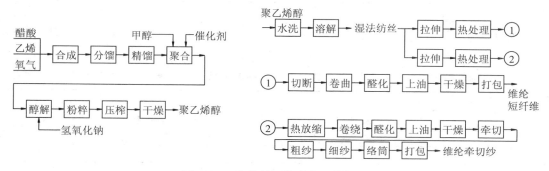

图 2-22　维纶长纤维生产工艺流程

维纶生产涉及的化学反应主要是醋酸乙烯合成、醋酸乙烯聚合、聚醋酸乙烯醇解等，涉及有机原料及中间体有醋酸、乙烯、醋酸乙烯、甲醇等，故腈纶生产工序（氧化、聚合、醇解等）易产生上述 VOCs 废气。此外在上油、干燥、热处理工序也会产生大量 VOCs 废气。

（5）丙纶：丙纶纤维以聚丙烯切片为原料，可生产出丙纶短纤维和丙纶膨体长丝（BCF）。生产丙纶短纤维时，以聚丙烯切片为原料，加入颜料和稳定剂用气流输送至螺杆挤压熔融纺丝（220～280℃），再经若干工序，得到丙纶短纤维。生产丙纶膨体长丝（BCF）时，以聚丙烯切片为原料，加入掺和剂，用气流输送至螺杆挤压熔融纺丝，再经若干工序，得到丙纶膨体长丝。其生产工艺流程如图 2-23 所示。

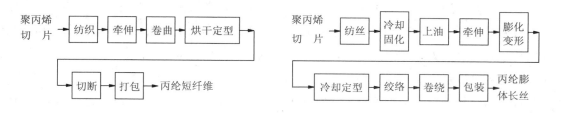

图 2-23　丙纶短/长纤维生产工艺流程

2.3.3.3　行业 VOCs 产排污现状

根据《中国化纤产业发展与环境保护》（中国化学纤维工业协会，2011 年），"十一五"期间我国化纤行业废气排放量统计如表 2-18 所示。

表 2-18　中国化纤行业废气排放量统计

		2005 年	2010 年
总量	单位排放量/（万 m³/t）	2.15	1.58
	排放总量/（亿 m³）	3 408.91	4 881.73
其中：工艺废气	单位排放量/（万 m³/t）	1.77	1.36
	排放总量/（亿 m³）	2 800.8	4 202

废气中主要污染物排放（以黏胶行业为主）如表 2-19 所示：

表 2-19　中国化纤行业废气排放中主要污染物统计表（以黏胶行业为主）

		2005 年	2010 年
CS_2	单位排放量（kg/t）	121.3	53.35
	排放总量（亿 t）	14.09	9.79
H_2S	单位排放量（kg/t）	52.24	22.94
	排放总量（亿 t）	6.07	4.21

从单位排放量分析：

CS_2：2010 年比 2005 年减少 56.02%；

H_2S：2010 年比 2005 年减少 56.09%。

从排放总量分析：

CS_2：2010 年比 2005 年减排 4.3 万 t，减少 30.52%；

H_2S：2010 年比 2005 年减排 1.86 万 t，减少 30.64%。

2.3.3.4　典型企业废气排放特征及治理工程实例

（1）定型机废气排放特征及治理[①]

定型机是纺织、印染、化纤行业的重点能耗设备，产品在经过合成、织造和染色过程中为改善产品的外观、表面特性和染色质量，需要添加多种助剂和溶剂，这些助剂和溶剂在定型机内高温热处理时受热挥发，随废热空气一同排出，成为废气。

1）废气排放特征

选取浙江省印染产业高度集中的绍兴工业园区 5 家具有代表性的企业为研究对象，筛选非甲烷总烃、苯系物（苯、甲苯、二甲苯）、苯乙烯、联苯、三氯苯、三乙胺、四氯乙烯、甲醇、丙烯酸乙酯、甲醛等 12 项指标进行分析。

5 家典型企业定型机 VOCs 废气排放种类及浓度如表 2-20 所示。从表 2-20 中可知，5 家企业中均能检出苯和甲苯，均不能检出四氯乙烯。其余污染物会因生产工艺、原辅材料

---

① 徐志荣，王鹏，王浙明，等. 典型染整企业定型机废气排放特征及潜在环境危害浅析[J]. 环境科学，2014，35（3）：847-852.

等差异而有所不同，如二甲苯除 A 企业外，其余企业均检出；甲醛除 B 和 C 企业外，其余企业均检出等。从 VOCs 排放浓度来看，定型机排放的 VOCs 介于 1.68～12.58 mg/m³，以甲醛、苯、二甲苯和甲醇为主。另外，定型机排放 VOCs 中能检出 2 种 1 类致癌物，2 种 2B 致癌物以及 2 种 3 类致癌物，其中 1 类致癌物苯和甲醛检出最高浓度分别为 1.53 mg/m³ 和 15.4 mg/m³，低于排放标准，甲苯最高检出浓度为 0.531 mg/m³，也低于相应排放标准。上述结果表明，定型机废气中 VOCs 排放浓度较低，符合相关排放标准，但是从侧面来讲应该出台具有针对性标准，对苯、甲苯、二甲苯、甲醛等进行加严控制。

表 2-20　代表性企业定型机 VOCs 废气排放种类及浓度　　　　单位：mg/m³

污染物	IARC	MIR	$K_{OH}/$ $\times 10^{12}$	均值				
				A	B	C	D	E
苯	1	0.72	1.22	0.071	0.97	0.11	0.453	0.389
甲苯	3	4.00	5.58	0.179	0.408	0.196	0.269	0.241
二甲苯	3	7.76	17.0	0.09	6.788	0.225	0.129	0.180
甲醛	1	9.46	8.47	0.284	0.336	0.342	9.750	3.628
四氯乙烯	2A	0.031	0.171	0.075	0.038	0.081	0.075	0.074
丙烯酸乙酯	2B	7.77	30.1	0.038	0.231	0.08	0.075	0.074
苯乙烯	2B	1.73	58	0.076	0.032	0.081	0.02	0.015
三乙胺		3.84	55.7	0.215	0.079	0.079	0.075	0.074
甲醇		0.67	0.902	0.545	0.391	1.05	1.568	0.371
联苯				0.031	0.032	0.081	0.091	0.031
三氯苯				0.076	0.032	0.081	0.075	0.074
非甲烷总烃				0.199	0.504	1.765	12.18	0.367
TVOC				1.68	9.34	2.41	12.58	5.15

2）废气治理技术

①喷淋洗涤法

对高温烟气进行喷淋洗涤使废气温度降低时，高温油脂气体发生冷凝，较小直径的油烟颗粒因凝聚而直径增大，与部分可溶性的气体一起被洗涤液去除。通常以水作为洗涤剂，水雾与油烟污染物碰撞接触后，将颗粒物捕获并截留在净化器内。

②氧化燃烧

定型机废气中所含油雾液滴具有可燃性和较高的热值，国外有采用焚烧炉进行定型机烟气治理的报道，油脂质量浓度低，因而烟气本身的燃烧热值极低，焚烧处理过程中需要添加大量的辅助燃料，且需要较高的辅助设备投资，维持正常运行的操作费用巨大。采用催化燃烧技术，不但有辅助燃料消耗过大的缺陷，还存在催化剂易中毒失效的问题。将定型机烟气引入锅炉的通风口，进行焚烧处理，既可利用烟气的高温废热，又能将烟气中的油烟和有机蒸气燃烧转化为热能。

③组合工艺

水/气热交换-干式静电除尘工艺：以广东佛山科蓝环保科技公司为代表的"水/气热交换-干式静电除尘"两级处理工艺，定型机高温烟气在引风机的驱动下，经过水冷换热进行能量回收后，废气经多级圆筒蜂巢状静电场的捕捉分离，成为干净的气体后排出。在静电场中分离出来的液态油滴，沉积在静电场组件阳极筒的内壁上，然后汇流到集油槽作回收处理。

气/气热回收-循环喷淋洗涤工艺：以杭州萧山百事盛印染设备厂为代表，采用"气/气热回收-循环喷淋洗涤"两级处理工艺，定型机排出的高温废气，与部分新鲜空气进行热交换后温度降低，有助于油气的凝结，便于后续净化处理，新鲜空气温度升高后进入定型机的前两级机箱，可以显著降低定型机的能耗。换热后的废气从底部进入结构简单的喷淋净化塔，与高压水雾素流接触进行净化洗涤后，向上进入不锈钢丝网填料除雾后，从净化器顶部排放到大气中。洗涤水经过滤除去纤维和杂质后，进行油水分离，浮油积聚到油槽后，经排油管排入预置的油桶内；清液经水泵循环利用。

④新型工艺

2006年，宁波大学环境工程研究所提出的"热能回收-喷淋洗涤-静电除尘"三级处理工艺，如图2-24所示。三级处理工艺的整套设备，包括热交换器、一体化净化塔、油水分离器共3件。其中，针对高温、含湿、含油烟气的一体化净化塔为核心设备，采用喷淋洗涤-湿式静电除尘技术，将喷淋洗涤法与静电除尘技术融为一体，解决了收尘电极的油垢沉积和高湿度下绝缘子"凝露"失效等问题。

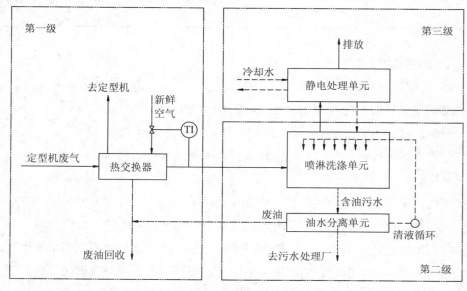

图 2-24　定型机废气处理工艺原理

（2）黏胶纤维厂废气治理[①]

1）废气产生情况

黏胶纤维生产存在着废气污染问题，这主要是在黏胶纤维生产过程中使用 CS_2 作为溶剂，在制胶过程中部分 CS_2 同 NaOH 发生副反应生成三硫代碳酸钠（Na_2CS_3），黏胶在纺丝凝固浴中形成丝条时，三硫代碳酸钠同硫酸发生反应，从而产生 H_2S 气体，其他与纤维结合的 CS_2 在纤维再生时，又重新释放出来。主要废气排放源中 CS_2、H_2S 的质量浓度如表 2-21 所示。

表 2-21　黏胶纤维废气排放源 CS_2 和 H_2S 质量浓度

排放源		CS_2/（mg/m^3）	H_2S/（mg/m^3）
黏胶短纤维	二浴槽排气	18 500～21 500	15～20
	冷凝回收尾气	2 100～2 900	微量
	切断机排气	2 660～2 940	172～228
	纺丝机内	1 320～1 680	112～148
黏胶长丝	磺化排空废气	10 180～11 820	微量
	酸浴脱气	52 300～64 100	8 900～10 500
黏胶短纤维	酸浴地槽	2 350～2 830	132～170
黏胶长丝	纺丝机内	216～304	28～32

2）废气治理技术

①冷凝回收法

冷凝回收法主要用于短纤维生产中纺丝二浴槽所排废气中 CS_2 的回收，适用于高浓度 CS_2 废气，回收率为 40%～45%。冷凝法回收 CS_2 工艺流程如图 2-25 所示。

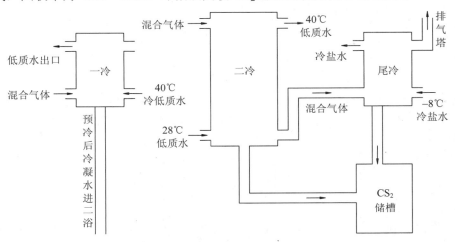

图 2-25　冷凝法工艺流程

---

① 逄奉建. 大型黏胶纤维厂废气治理的比较与分析[J]. 青岛大学学报，2002，17（2）：88-92.

②活性炭吸附法

用活性炭吸附法处理含 CS_2 及 H_2S 废气有两种工艺：一是碱吸收 H_2S 后活性炭吸附回收 CS_2 技术，二是活性炭吸附净化 CS_2 和 H_2S 技术。

碱吸收 H_2S 后活性炭吸附回收 CS_2 技术中，多采用 NaOH 吸收 H_2S，流化床活性炭吸附 CS_2。活性炭吸附净化 CS_2 和 H_2S 技术是用碘浸渍过大孔活性炭的底层后，H_2S 几乎全部转化为单质硫，并使 H_2S 浓度小于 1 mg/m³，经去除 H_2S 的废气通过上层活性炭，CS_2 被吸附，底层活性炭中吸附产生的单质硫可用液态 CS_2 萃取，硫磺纯度可达 99.8%，上层活性炭吸附的 CS_2 经蒸汽解吸。

③燃烧法

燃烧法是将含 CS_2、H_2S 的废气通过燃烧炉燃烧，进行氧化反应，其工艺原理为含 CS_2、H_2S 的工艺废气经燃烧炉后，温度达到 350℃左右，进入反应器中在第一层燃烧催化剂作用下，发生化学反应，H_2S、CS_2 全部氧化成 SO_2；在第二层催化剂的作用下，全部 SO_2 氧化成 SO_3；进一步冷凝，全部 SO_3 水合成硫酸，硫酸蒸气冷凝成液体；最终产品为硫酸，可直接用于生产工艺。该工艺适用于（H_2S+CS_2）质量浓度为 7～15 g/m³，彻底消除了 H_2S、CS_2 对大气的污染，不产生废水二次污染，如图 2-26 所示。

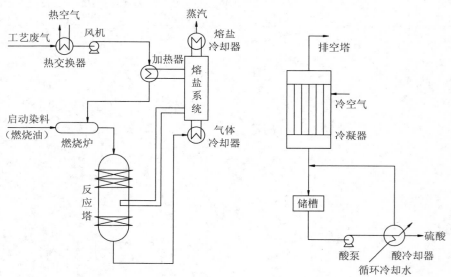

图 2-26　燃烧法工艺流程

④生物处理法

噬硫杆菌群利用 CS_2、H_2S 为营养物质进行自我繁殖和新陈代谢，将废气中的 CS_2 和 H_2S 转化为无害的 CO_2 气体排放、单质硫或硫酸盐，从而达到彻底治理 CS_2、H_2S 的目的。适用于废气量大，质量浓度低的废气处理，最低质量浓度可达 200～300 mg/m³，但要求气

体中 CS_2 质量浓度的波动应控制在 $\pm 30\ mg/m^3$，如图 2-27 所示。

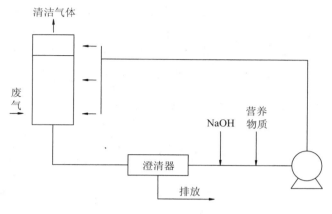

图 2-27　生物法工艺流程

3）技术比较

根据冷凝回收等 4 种废气治理技术的各自特点，从适用性、处理效果及费用等方面进行比较，如表 2-22 所示。

表 2-22　黏胶纤维废气治理技术比较

治理方案	废气浓度	治理效果	操作温度	投资费用	运行费用	净化物质
冷凝回收	爆炸极限以上浓度 $CS_2>51\%$（V/V）	CS_2 回收率 $40\%\sim45\%$	$-8\sim40℃$	低	低	CS_2
活性炭吸附	$>2\ g/m^3$	$>95\%$	$<50℃$	较高	高	CS_2、H_2S
燃烧法	$>2\ g/m^3$	$>99\%$	$420℃$	高	低	CS_2、H_2S
生物法	$<2\ g/m^3$	$>95\%$	常温	低	低	CS_2、H_2S

（3）干法腈纶脱胺塔及丙烯腈废气治理[①②]

1）废气产生情况

以浙江某腈纶有限公司为例，在腈纶聚合反应过程中，主要有三种废气：未完全反应单体蒸汽通过聚合釜放空管线排出，一道、二道过滤系统的抽出气体，各淤浆槽内挥发性尾气。根据平时监测及生产工艺分析，确定生产时排放的污染因子为：丙烯腈——AN，丙烯酸甲酯——MA，二氧化硫——SO_2。其排放浓度分别为 $100\sim30\ 000\ mg/m^3$，$50\sim500\ mg/m^3$，$100\sim1\ 000\ mg/m^3$。

该公司采用先进的三塔负压精馏工艺技术来回收二甲基甲酰胺（DMF）。脱胺塔可产生大量的 DMF 和二甲胺（DMA）污染物，年排放量达 8.4 万 m^3 以上，其中常压精馏塔的

① 吕伟其，郑华钧. 干法腈纶丙烯腈废气治理技术及其研究[J]. 现代纺织技术，2007（3）：41-43.
② 吕伟其. 干法腈纶脱胺塔废气治理的研究[J]. 合成纤维，2007（3）：37-39.

塔顶不凝气中 DMA 含量一般为 900～2 000 mg/m³，DMF 含量为 2 300～3 500 mg/m³。

2）治理方案

该公司选用水、碱液作为吸收剂来吸收丙烯腈酸性气体，其治理主要工艺是以 NaOH 溶液为吸收剂来中和丙烯腈，化学方程式如下：

$$CH_2CHCN+NaOH \longrightarrow CH_2CHCOONa+H_2O+NH_3\uparrow$$

治理技术工艺说明：将尾气收集在一起后，引入集气箱，再送入 2#淋洗塔底部，与自上而下的脱盐水进行提浓喷淋吸收，脱盐水用冷冻水冷却，控制其温度为 10℃，淋洗液进入回收系统；尾气再进入 1#淋洗塔底部，塔内装拉西环，喷淋水采用 5%的 NaOH，使用蒸汽冷凝水加热，控制其温度为 60～65℃，在 1#淋洗塔内循环使用，尾气与自上而下的吸收剂进行充分接触，以保证完全吸收；经喷淋处理后的尾气，再经活性炭纤维吸附塔吸收，净化后尾气经排风机从 15 m 排气筒高空排放。

该公司采用稀硫酸鼓泡吸收法来处理 DMA 废气，在未增设喷淋塔情况下，DMA 平均值在 1 180 mg/m³ 左右，增设喷淋装置后，DMA 含量平均值在 380 mg/m³ 左右，去除率高达 67.80%。可见，增设填料淋洗塔脱除 DMA 效果得到明显提高。

（4）锦纶-6 纺丝过程中己内酰胺废气的回收

我国目前生产锦纶-6 短纤维一般都采用连续聚合直接纺丝的工艺路线，因此在喷丝过程中有大量的己内酰胺单体挥发在丝室周围，造成了废气，所以在纺丝机上都装有废气抽吸排放装置，但排放口的浓度较高。以上海第九化学纤维厂为例，废气排放口浓度在 400 mg/m³ 以上，该厂采用泡沫吸收塔对己内酰胺回收利用，以水作为吸收剂，控制废气进口温度在 60～70℃能够保证回收 98%以上的己内酰胺单体。

2.3.4 橡胶和塑料制品业

根据《国民经济行业分类》（GB/T 4754—2011），C29 橡胶和塑料制品业可细分为：C291 橡胶制品业、C292 塑料制品业；主要包括轮胎、橡胶板、橡胶管、橡胶带、橡胶零件、日用及医用橡胶制品，塑料薄膜、塑料板、塑料管、塑料型材、塑料丝、塑料绳、编织品、泡沫塑料、塑料人造革、合成革、塑料包装箱及容器等。

2.3.4.1 行业基本情况

（1）橡胶制品

橡胶制品是指以橡胶为原材料加工制得的成品，橡胶制品行业是国民经济最重要的基础产业之一，为建筑、机械、电子、医药、汽车等行业提供需要的橡胶产品。其中最主要的产品为轮胎，另外非轮胎橡胶制品包括输送带、V 型带、胶管、O 型密封圈等。随着汽车工业飞速发展，我国已成为世界第一大橡胶制品产销国。行业的企业数量和就业人数呈增加趋势，如表 2-23 所示。2011 年行业工业总产值达到 7 330.66 亿元，是 2003 年的 5.58

倍，平均每年增长 24.0%，其中 2004 年增长率最高，达到了 38.5%，2007 年增长率最低，为 12.8%，其他年份比较稳定，均在 20%～27%。

表 2-23　2003—2011 年我国橡胶制品行业情况

年份	企业数量/家	工业总产值/亿元	就业人数/万人
2003	2 016	1 312.90	62.24
2004	3 168	1 818.40	80.78
2005	3 034	2 196.74	79.64
2006	3 353	2 731.85	82.14
2007	3 695	2 462.41	87.51
2008	4 649	4 228.61	97.29
2009	4 720	4 767.86	97.97
2010	4 856	5 906.67	102.93
2011	3 266	7 330.66	93.53

数据来源：国泰安 CSMAR 数据库。

橡胶制造业中的轮胎制造、橡胶靴鞋制造、橡胶零件制造和日用医用橡胶制品制造业的工业总产值如图 2-28 所示。轮胎的工业总产值远高于其他产品，2011 年达到了 4 162.29 亿元。2011 年轮胎制造、橡胶靴鞋制造、橡胶零件制造和日用医用橡胶制品制造业与 2003 年相比，分别增加了 460.3%、320.8%、586.2%和 279.1%。

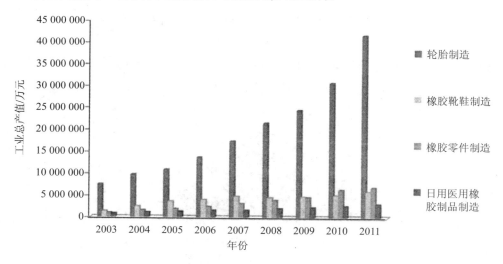

图 2-28　2003—2011 年我国轮胎制造、橡胶靴鞋制造、橡胶零件制造和日用医用
橡胶制品制造业工业总产值

橡胶和塑料制造行业高速发展在带来经济效益的同时，严重破坏自然环境，威胁人类健康。橡胶和塑料制造过程中产生的废气除粉尘外，主要是硫化物和 VOCs，组成复杂，在环境问题越来越受重视、环保要求越发严格的今天，成为制约行业发展的主要因素之一。

（2）塑料制品

根据《中国塑料加工业"十二五"发展规划指导意见》（中国塑料加工工业协会，2012年），"十一五"期间，全国规模以上企业产量从 2006 年的 2 801.9 万 t 增长到 2010 年的 5 830.38 万 t，年均增长 20.1%；工业总产值从 2006 年的 6 853.36 亿元增长到 2010 年的 1.42 万亿元，年均增长 20.06%；工业总产值占轻工业总产值 13.87 万亿元的 10.27%，占国内生产总值的 3.58%。

近年来，塑料制品行业各大类的构成如图 2-29 所示。

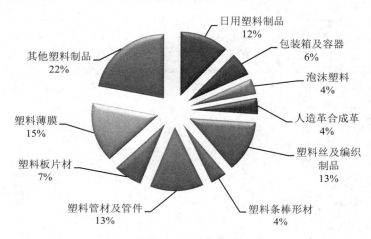

图 2-29　2009 年塑料制品产量结构图

塑料制品行业生产分布具有明显的地域性，主要集中于我国东南沿海，2009 年塑料制品地区分布如图 2-30 所示，其中年产量前五位的是广东、浙江、山东、江苏和辽宁。

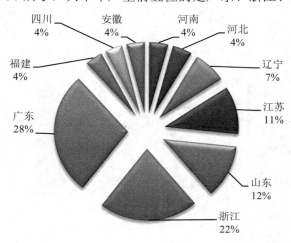

图 2-30　2009 年塑料制品产量区域分布图

2.3.4.2　行业工艺过程及产污环节

（1）橡胶制品

合成橡胶是由丁二烯、苯乙烯、丙烯腈、氯丁二烯等低分子化合物，经过人工合成而制成的具有高弹性的高分子聚合物，其生产可以分为由基本原料生产单体，再由单体聚合成橡胶两个步骤，如图 2-31 所示。

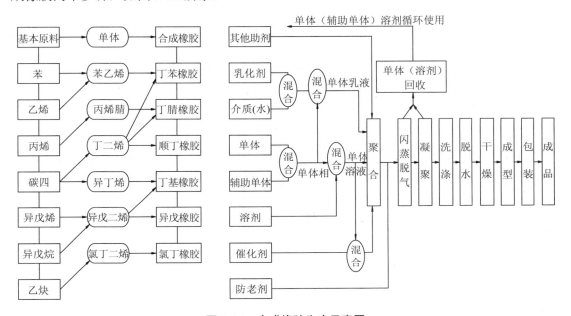

图 2-31　合成橡胶生产示意图

常见的合成橡胶产品品种及简要生产工艺介绍如下：

1）丁苯橡胶

简称 SBR。是由丁二烯和苯乙烯共聚制得的一种合成橡胶。按其生产方法，可分为乳液聚合丁苯橡胶和溶液聚合丁苯橡胶两类。乳液聚合丁苯橡胶是产量最大的通用型橡胶。可用于制造轮胎和多种工业橡胶制品。以水乳液聚合法制取丁苯橡胶为例，其主要工艺过程是先用软化水配制好各种助剂，然后将丁二烯、苯乙烯单体与其混合；经冷却到 5～7℃，与引发剂和活化剂一起，依次进入几个串联的反应釜。反应温度在 4～6℃，操作压力 0.19～0.49MPa，由终止剂控制各釜反应情况。末釜终止反应的胶乳经脱除未反应的丁二烯、苯乙烯后，与防老剂、凝聚剂等混合进行凝聚，再经水冲洗、挤压脱水、干燥等工序，压块包装成丁苯橡胶产品出厂。其生产工艺流程如图 2-32 所示。

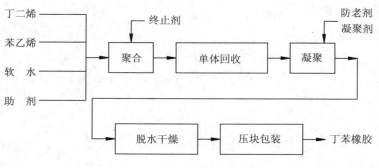

图 2-32　丁苯橡胶生产工艺流程

2）顺丁橡胶

简称 BR。以溶液聚合法为例生产顺丁橡胶，其主要工艺过程是将单体丁二烯溶解入惰性溶剂（溶剂油）中，而后进入串联的聚合釜进行聚合反应。在反应过程中依次加入助剂、催化剂，末釜加入终止剂。聚合反应在温度为 60～90℃、压力＜0.5MPa 及搅拌下进行。聚合胶液经凝聚、水洗、干燥等工序，压块包装成顺丁橡胶产品出厂，其生产工艺流程如图 2-33 所示。

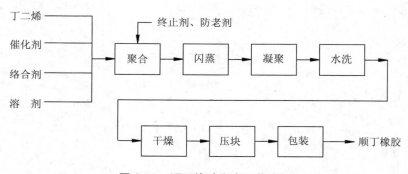

图 2-33　顺丁橡胶生产工艺流程

3）丁腈橡胶

简称 NBR。是由丙烯腈和丁二烯共聚而制得的合成橡胶。以乳液聚合法生产丁腈橡胶为例，其主要工艺过程是将丁二烯、丙烯腈按比例配制为碳氢相，将拉开粉、氢氧化钠、焦磷酸钠、三乙醇胺等配制为水相，于聚合釜中依次将计量的水相、碳氢相、调节剂和激发剂溶液加入，然后搅拌升温，在 30～50℃条件下进行聚合反应。降温卸料时，在聚合的胶浆中加入终止剂溶液。胶浆经凝聚、水洗，真空箱及压辊脱水、干燥箱干燥后包装为成品。其生产工艺流程见图 2-34。

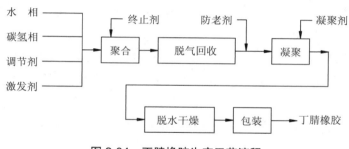

图 2-34　丁腈橡胶生产工艺流程

4）其他橡胶

乙丙橡胶简称 EPR，是乙烯与丙烯共聚制得的合成橡胶。只由乙烯、丙烯共聚制得的合成橡胶称为二元乙丙橡胶。如还加入非共轭双烯作为第三单体，则产品称为三元乙丙橡胶。乙丙橡胶可用溶液聚合和悬浮聚合进行生产。溶液聚合以己烷、石油醚等为溶剂，常使用的催化剂系列有三氯氧钒和氯化二乙基铝，或和氯化二异丁烯铝的混合物。

氯丁橡胶简称 CR。为 2-氯-1,3-丁二烯（氯丁二烯）的均聚物，由乳液聚合法制成。有些牌号的产品中含有少量的丁二烯或异戊二烯。单体首先在水中乳化，然后用过硫酸钾作为催化剂聚合。聚合后，乳胶经凝聚、清洗和干燥。

丁基橡胶简称 IIR，又称异丁橡胶，是由异丁烯和少量异戊二烯共聚而成的一种合成橡胶。

异戊橡胶命名为顺-1,4-异戊二烯橡胶，是以异戊二烯为单体聚合制得的高顺式合成橡胶。异戊橡胶可选用烷基锂或钛系催化剂（四氯化钛—三烷基铝或四氯化钛—聚亚胺基铝烷），经溶液聚合而制得。

聚硫橡胶是由二卤代烷与碱金属的多硫化物缩聚而得的合成橡胶。一般以水或含醇的水作聚合介质，以烷基萘磺酸钠和氢氧化镁溶液作悬浮剂，通过悬浮聚合制得。

由以上可知，橡胶制品的主要原料是生胶、各种配合剂以及作为骨架材料的纤维和金属材料，橡胶制品的基本生产工艺过程包括塑炼、混炼、压延、压出、成型、硫化等基本工序。

橡胶制品工业生产废气主要产生于下列工艺过程或生产装置：炼胶过程中产生的有机废气；纤维织物浸胶、烘干过程中的有机废气；压延过程中产生的有机废气；硫化工序中产生的有机废气；树脂、溶剂及其他挥发性有机物在配料、存放时产生的有机废气。

挥发性有机物来自三个方面：

①残存有机单体的释放。生胶如天然、丁苯、顺丁、丁基、乙丙、氯丁橡胶等，其单体具有较大毒性，在高温热氧化、高温塑炼、燃烧条件下，解离出微量的单体和有害分解物，主要是烷烃和烯烃衍生物。橡胶制品工业生产废气中可能含残存单体，包括丁二烯、

戊二烯、氯丁二烯、丙烯腈、苯乙烯、二异氰酸钾苯酯、丙烯酸甲酯、甲基丙烯酸甲酯、丙烯酸、氯乙烯、煤焦沥青等。

②有机溶剂的挥发。橡胶行业普遍使用汽油等作为有机稀释剂，可能使用的有机溶剂包括甲苯、二甲苯丙酮、环己酮、松节油、四氢呋喃、环己醇、乙二醇醚、乙酸乙酯、乙酸丁酯、乙酸戊酯、二氯乙烷、三氯甲烷、三氯乙烯、二甲基甲酰胺等。

③热反应生成物。橡胶制品生产过程在高温条件下进行，易引起各种化学物质之间的热反应，形成新的化合物。

（2）塑料制品

目前塑料行业主要有两种生产方式，一种是废旧塑料的回收再生，另一种是新塑料及其制品的生产。

其中新塑料及其制品的生产工序包括塑料的成型、机械加工、修饰及装配四个连续过程，有些塑料在成型之前需加预处理（顶压、预热、干燥等），因此塑料制品完整的生产工序为：塑料原料→（预处理）→成型→机械加工→修饰→装配→塑料成品。生产工艺流程如图 2-35 所示。废旧塑料回收生产工艺以挤出成型为主，生产工艺流程如图 2-36 所示（以一家塑料制品有限公司为例）[1]。

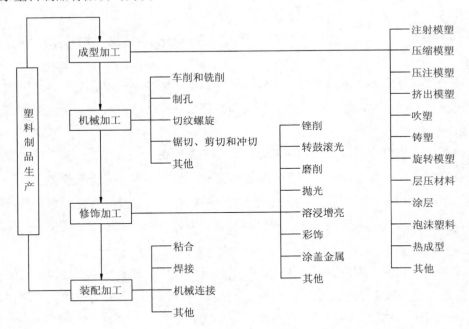

图 2-35 新塑料及其制品生产工艺流程

① 蔡宗平，蔡慧华，徐家颖，等. 塑料行业 VOCs 排放现状的研究[J]. 广东化工，2011，38（6）：275-277.

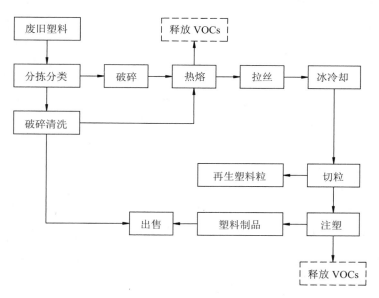

图 2-36 废旧塑料回收生产工艺流程

各类塑料在其制品生产中可能出现的挥发性有机污染物种类及产污环节如下：

①聚乙烯制品生产：高压聚乙烯加热到 150℃时，分解出酸、酯、不饱和烃、过氧化物、甲醛、乙醛等；其薄膜制品要注意抗氧剂、稳定剂和着色剂引起的毒性危害；其制品有独特的气味，长期应用混有稳定剂的聚乙烯管静脉输液可发生静脉炎。低压聚乙烯加热到 150℃，产生酸、酯、不饱和烃、过氧化物、甲醛、乙醛等挥发性复杂混合物。210～250℃生成的混合气体有甲醛、不饱和烃、有机酸、有机氯化物等。在热切削和封闭聚乙烯管时，产生的热解产物为甲醛和丙烯醛。

②聚乙烯：本身并无毒性，但添加了抗氧剂、稳定剂、着色剂等即有毒性。本品加热至 150～220℃时的热解产物有酸、酯、不饱和烃、过氧化物、甲醛、乙醛等。

③聚苯乙烯：其制品生产需添加邻苯二甲酸酯或液态石蜡（增塑剂）、硬脂酸锌（润滑剂）、脂族或环状胺类、氨基醇类（稳定剂）和一些表面活性剂及无机或有机着色剂。本品的毒性主要取决于未聚合的单体量。当聚苯乙烯温度达 725℃时，热解产物中单体苯乙烯量达 83.9%；聚苯乙烯泡沫塑料生产时如应用偶氮二异丁腈作为发泡剂，此剂分解时会放出有明显毒性的四甲基丁二腈。其泡沫塑料在空气中热解（燃烧）时，主要产生、苯、甲苯、乙苯、苯乙烯、β-甲基苯乙烯和烃类等有害气体。

④聚氯乙烯：其制品（硬质或软质）生产所使用的增塑剂有苯二甲酸二丁酯、苯二甲酸二辛酯或烷基磺酯苯酯；辅助增塑剂有癸二酸二辛酯或环氧油酸丁酯。稳定剂有三盐基或二盐基硫酸铅、硬脂酸的钙、钡、锌或镉盐，或者是二月桂二丁基锡；润滑剂有硬脂酸和其盐类，以及着色剂等。此外使用发泡剂偶氮二异丁腈、偶氮二甲酸酰胺，或碳酸氢铵、

碳酸氢钠以及亚硝酸丁酯等生产聚氯乙烯泡沫塑料。聚氯乙烯的毒性主要取决于未聚合的单体量，以及所用的添加剂类别和数量。聚氯乙烯生产过程可有粉尘、氯乙烯产生，在加温情况下产生氯化氢、饱和的和不饱和的烃混合物（苯、甲苯、二甲苯、萘等）。

⑤酚醛塑料制品生产，有酚、甲醇、氨、糠醛、甲基苯酚、甲醛废气和粉尘排放。

2.3.4.3 行业产排污现状

（1）橡胶制品

由产污环节分析可知，生产工艺包括混炼、热炼、挤出、压延、硫化及修边打磨，主要污染物为二硫化碳、四氯化碳、己烷、甲苯、对苯二酚、二甲苯等。张芝兰[1]介绍美国橡胶制造者协会（RMA）对橡胶制品生产过程中有机废气排放系数的测试过程和测试结果，根据RMA提供的最大排放系数，以年产1 500万条轿车轮胎、年耗胶量约10万t的轮胎生产厂为例，计算出主要生产工艺过程中有机废气的最大排放量如表2-24所示。颗粒物在混炼过程中的排放量较大，在挤出过程中的排放量较小；金属类HAP在混炼和挤出过程中的排放量均较小；有机类HAP和总目标有机物在混炼与硫化过程中的排放量相近，且均高于其他工艺过程；有机类HAP在硫化过程中排放的主要污染物为甲苯、间二甲苯及对二甲苯和二硫化碳，而在其他生产工艺过程中排放的主要污染物为二硫化碳、四氯化碳和己烷。

表 2-24　橡胶制品生产过程中污染物的最大排放系数　　　　　　单位：t/t 胶

项目	混炼	热炼	挤出	压延	硫化
颗粒物	925	—	0.112	—	
金属类 HAP	0.174	—	0.755	—	
镉及其化合物	0.00 935	—	54.9	—	
有机类 HAP	140	72.8	75.2	102	149
苯	0.661	0.343	0.354	0.479	0.538
甲苯	23.1	12.0	12.4	16.7	25.8
乙苯	4.32	2.24	2.32	3.14	21.1
邻二甲苯及间二甲苯	7.73	4.01	4.14	5.61	11.3
对二甲苯	14.4	7.47	7.72	10.5	51.7
苯胺	0.513	5.32	0.508	0.372	7.57
二硫化碳	103	53.2	25.1	74.3	25.6
四氯化碳	46.8	24.3	12.0	33.9	0
酚	1.27	0.658	0.680	0.921	0.588
对苯二酚	26.2	13.6	14.1	19.0	
二氯甲烷	38.6	8.58	20.7	0.643	0.103
己烷	113	58.5	60.5	81.9	7.98
4-甲基-2-戊酸	30.6	15.9	6.73	—	
总目标有机物	299	155	160	217	291
总有机物	444	648	106	384	337

---

[1] 张芝兰. 橡胶制品生产过程中有机废气的排放系数[J]. 橡胶工业，2006，53（11）：682-683.

表 2-25　主要生产工艺过程中有机废气的最大排放量　　　　　　单位：t/a

项目	混炼	热炼	挤出	压延	硫化
有机类 HAP	14.00	7.28	7.52	10.2	14.9
二硫化碳	10.30	5.32	2.51	7.43	2.56
二甲苯	2.21	1.15	1.19	1.61	6.3
甲苯	2.31	1.20	1.24	1.67	2.58
乙苯	0.43	0.22	0.23	0.31	2.11
总目标有机物	29.9	15.5	16.0	21.7	29.1
总有机物	44.4	64.8	10.6	38.4	33.7

USEPA 编制的《空气污染物排放系数汇编》（Compliance of Air Pollution Emission Factors，即 AP-42）中就不同污染源各种污染因子排放量的估算做了详细说明，丁学锋[①]等在分析美国 AP-42 的基础上，给出了橡胶行业混炼、压延、压出、硫化等各个工序的废气排放因子，其中轮胎制品约 63 种排放因子。轮胎制品排放因子最大为炼胶、硫化工序，约占总排放量的 90%。炼胶废气主要排放因子有颗粒物、二甲苯、二硫化碳、正己烷、对苯二酚、丁酮、甲苯、乙苯、四氯乙烯、4-甲基-2-戊酮、羰基硫化物等有害物质；硫化废气主要排放因子有二甲苯、二硫化碳、乙苯、二氯甲烷、苯胺、正己烷、苯乙烯、丁酮、二氯乙烯、4-甲基-2-戊酮、羰基硫化物等有害物质。

以某轮胎生产企业年产 150 万条子午线轮胎为例，计算出主要生产工艺过程中有机废气的最大排放量，如表 2-26 所示。

表 2-26　某轮胎企业实测排放因子与 AP-42 对比

工序	污染物	某轮胎企业		胶用量/(t/a)	AP-42		来源
		平均排放浓度/(mg/m³)	排放速率/(g/h)		排放因子/(t/t 胶)	排放因子/(t/t 胶)	
炼胶工序	颗粒物	10.23	57	37 930	5.87E-04	5.17E-04	Mixing-30800111
	H₂S	0.004 1	0.022 6		3.20E-08	—	
	CS₂	0.027 5	2.17		3.50E-06	4.21E-06	
	非甲烷总烃	2.57	14		1.58E-05	1.92E-05	
硫化工序	H₂S	0.003 9	0.058 5		1.36E-07	—	Trie-Care-30800107
	CS₂	0.042 2	2.66		3.87E-06	6.29E-06	
	非甲烷总烃	2.95	44.25		4.68E-04	9.51E-05	

根据调查，橡胶制品生产的炼胶工艺废气、硫化工艺废气的特点是排放量大、污染物浓度低（非甲烷总烃浓度＜20 mg/m³），企业的炼胶工艺废气、硫化工艺废气多采用换气抽排至大气中，很少治理。部分新建企业采用水喷淋或生物净化处理后排放。

在其他制品企业浸胶浆、胶浆喷涂等工艺装置中，使用汽油等有机溶剂，挥发产生大量有机废气。主要防治的技术有吸附、冷凝回收等，溶剂回收效率可达 95%以上，污染物

---

① 丁学锋，张慧君，曹睿. 橡胶制品工业工艺废气排放因子探讨——以轮胎企业为例[J]. 四川环境，2013，32（6）：83-86.

非甲烷总烃可达标排放。

根据调查，橡胶制品企业炼胶、硫化工艺装置排放废气中非甲烷总烃的浓度为 12～20 mg/m³，部分新建企业非甲烷总烃浓度低于 10 mg/m³。而部分其他橡胶制品企业的浸胶、喷涂等工艺装置中由于使用大量有机溶剂（通常为汽油）排放有机废气，废气中非甲烷总烃的浓度较高。如某大型橡胶制品企业年耗用溶剂约 5 000 t，采用"活性炭吸附＋蒸气吹脱＋冷凝回收＋油水分离"工艺处理溶剂废气，处理之前非甲烷总烃浓度为 275～556 mg/m³，处理后非甲烷总烃浓度为 23.4～76.2 mg/m³。

（2）塑料制品

塑料制品在生产过程中会产生少量的有机废气，主要为挥发性有机物（VOCs），其主要来源于加热熔化和注塑工艺。目前常见的塑料有聚苯乙烯、聚丙烯、低密度聚乙烯、高密度聚乙烯、聚碳酸酯、聚氯乙烯、聚酰胺、聚氨酯等。从化学成分上看，塑料的碳含量介于煤和油之间，而氢含量要大于煤和油，其碳氢化合物在高温条件会产生 VOCs，成为工业 VOCs 的来源之一。塑料在热熔、注塑和烘干等过程中会产生 VOCs 的排放，主要产物有：苯、甲苯、乙苯、苯乙烯、二甲苯、丙酮、丁醇、异丙酮、乙酸乙酯、乙酸丁酯、正十一烷等。

为了解塑料制革业生产过程排放的废气有机物的特点及其对环境的影响，杨永泰等[1]选取一家主要生产聚氯乙烯压延薄膜、聚氯乙烯压延发泡人造革、聚氨酯刮涂（干法）和浸渍法人造革等产品的企业，对其工艺废气排放情况进行分析和调查。PVC 压革、发泡、压膜等工序排放的工艺废气均通过废气收集系统集中后经排气筒排入大气中。在正常生产情况下分别采集上述工序排气筒的废气，采用气相色谱法分析样品中的苯、甲苯、二甲苯、丙酮、乙酸乙酯、乙酸丁酯、总烃、苯乙烯的排放浓度，如表 2-27 所示。

压革工序工艺废气：主要污染物是苯系物，其中苯、甲苯和二甲苯的平均浓度范围分别为 0.002～9.268 mg/m³、0.037～8.308 mg/m³、0.69～1.32 mg/m³。

表 2-27　压革工艺废气中有机污染物的排放浓度　　　　单位：mg/m³

排气筒	苯	甲苯	二甲苯	丙酮	乙酸乙酯	乙酸丁酯	总烃	苯乙烯
1#	<0.002	0.800	1.03	<0.005	<0.01	<0.01	<0.01	<0.01
2#	9.268	8.308	1.08	<0.005	<0.01	<0.01	<0.01	<0.01
3#	0.212	6.797	1.32	<0.005	<0.01	<0.01	<0.01	<0.01
8#	<0.002	1.009	0.96	<0.005	<0.01	<0.01	<0.01	<0.01
9#	0.196	0.037	1.14	<0.005	<0.01	<0.01	<0.01	<0.01
10#	0.844	5.036	0.74	<0.005	<0.01	<0.01	<0.01	<0.01
11#	4.040	0.576	0.69	<0.005	<0.01	<0.01	<0.01	<0.01
平均	2.080	3.223	0.99	<0.005	<0.01	<0.01	<0.01	<0.01

---

[1] 杨永泰，钟敏华，廖丽华. 塑料制革工艺废气的有机污染及其对环境的影响[J]. 云南环境科学，2001，20（增刊）：74-77.

发泡工序工艺废气：主要有机污染物是甲苯和二甲苯，二者的平均浓度分别为 0.289 mg/m³ 和 1.28 mg/m³，如表 2-28 所示。

表 2-28　发泡工艺废气中有机污染物的排放浓度　　单位：mg/m³

排气筒	苯	甲苯	二甲苯	丙酮	乙酸乙酯	乙酸丁酯	总烃	苯乙烯
4#	<0.002	0.289	1.28	<0.005	<0.01	<0.01	<0.01	<0.01

压膜工序工艺废气：主要有机污染物与压革工序工艺废气基本一致，都是以苯、甲苯和二甲苯为主，它们的平均浓度分别为 0.066 mg/m³、1.222 mg/m³ 和 0.74 mg/m³，如表 2-29 所示。

表 2-29　压膜工艺废气中有机污染物的排放浓度　　单位：mg/m³

排气筒	苯	甲苯	二甲苯	丙酮	乙酸乙酯	乙酸丁酯	总烃	苯乙烯
5#	0.066	1.222	0.74	<0.005	<0.01	<0.01	<0.01	<0.01

表面处理工序工艺废气：主要废气有机污染物有苯、甲苯、二甲苯和丙酮，尤以甲苯浓度最高。它们的平均浓度分别为 0.498 mg/m³、100.268 mg/m³、4.34 mg/m³ 和 3.307 mg/m³，如表 2-30 所示。

表 2-30　表面处理工艺废气中有机污染物的排放浓度　　单位：mg/m³

排气筒	苯	甲苯	二甲苯	丙酮	乙酸乙酯	乙酸丁酯	总烃	苯乙烯
13#	0.498	100.268	4.34	3.307	<0.01	<0.01	<0.01	<0.01

蔡宗平等[1]对珠江三角洲一城市塑料行业 VOCs 排放现状进行调研监测，选择具有代表性的 4 家塑料生产企业（前 3 家塑料企业为塑料回收再生企业，第 4 家企业属于以新塑料为生产原料的企业），由于监测的企业均有废气处理设施和集中排放口，因此在废气处理前后集中排放口处都设置了采样点。监测共识别出 8 种主要的挥发性有机物：苯、甲苯、乙苯、乙酸丁酯、苯乙烯、间/对二甲苯、邻二甲苯、正十一烷，具体监测结果如表 2-31 所示。从各 VOCs 的浓度来看，在被检出的 8 种主要的挥发性有机物中，甲苯和正十一烷的浓度相对较高，甲苯最高排放浓度为 3.6 024 mg/m³，正十一烷最高排放浓度为 2.7 219 mg/m³。从各污染物占总 VOCs 的百分比来看，以甲苯、间/对二甲苯、正十一烷占总 VOCs 的百分比较高，说明甲苯、间/对-二甲苯、正十一烷是塑料行业的主要污染物。

① 蔡宗平，蔡慧华，徐家颖，等. 塑料行业 VOCs 排放现状的研究[J]. 广东化工，2011，38（6）：275-277.

表 2-31 塑料企业 VOCs 监测结果

企业编号	采样点	VOCs	浓度/（mg/m³）	总 VOCs 浓度/（mg/m³）	占总 VOCs 百分比/%
1#	处理前（集中排放口）	苯	0.055	0.535	10.2
		甲苯	0.099		18.6
		乙苯	0.054		10.2
		间/对二甲苯	0.132		24.7
		乙酸丁酯	0.155		28.9
		邻二甲苯	0.039		7.4
	处理后（集中排放口）	甲苯	0.428	0.588	72.8
		乙苯	0.050		8.6
		间/对二甲苯	0.110		18.7
2#	处理前（集中排放口）	苯	0.068	0.452	15.1
		甲苯	0.202		44.7
		乙苯	0.037		8.3
		间/对二甲苯	0.071		15.7
		正十一烷	0.073		16.1
	处理后（集中排放口）	苯	0.082	0.906	9.1
		甲苯	0.204		22.5
		乙苯	0.085		9.4
		间/对二甲苯	0.419		46.3
		邻二甲苯	0.116		12.8
3#	处理前（集中排放口）	苯	1.341	1.341	100
	处理后（集中排放口）	苯	0.078	0.688	10.2
		甲苯	0.446		64.8
		乙苯	0.045		6.5
		间/对二甲苯	0.119		17.3
4#	处理前（集中排放口）	甲苯	0.075	0.522	14.3
		正十一烷	0.447		85.7
	处理后（集中排放口）	甲苯	3.602	6.324	57.0
		正十一烷	2.722		43.0

2.3.4.4 典型企业废气排放特征及治理工程实例

（1）热塑性丁苯橡胶生产装置 D 线后废气处理[①]

热塑性丁苯橡胶（SBS）生产装置后处理单元废气（主要为 VOCs）占 SBS 生产全过程废气排放量的 90%，该废气以无组织排放形式排放至大气环境中，对周边空气污染较为严重，影响人体健康。为减少 VOCs 排放，中国石化北京燕山分公司（简称燕山分公司）首次采用催化氧化技术对 SBS 生产装置 D 线后处理单元废气进行处理，取得了良好的效果。废气中主要组分包括环己烷、己烷、水蒸气、SBS 填充油、油雾、固体颗粒物等。采

---

① 程文红，袁晓华，田凤杰. 催化氧化技术在橡胶废气处理中的应用[J]. 化工环保，2012，32（2）：156-159.

用以催化氧化技术为主的技术组合处理 SBS 生产装置 D 线后处理单元废气的工艺路线为：废气收集和预处理—冷凝—催化氧化—达标排放。其工艺流程如图 2-37 所示。

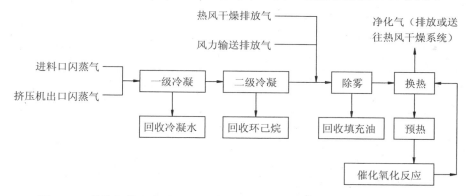

图 2-37　催化氧化技术处理 SBS 生产装置 D 线后处理单元废气的工艺流程

　　未采用催化氧化技术处理前 SBS 生产装 D 线后处理单元各排放口废气中 VOCs 质量浓度如表 2-32 所示。废气流量为 30 000 m³/h。2007 年 9 月建成 SBS 生产装置 D 线后处理单元废气催化氧化处理工业化装置并投入运行，对废气中环己烷等主要非甲烷总烃进行处理。2007 年 12 月，装置经调试运行稳定后，催化氧化反应器对废气中非甲烷总烃和环己烷的去除效果如表 2-33 和表 2-34 所示。

表 2-32　处理前 SBS 生产装置 D 线后处理单元各排放口废气（VOCs）质量浓度

单位：mg/m³

排放口位置	非甲烷总烃	己烷	环己烷
屋顶排放口	4 900	137	3 660
旋风排放口	5 560	192	4 190
挤压机入口	6 650	2 230	5 120
挤压机出口	6 260	1 540	4 480

表 2-33　催化氧化反应器对废气中非甲烷总烃的去除效果

采样时间	反应器温度/℃		非甲烷总烃/（mg/m³）		去除率/%
	入口	出口	入口	出口	
12 月 2 日	239	423	5 030	74.9	98.5
12 月 3 日	257	455	5 820	85.1	98.5
12 月 4 日	253	455	5 610	56.5	99.0
12 月 5 日	251	381	3 840	50.9	98.7

表 2-34 催化氧化反应器对废气中环己烷的去除效果

采样时间	环己烷/（mg/m³）		去除率/%
	入口	出口	
12 月 2 日	4 320	55.4	98.7
12 月 3 日	5 140	47.3	99.1
12 月 4 日	5 100	33.7	99.3
12 月 5 日	3 430	36.8	98.9

（2）塑料加工废气处理[①]

聚乙烯塑料二次加工生产工艺：聚乙烯（再生颗粒）→挤塑机→注塑成型→冷却→产品。

废气源及源强：聚乙烯本身并无毒性，但添加了抗氧剂、稳定剂、着色剂等即有毒性；高压聚乙烯加热到 150℃时，分解出酸、酯、不饱和烃、过氧化物、甲醛、乙醛等；低压聚乙烯加热到 150℃，产生酸、酯、不饱和烃、过氧化物、甲醛、乙醛等挥发性复杂混合物。210～250℃生成的混合气体有甲醛、不饱和烃、有机酸、有机氯化物等。根据同类行业数据分析，其非甲烷总烃产生量约占产品量的 0.1‰，其每吨产品废气产生量为 1 000 m³，非甲烷总烃产生浓度为 100 mg/m³，有机颗粒物产生浓度为 100 mg/m³。采用集气罩收集，通过管道输送，再用"活性炭吸附—催化燃烧脱附"法处理聚乙烯塑料二次加工产生的废气，具体工艺流程为有机废气→集气罩收集→活性炭吸附→催化燃烧脱附→高空排放。采用该方法后废气中污染物净化率为 90%，有机颗粒物净化率为 90%，处理后废气中非甲烷总烃排放浓度为 10 mg/m³，有机颗粒物排放浓度为 10 mg/m³。

---

① 金明虎，黄天龙，邓永怀. 探讨利用"活性炭吸附—催化燃烧脱附法"处理塑料加工有机废气[J]. 科技向导，2013（10）：118.

第3章 大气污染物排放标准体系

3.1 国外大气污染物排放标准体系概述

3.1.1 美国 VOCs 排放标准体系

（1）固定源 VOCs 排放标准体系

美国空气污染控制的最终目标是达到环境空气质量标准，其主要手段就是根据《清洁空气法》（CAA）的规定，对污染源实行排放限制，排放限制包括排放标准以及为减少污染排放而对污染源所做的规定。

USEPA 制定的固定源大气污染物排放标准分为两类，一类是针对基准污染物（Criteria Pollutants，就是环境空气质量标准中规定的污染物）的新源特性标准（NSPS），列入联邦法规典 40CFR60 部分；另一类是针对 189 种空气毒物（Air Toxics，近几年有修订）的国家有毒空气污染物排放标准（National Emission Standards for Hazardous Air Pollutants，NESHAP），列入联邦法规典 40CFR63 部分。无论是 NSPS 标准还是 NESHAP 标准，它们均是基于污染控制技术而制定的，只是对应污染物不同，选择了不同层次的控制技术，例如 NSPS 是基于最佳示范技术（BDT），而 NESHAP 则是基于最大可达控制技术（MACT），显然后者更加严格。

在排放标准中又根据排放源类型的不同，分工艺排气（processvents）、设备泄漏（equipment leaks）、废水挥发（waste water mission）、储罐（storage vessels）、装载操作（transfer operations）5 类源，分别规定了排放限值或工艺设备、运行维护要求。因 VOCs 物质的易挥发特性，决定了其无组织逸散排放（如设备泄漏、储罐损失、废水挥发等）较多，在石化等一些行业，甚至 70% 以上的 VOCs 排放来自无组织逸散，因此美国固定源大气污染物排放标准对这类排放格外重视，从工艺源头予以控制。

（2）工艺排气的 VOCs 排放控制要求

针对有组织的工艺排气中的 VOCs 排放，在 NSPS 和 NESHAP 标准中都有所限制。在 NSPS 标准中，通常控制的是 TOC（总有机化合物，扣除甲烷、乙烷）综合性指标，一般要求 TOC 削减率不低于 98%，或者排放浓度限值为 20×10^{-6}（体积比）。在 NESHAP 标准中，则控制的是总有机 HAPs（189 种 HAPs 物质中的有机部分，约 131 种）指标，要求削减 98% 以上或排放浓度低于 20×10^{-6}（体积比）。

列举部分标准如下：

有机合成化学品制造业（SOCMI）反应器工艺（40 CFR Part 60，Subpart RRR）、蒸馏操作（Subpart NNN）、空气氧化工艺（Subpart Ⅲ）VOCs 排放标准：减少 98%TOC（总有机化合物，扣除甲烷和乙烷）的排放量，或排放浓度限值为 20×10^{-6}（体积比）（以干基计校正到 3% 氧）。

（3）设备泄漏的 VOCs 排放控制要求

输送 VOCs 物质（可能是气体，也可能是液体）的泵、压缩机等设备，以及阀门、法兰等管线组件，因长期使用后填料密封、垫圈等处损坏，VOCs 泄漏量会显著增加，对此 USEPA 实施了"泄漏检测及维修（LDAR）计划"的控制策略。

LDAR 最主要的原则就是"定期检测、及时维修"，通常采用便携式的 VOCs 检测仪器（如火焰离子化 FID、光离子化 PID、非分散红外 NDIR 等检测设备）对泄漏源进行 VOCs 浓度测定，若超过某筛选值（screen value），则要求在规定期限内（最迟不超过 15 天）修复。设备泄漏检测采用 USEPA Method 21 的标准方法，一般每季度检测一次。泄漏限值 Ⅰ 阶段为 $10\,000\times10^{-6}$（体积比），Ⅱ 阶段为 500×10^{-6}（体积比），Ⅲ 阶段则采取了一种激励机制，如超过 500×10^{-6}（体积比）的检出频率很低（如<1%，甚至<0.5%），相应检测频次可延长至每半年一次，或每年一次，反之（如检出频率>2%）则要增加检测频次至每月一次。

（4）储罐的 VOCs 排放控制

贮存 VOCs 物质的储罐不可避免存在着呼吸损失（breathing loss）和工作损失（working loss）。根据储罐容积和储存物料蒸气压的不同，USEPA 要求 VOCs 储罐采用压力罐、浮顶罐、固顶罐或其他等效措施。

压力罐由于采用高压设计，故不会有逸散发生。浮顶罐依其浮顶型式可分为内浮顶及外浮顶，浮顶与罐壁之间安装封气设备，若密封设备良好，可达到有效的控制效果。对浮顶罐要求采用高效密封方式，如液体镶嵌式密封、机械式鞋形密封、双封式密封等，并规定了运行及检查要求。至于固顶罐则应装设密闭排气系统连通至污染控制设备，达到与前述 VOCs 点源（工艺排气）相同的排放控制要求（削减效率或排放浓度）。

（5）装载设施的 VOCs 排放控制

按装载操作方式的不同，有顶部装载（溅洒式、浸没式）和底部装载两种，装载过程会有 VOCs 蒸气从罐车中被置换出来排入大气。该 VOCs 气体可经蒸气收集系统收集，并输送至污染控制设备处理后排放，此时的 VOCs 控制与工艺排气（VOCs 点源）

相同。

　　VOCs 气体也可回流至与储罐相连的蒸气平衡系统。蒸气平衡系统是指在装载设施与储罐之间设置的气相连通系统，该系统收集装载操作产生的蒸气返回至发料储罐或与发料储罐蒸气空间连通的其他储罐，实现与出料体积的平衡。

　　（6）废水挥发的 VOCs 排放控制

　　生产和使用 VOCs 物质的排污企业或设施，其工艺过程不可避免会有一定量的 VOCs 物质溶入废水中，并在废水的输送、处理、储存过程中挥发出来。

　　对于废水挥发的 VOCs 排放控制，USEPA 建议的最佳控制技术有：①浮动顶盖；②液面 10 cm 处的挥发性有机物 $< 300 \times 10^{-6}$（体积比）；③密闭式固定覆罩及气体回收系统，其回收及破坏总效率需达 95%以上。通常要求废水收集系统采取措施（如密闭管道、水封、加盖等）与环境空气隔离。对废水处理、储存设施，检测液面上 VOCs 浓度，如 $> 300 \times 10^{-6}$（体积比）则要求加盖密闭并收集气体净化处理。

3.1.2　欧盟 VOCs 排放标准体系

　　（1）固定源 VOCs 排放标准体系

　　欧盟环保标准大多以指令（Directives）的形式发布。欧盟固定源 VOCs 排放控制主要包括通用指令（有机溶剂使用指令 1999/13/EC，涂料指令 2004/42/CE）和行业指令（汽油贮存和配送指令 94/63/EC，综合污染预防与控制指令 96/61/EC 和 2008/1/EC）2 类，同时，各成员国为加强对单项 VOCs 物质的管制，还实施了分级控制标准。

　　（2）有机溶剂使用指令 1999/13/EC

　　为控制 VOCs 的排放，1999 年 3 月 11 日，欧盟发布了一些工业活动和设备中挥发性有机物排放限制法规（1999/13/EC）。1999/13/EC 指令涉及了使用有机溶剂的几乎所有领域，如印刷、汽车涂装、制药、表面清洁等，规定了 20 种有机溶剂使用装置和活动的 VOCs 排放限值，包括有组织排放限值（废气中 VOCs 的浓度）和无组织排放限值（使用溶剂量的百分比）。对于经排气筒的 VOCs 有组织排放，包括收集后直接排放（如涂装车间的通风）和净化处理后排放（如烘干机 VOCs 废气的蓄热燃烧）2 种情形，按溶剂使用工艺（如汽车制造涂装印刷涂料油墨制造干洗等）的不同，规定的 VOCs 排放质量浓度（以 C 计）从 20～150 mg/m³ 不等。

　　1999/13/EC 指令规定"三致"物质 VOCs（包含的类别有致癌、致突变、生殖毒性，以及可能致癌、可能导致遗传突变、可能吸入致癌、可能损害生育、可能危害胎儿），如果排放速率大于或等于 10 g/h，则排放总浓度限值为 2 mg/m³。含卤化物 VOCs 如果排放速率大于等于 100 g/h，则排放总浓度限值为 20 mg/m³。

（3）涂料指令 2004/42/CE

2004/42/CE 指令是从产品源头规定了建筑涂料汽车涂料中的 VOCs 含量（g/L）。除工业生产活动可对排污企业或设施实施 VOCs 排放（有组织排放无组织排放）管控外，对于建筑与市政工程消费类产品（发胶、空气清新剂等）等，必须采取另外的 VOCs 控制路线，即保证产品本身是清洁的、环境友好的，才能降低这类民用源的 VOCs 排放量。另一方面，对汽车涂料等工业涂料规定 VOCs 含量限值，要求工业企业采用清洁的原材料，实现清洁生产，也有助于工业生产活动 VOCs 排放控制目标的落实，可见 2004/42/CE 与 1999/13/EC 配合使用实现了一头一尾双管齐下的 VOCs 排放管理。

（4）油品储运指令 94/63/EC

油品储运指令（94/63/EC）的目的是预防油品贮存和配送过程中的 VOCs 污染。该指令要求储油库采取措施减少蒸发损失，配送过程要求进行油气回收。对于储油库储罐，要求采用一级密封或二级密封的内浮顶罐、外浮顶罐，减少蒸发损失 90% 或 95% 以上；使用固定顶罐则要求连接到油气回收装置，任何 1 小时平均的油气排放浓度不超过 35 g/m^3。储油库的发油过程，要求收集从罐车内置换出的蒸汽，通过密闭管线输送至油气回收装置。在油罐车向加油站卸油时，应收集从储罐置换出的油气并存留于罐车内直至下次装油。

（5）综合污染预防与控制指令 96/61/EC 2008/1/EC

除大型燃烧装置（2001/80/EC）废物焚烧（2000/76/EC）以及 VOCs 排放控制（1999/13/EC 94/63/EC）外，欧盟还将工业点源的污染物排放纳入综合污染预防与控制（IPPC）指令进行多环境介质（水体、大气、土壤、噪声等）的统一管理。IPPC 指令将工业生产活动划分为能源工业、金属工业、无机材料工业、化学工业、废物管理以及其他活动 6 大类共 33 个行业，其中化学工业又分为基本有机化工、基本无机化工、氮磷钾肥料生产工业、农药和杀虫剂工业、制药工业、炸药工业 6 个子行业，涉及 VOCs 排放的主要行业包括石油精炼、大宗有机化学品、有机精细化工、储存设施、涂装、皮革加工等。

（6）VOCs 分级控制标准

由于污染物种类繁多，行业排放情况复杂，不可能针对每个行业都制定专项排放标准，排放标准也不可能涵盖所有的污染物（通常规定特征污染物，或用综合性指标表征一类污染物，如 TOC、臭气浓度），因此欧洲一些国家，如德国、英国、荷兰等，创新性地建立了污染物排放分级控制标准，即按污染物的健康毒性（如致癌性感官刺激性）或其他环境危害（臭氧生成潜势温室效应）大小，实施分类分级控制，这样既提高了污染物排放标准的制定和实施效率，保证了监控体系的严密，又极大地适应了环境管理需求的不断变化。

以 VOCs 排放为例，按 VOCs 健康毒性的大小，如国际癌症研究机构（IARC）按致癌性的分类、职业卫生的 MAC 值（最高允许浓度）或 TWA 值（8 小时时间加权平均允许浓度）等，将其分为 3 类：第一类 VOCs，如丙烯腈、苯、环氧乙烷、1,3-丁二烯、1,2-二氯乙烷、氯乙烯等，为高毒害，排放标准控制在 5 mg/m³；第二类 VOCs，如甲醛、乙醛、酚类、苯胺、硝基苯、氯甲烷等，为中等毒害，排放标准控制在 20 mg/m³；第三类 VOCs，如甲苯、二甲苯、乙苯、氯苯、甲醇、丙酮等，为低毒害，排放标准控制在 100 mg/m³。其他污染物，如重金属、无机气态污染物、颗粒物等也采取了同样的控制方法。

3.1.3　德国 VOCs 排放标准体系

（1）大气污染物排放标准体系

德国的空气质量控制技术规范（TA-Luft）的控制原则是将空气有机污染物根据致癌性、恶臭、毒性高低分为三个级别，还规定了无机颗粒物、气态无机物、致癌污染物的排放标准。该标准为了配合发放许可证的管理于 1972 年制定，以此逐渐形成了重点行业+综合型排放标准为核心的标准体系，具体如表 3-1 所示。

表 3-1　德国大气污染物排放标准体系

类别	标准名称
综合型	空气质量控制技术规范（TA-Luft）
重点行业	小规模及中等规模的燃烧装置条例
	木屑排放限制条例
	大型燃烧装置和燃气轮机条例
	二氧化钛工业排放限制条例
	火葬场排放限制条例
	垃圾生物处理厂条例
重点污染物（VOCs）	卤代挥发有机化合物排放控制条例
	汽油、混合燃料或石脑油运输、储存过程中的挥发性有机化合物排放限制的规则
	机动车加油过程中总碳氢化合物排放规则

（2）TA-Luft 污染物控制项目

在 TA-Luft 中，主要包括产业类型、过程控制、燃料种类、设施及输入能量、标准限值、治理技术标准、排放监测方法和程序。对现有污染源提出了补充规定，即达到一定标准的最后期限，以及规定了几类污染物共存时的标准限值。具体如表 3-2 所示。需要注意的是，2002 年版本有所改进，比如将第三级别归并于第二级别，仅仅设置了两个级别，加严了标准。该标准共涉及 239 种污染物，其中 VOCs 有 186 种。

表 3-2   德国 TA-Luft 空气质量技术规范

类别	级别	包含化合物	数据	
			mg/m³	kg/h
有机化合物	总体要求	除了有机颗粒物外的气态有机物	50	0.5
		现有源（＞1.5Mg/a）		1.5
	Ⅰ级	176 种	20	0.1
	Ⅱ级	1-溴-3-氯丙烷、1,1-二氯乙烷、1,2-dichloroethylene（顺式、反式）、乙酸、甲酸甲酯、硝基乙烷、硝基甲烷、八甲基化环四硅氧烷、1,1,1-三氯乙烷、1,3,5-三噁烷	100	0.50

（3）TA-Luft 专属设施的排放要求

该标准中还规定了 10 个大类（51 个小类）专属设施的排放要求，涉及热量生产/采矿/能源行业（8 个小类）、岩石土壤/玻璃/陶瓷/建筑材料行业（7 个小类）、钢/铁/其他金属工程（14 个小类）、化学品/药品/矿物油精炼（23 个小类）、有机物表面处理/条型塑料生产/树脂塑料加工（6 个小类）、木材/纸浆（3 个小类）、食物/饮料/烟草/饲料/农产品（3 个小类）、废物回收和处置（8 个小类）、物料储存/装卸/制备、杂项（4 个）。重点规定了颗粒物、CO、NO_x、SO_x、甲醛、致癌物质、金属、有机物（以碳计）、二噁英和呋喃、氯化氢、硫酸雾、苯、丙烯腈、己内酰胺、硫化氢、二硫化碳、氯气、汞、砷、镉、氨、苯酚、恶臭物质等的排放要求。

3.1.4   荷兰 VOCs 排放标准体系

荷兰 NeR 在一般排放标准中按照如表 3-3 所示的 VOCs 污染物分类体系。

表 3-3   荷兰固定源 VOCs 排放标准类型及特点

类别	级别	包含化合物	数据	
			mg/m³	kg/h
有机化合物	01	乙醛、丙烯醛、丙烯酸、丙烯酸酯、氨基苯、苯胺、丙烯酸丁酯、己内酰胺、氯甲烷等 99 种	20	0.1
	02	乙腈、乙酸异戊酯、乙酸、苯甲醛、乙酸甲酯、乙酸乙烯酯、丁醛、异丁醇、乙苯、1,1-二氯乙烷、甲苯、甲酸甲酯等 138 种	100	2.0
	03	丙酮、乙酸丁酯、乙酸乙酯、丁酮、环己烷、氯乙烷、二氯甲烷、乙醇等 95 种	150	3.0

3.1.5   英国 VOCs 排放标准体系

英国根据不同程度的有害性、刺激性、环境风险性进行分类，包括对人类健康和其他生态系统的直接毒性、地面产生光化学臭氧作用、同温层臭氧破坏、全球性气候变化的影响、恶臭等感官影响。根据 VOCs 分类提出了 500 种物质的分类，分成高毒害、中毒害、低毒害三个级别。其中高毒害 53 种，中毒害 63 种，低毒害 397 种。

3.1.6　日本 VOCs 排放标准体系

日本政府在 2004 年修订的《大气污染防治法》中新添加了"VOCs 排放规制"一章，2005 年发布了施行令（政令）、施行规则（省令）和 VOCs 测定方法（环境省公告），要求自 2006 年 4 月 1 日起对 6 类重点源的 9 种排污设施实施 VOCs 排放控制。

日本控制的 6 类 VOCs 重点源为：化学品制造、涂装、工业清洗、粘接、印刷、VOCs 物质贮存，可见与欧美的分行业制定标准进行控制不同，日本对 VOCs 排放行业的工艺特点进行了归纳，确定了 6 种通用工艺类型重点控制，能够涵盖大部分 VOCs 排放源。这 6 类源的 VOCs 排放限值从 $400 \times 10^{-6} \sim 60\,000 \times 10^{-6}$（体积比）（以 C 计）不等。

对于 VOCs 中的毒性物质，日本对苯、三氯乙烯、四氯乙烯区分现有源和新源，分别规定了排放限值。

3.1.7　世界银行 VOCs 排放标准体系

世界银行 1998 年发布了《污染预防和削减手册》，手册中规定了各工业行业的废气排放标准（参考值和最大值），其中涉及 VOCs 的行业有铝制造业、焦炭制造业、染料制造业、电子制造业、油气开采、农药制造业、农药混配、石油化工生产、石油炼制业、制药行业、印刷行业、纺织行业和木制品保存等 12 个行业。

世界银行在 2007 年 12 月发布的《大宗石化有机产品制造业环境、健康与安全指南》中规定了本行业特有的污染物（点排放源或无组织排放源）是大量的有机和无机化合物，包括硫氧化物（SO_x）、氨（NH_3）、乙烯、丙烯、芳烃、醇类、氧化物、氯气、二氯乙烷（EDC）、氯乙烯单体（VCM）、二噁英和呋喃、甲醛、氢氰酸、丙烯腈、己内酰胺以及其他挥发性有机化合物（VOC）和半挥发性有机化合物（SVOC）等排放限值，如表 3-4 所示。

表 3-4　大宗石化有机产品大气排放指导值

污染物	单位	指导值
颗粒物（PM）	mg/m^3	20
氮氧化物	mg/m^3	300
氯化氢	mg/m^3	10
硫氧化物	mg/m^3	100
苯	mg/m^3	5
1,2-二氯乙烷	mg/m^3	5
氯乙烯（VCM）	mg/m^3	5
丙烯腈	mg/m^3	0.5（焚烧） 2（洗涤）
氨	mg/m^3	15

污染物	单位	指导值
挥发性有机物	mg/m³	20
重金属（总量）	mg/m³	1.5
汞及化合物	mg/m³	0.2
甲醛	mg/m³	0.15
乙烯	mg/m³	150
氧化乙烯	mg/m³	2
氢氰酸	mg/m³	2
硫化氢	mg/m³	5
硝基苯	mg/m³	5
有机硫化物和硫醇	mg/m³	2
酚类、甲酚类和二甲苯酚类（如苯酚）	mg/m³	10
己内酰胺	mg/m³	0.1
二噁英及呋喃	ng/m³	0.1

3.2　国家大气污染物排放标准体系概述

　　污染物排放标准是国家环境保护法律体系的重要组成部分，也是执行环保法律、法规的重要技术依据。我国的大气污染物排放标准体系同样包括国家和地方两级。排放标准属于强制性标准，其法律效力相当于技术法规。根据《中华人民共和国环境保护法》的规定，国家污染物排放标准由国务院环境保护行政主管部门制定，在全国范围内执行。若地方对国家标准规定的项目及未规定的项目制定了地方标准，则应在该地方环境标准颁布的省、自治区、直辖市辖区范围内执行。由于地方环境标准在制定时严于国家标准相应限值，因此予以优先执行。另外，国家大气污染物排放标准还可以分为行业排放标准和综合排放标准。行业排放标准指适用于某一特定行业的污染物排放标准，也称为行业适用型污染物排放标准。综合排放标准则是指行业排放标准适用范围以外的所有行业通用的排放标准，也称为行业通用型污染物排放标准。在适用范围上，有行业性大气污染物排放标准的行业，适用该行业排放标准，不适用大气污染物综合排放标准。如《锅炉大气污染物排放标准》《火电厂大气污染物排放标准》《恶臭污染物排放标准》等适用于所有有相应排放设施或污染物排放行为的行业，在其他行业性污染物排放标准中不另行规定对锅炉、火电厂、恶臭污染物的排放控制要求。企业中的相应排放源可直接引用这些标准。行业排放的大气污染物中若有《恶臭污染物排放标准》规定范围以外的特殊恶臭污染物，则应在其行业污染物排放标准中规定限值进行控制。

3.2.1　国家 VOCs 排放标准体系

截至 2016 年 12 月，已经颁布并实施的国家固定源 VOCs 排放标准名录如表 3-5 所示。我国目前已经发布的国家固定源 VOCs 排放标准 13 项，其中行业型 11 项，通用型 1 项，综合型 1 项。

截至 2016 年 12 月，国家正在制定的 VOCs 排放标准名录如表 3-6 所示。

表 3-5　国家颁布实施的固定源 VOCs 排放标准名录

序号	标准名称	编号	特定项目	综合项目	其他有机物项目	排放控制要求
1	大气污染物综合排放标准	GB 16297—1996	苯、甲苯、二甲苯、酚类、甲醛、乙醛等 13 种	非甲烷总烃	苯并[a]芘、沥青烟	排放速率、排放浓度、厂界监控点浓度
2	恶臭污染物排放标准	GB 14554—93	苯乙烯、甲硫醇、甲硫醚、二甲二硫醚、三甲胺	臭气浓度	—	排放速率、厂界监控点浓度
3	炼焦化学工业大气污染物排放标准	GB 16171—2012	苯、酚类	非甲烷总烃	苯并[a]芘	排放浓度、厂界监控点浓度
4	饮食业油烟排放标准	GB 18483—2001	—	—	油烟	排放浓度、去除效率
5	储油库大气污染物排放标准	GB 20950—2007	—	油气		排放浓度、油气处理效率、泄漏检测
6	汽油运输大气污染物排放标准	GB 20951—2007	—	油气		排放浓度、油气处理效率、泄漏检测
7	加油站大气污染物排放标准	GB 20952—2007	—	油气		排放浓度、油气处理效率、泄漏检测
8	合成革与人造革工业污染物排放标准	GB 21902—2008	二甲基甲酰胺、苯、甲苯、二甲苯	VOCs	—	排放浓度、厂界监控点浓度
9	橡胶制品工业污染物排放标准	GB 27632—2011	甲苯、二甲苯	非甲烷总烃		排放浓度、基准排气量、厂界监控点浓度
10	轧钢工业大气污染物排放标准	GB 28665—2012	苯、甲苯、二甲苯	非甲烷总烃	—	排放浓度、厂界监控点浓度
11	石油炼制工业污染物排放标准	GB 31570—2015	苯、甲苯、二甲苯	非甲烷总烃	苯并[a]芘	排放浓度、厂界监控点浓度
12	石油化学工业污染物排放标准	GB 31571—2015	正己烷、环己烷等 61 种	非甲烷总烃	苯并[a]芘、多氯联苯、二噁英	排放浓度、厂界监控点浓度
13	合成树脂工业污染物排放标准	GB 31572—2015	苯乙烯、丙烯腈等 22 种	非甲烷总烃	—	排放浓度、厂界监控点浓度

表 3-6　国家正在制定的固定源 VOCs 排放标准名录

序号	标准名称	序号	标准名称
1	石油天然气开发工业污染物排放标准	10	铸造工业污染物排放标准
2	氯碱工业污染物排放标准	11	电子工业污染物排放标准
3	农药工业大气污染物排放标准	12	人造板工业污染物排放标准
4	制药工业大气污染物排放标准	13	家具制造业大气污染物排放标准
5	染料工业大气污染物排放标准	14	玻璃纤维及制品工业污染物排放标准
6	涂料、油墨及胶黏剂工业大气污染物排放标准	15	皮革制品工业污染物排放标准
7	VOCs 无组织逸散通用控制标准	16	纺织印染工业大气污染物排放标准
8	工业涂装大气污染物排放标准	17	印刷包装工业大气污染物排放标准
9	船舶工业污染物排放标准	18	干洗业大气污染物排放标准

3.2.2　地方 VOCs 排放标准体系

由表 3-7 可知，目前国内北京市、上海市、广东省、厦门市制定了地方性大气污染物综合排放标准，天津市和河北省制定了工业企业挥发性有机物排放控制标准，北京市、上海市、广东省、江苏省、浙江省等制定了行业性 VOCs 排放标准，但大部分地区仍执行国家《大气污染物综合排放标准》（GB 16297—1996），该标准仅仅规定了 13 项 VOCs 指标，规定了有组织排放的最高允许排放浓度和最高允许排放速率以及无组织排放的厂界无组织监控浓度三类标准值。从目前来看，不能满足当前的环境保护的要求。

当前正在开展的行业型排放标准呈现出如下的特点：

①出现了单位产品基准排气量（或者单位产品 NMHC 排放量）的概念；

②针对油墨、涂料等提出了 VOCs 含量限值；

③标准收严：目前行业排放标准比综合排放标准收严的幅度很大。

表 3-7　地方颁布实施的固定源 VOCs 排放标准名录

序号	地区	标准名称	编号	特定项目	综合项目	其他有机物项目	排放控制要求
1	北京市	大气污染物综合排放标准	DB11/501—2007	苯、甲苯、二甲苯、酚类、甲醛、乙醛、丙烯醛、丙烯腈、甲醇、氯乙烯、苯胺类、氯苯类、硝基苯类、环氧乙烷、1,3-丁二烯、1,2-二氯乙烷、氯甲烷	非甲烷总烃	二噁英和呋喃、多氯联苯	排放浓度、厂界监控点浓度
2	北京市	炼油与石油化学工业大气污染物排放标准	DB11/447—2015	环氧乙烷、1,3-丁二烯、1,2-二氯乙烷、氯乙烯、苯、甲苯、二甲苯、氯甲烷	非甲烷总烃	A 类物质B 类物质C 类物质	排放浓度、泄漏检测、厂界监控点浓度

序号	地区	标准名称	编号	特定项目	综合项目	其他有机物项目	排放控制要求
3	北京市	工业涂装工序大气污染物排放标准	DB 11/1226—2015	苯、苯系物	非甲烷总烃	—	排放浓度、处理效率、泄漏检测、厂界监控点浓度
4		防水卷材行业大气污染物排放标准	DB 11/1055—2013	—	非甲烷总烃	苯并[a]芘、臭气浓度	排放浓度、排放速率、单位产品排放限值、厂界监控点浓度
5		木质家具制造业大气污染物排放标准	DB 11/1202—2015	苯、苯系物	非甲烷总烃	—	涂料 VOCs 含量限值、排放浓度、厂界监控点浓度
6		汽车整车制造业（涂装工序）大气污染物	DB 11/1227—2015	苯、苯系物	非甲烷总烃	—	涂料 VOCs 含量限值、单位涂装面积 VOCs 排放量限值、排放浓度、厂界监控点浓度
7	上海市	大气污染物排放标准	DB 31/933—2015	苯、甲苯、二甲苯等 36 种	非甲烷总烃	苯并[a]芘、多氯联苯、二噁英	排放浓度、排放速率、厂界监控点浓度
8		生物制药行业污染物排放标准	DB 31/373—2010	苯、甲苯、二甲苯、氯苯、苯酚、甲醇、甲醛	非甲烷总烃	—	排放浓度、厂界监控点浓度
9		半导体行业污染物排放标准	DB 31/374—2006	—	VOCs	—	排放浓度、排放速率、VOCs 处理效率
10		印刷业大气污染物排放标准	DB 31/872—2015	苯、甲苯、二甲苯	非甲烷总烃	—	油墨 VOCs 含量限值、排放浓度、排放速率、厂界监控点浓度
11		涂料、油墨及其类似产品制造工业大气污染物排放标准	DB 31/881—2015	苯、甲苯、二甲苯、苯系物、苯酚、苯乙烯、甲醛、环己酮、醛酮类、乙酸酯类、丙烯酸酯类、异氰酸酯类、苯胺类	非甲烷总烃	挥发性卤代烃	排放浓度、排放速率、厂界监控点浓度
12		汽车制造业（涂装）大气污染物排放标准	DB 31/859—2014	苯、甲苯、二甲苯、苯系物	非甲烷总烃	—	单位涂装面积 VOCs 排放量限值、排放浓度、厂界监控点浓度

序号	地区	标准名称	编号	特定项目	综合项目	其他有机物项目	排放控制要求
13	天津市	工业企业挥发性有机物排放控制标准	DB12/524—2014	苯、甲苯、二甲苯	VOCs	—	排放浓度、排放速率、厂界监控点浓度、汽车制造涂装生产线VOCs排放总量限值
14	广东省	大气污染物排放限值	DB44/27—2001	苯、甲苯、二甲苯、酚类、甲醛、乙醛、丙烯腈、丙烯醛、甲醇、苯胺类、氯苯类、硝基苯类、氯乙烯等	非甲烷总烃	—	排放浓度、排放速率、厂界监控点浓度
15		家具制造行业挥发性有机物排放标准	DB44/814—2010	苯、甲苯、二甲苯	TVOC	—	排放浓度、排放速率、厂界监控点浓度
16		印刷行业挥发性有机物排放标准	DB44/815—2010	苯、甲苯、二甲苯	TVOC	—	印刷油墨VOCs含量限值、排放浓度、排放速率、厂界监控点浓度
17		表面涂装（汽车制造业）行业挥发性有机物排放标准	DB44/816—2010	苯、甲苯、二甲苯、苯系物	TVOC	—	涂装生产线单位涂装面积的VOCs排放量限值、排放浓度、排放速率、厂界监控点浓度
18		制鞋行业挥发性有机物排放标准	DB44/817—2010	苯、甲苯、二甲苯	TVOC	—	排放浓度、排放速率、厂界监控点浓度
19		集装箱制造业挥发性有机物排放标准	DB44/1837—2016	苯、甲苯、二甲苯	TVOC	—	集装箱制造涂装生产线单位面积VOCs排放量限值、排放浓度、厂界监控点浓度
20	江苏省	化学工业挥发性有机物排放标准	DB 32/3151—2016	氯甲烷、二氯甲烷、三氯甲烷等33项	非甲烷总烃	臭气浓度	排放浓度、排放速率、厂界监控点浓度
21		表面涂装（家具制造业）挥发性有机物排放标准	DB 32/3152—2016	苯、甲苯、二甲苯	TVOC	—	排放浓度、排放速率、厂界监控点浓度
22		表面涂装（汽车制造业）挥发性有机物排放标准	DB 32/2862—2016	苯、甲苯、二甲苯、苯系物	VOCs	—	汽车涂装生产线单位涂装面积VOCs排放量限值、排放浓度、厂界监控点浓度

序号	地区	标准名称	编号	特定项目	综合项目	其他有机物项目	排放控制要求
23	浙江省	生物制药工业污染物排放标准	DB 33/923—2014	苯、甲苯、二甲苯、氯苯、苯酚、甲醇、甲醛	非甲烷总烃、总 VOCs	臭气浓度	排放浓度、处理效率、厂界监控点浓度
24		化学合成类制药工业大气污染物排放标准	DB 33/2015—2016	苯、甲醛、二氯甲烷、三氯甲烷、甲醇、乙酸乙酯、丙酮、乙腈、苯系物、苯酚、甲醇、甲醛	非甲烷总烃、VOCs	A 类物质、B 类物质、二噁英、臭气浓度	排放浓度、处理效率、厂界监控点浓度
25		纺织染整工业大气污染物排放标准	DB 33/962—2015	甲醇、苯、苯系物、氯乙烯、甲醛、二甲基甲酰胺	VOCs	臭气浓度	排放浓度、处理效率、厂界监控点浓度
26	河北省	工业企业挥发性有机物排放标准	DB13/2322—2016	苯、甲苯、二甲苯、甲醇、丙酮、酚类	非甲烷总烃	—	排放浓度、排放速率、厂界监控点浓度
27	福建省	厦门市大气污染物排放标准	DB 35/323—2011	苯、甲苯、二甲苯、乙酸、乙酸甲酯、乙酸乙酯、丙酮、环己酮	非甲烷总烃	—	排放浓度、排放速率、厂界监控点浓度

3.2.3 台湾地区 VOCs 排放标准体系

台湾地区在"空气污染防制法"基础上，自 20 世纪 90 年代先后制定了多项挥发性有机物（VOCs）控制法规政策和标准体系，并在 VOCs 控制方面取得了很好的效果。自 20 世纪 90 年代开始台湾地区环保部门先后制定了半导体制造业空气污染管制及排放标准等多项行业空气污染物排放标准，其中大部分的行业涉及 VOCs 的排放。1997 年针对石化行业颁布了挥发性有机物空气污染管制及排放标准。1997 年后陆续颁布了废弃物焚化炉戴奥辛管制及排放标准等 5 项戴奥辛排放行业标准，2006 年颁布了固定污染源排放标准及其相关实施政策。在 VOCs 的排放标准制定中参考了美、欧、日等相关标准体系，堪称世界上最严格的标准体系。

3.2.4 香港 VOCs 排放标准体系

2007 年香港政府制定实施了《空气污染管制（挥发性有机化合物）规例》，对受规管产品所含 VOCs 实施最高限值，禁止输入香港及在香港生产 VOCs 含量超过《规例》规定的建筑漆料/涂料、印墨及六大种类指定受规管产品。2009 年《空气污染管制（挥发性有机化合物）规例》进行了修订，扩大了其管制范围，将汽车修补漆料/涂料、船只和游乐船只漆料/涂料、黏合剂及密封剂添加到规管产品目录，并于 2010 年起分期执行。

第4章 标准内容解析

目前全省化工企业众多，由于产品、原料和工艺不同，污染物产生量及污染物成分有差异，研究化学工业大气污染物排放量及其限值有着较重要的意义。

本着既保护环境，尽量减少污染物排放，又经济可行的原则，参考有关文献，根据对生产工艺及对生产企业调查和分析、检测情况及物料衡算，考虑当前省内企业现有工艺技术及处理装置水平，确定了挥发性有机物的排放限值。

本标准制定的主要原则是：

①以科学发展观为指导，以实现经济、社会的可持续发展为目标，以国家和地方环境保护相关法律、法规、规章、政策和规划为根据，通过制定和实施标准，促进环境效益、经济效益和社会效益的统一；

②充分考虑江苏省复合型环境空气污染特征；综合考虑有利于保护生活环境、生态环境和人体健康。

③与国家和地方现行环境法律、法规、政策、标准协调衔接，体现综合排放标准在环境管理中的基础性和全面性作用；有利于形成完整、协调的环境保护标准体系。

④坚持以防范环境风险，改善环境质量，保护人体健康为目的，以国内外先进控制技术为依据，在统一严格控制的同时，体现一定的灵活性，促进生产工艺和污染防治技术进步和产业结构优化调整。经济、技术发展水平和相关方的承受能力相适应，具有科学性和可实施性，促进环境质量改善。

⑤根据江苏省实际情况，可参照采用国外和兄弟省份的相关标准、技术法规；

⑥充分考虑现有企业达标过程，制定合理过渡期，新老污染源执行相同标准。

⑦促进清洁生产，体现污染的过程控制；技术上可行、经济上合理、具有可操作性。

⑧制定过程和技术内容公开、公平、公正。

4.1 标准结构体系

本标准除前言外共分为六个章节，另有三个附录。

前言主要介绍了标准制定的目的、意义和标准的性质，同时介绍了本标准与现行标准或另行发布的相关标准之间的相互关系等。

第一章到第三章分别为范围、规范性引用文件、术语和定义。第一章本标准规定了化学工业企业（2614 有机化学原料制造、2625 有机肥料及微生物肥料制造、263 农药制造、264 涂料/油墨/颜料及类似产品制造、266 专用化学产品制造、268 日用化学产品制造、271 化学药品原料药制造、272 化学药品制剂制造、275 兽用药品制造、276 生物药品制造）或生产设施的挥发性有机物排放控制、监测及监督实施要求。明确了本标准适用于现有化学工业企业或生产设施的挥发性有机物排放控制，以及新、改、扩建项目的环境影响评价、环境保护设施设计、竣工环境保护验收及其投产后的挥发性有机物排放控制。第二章列出了本标准所引用的相关标准。第三章对标准中出现的关键性名词术语给出中英文对照标注和具体的解释，便于理解使用。

第四章是标准的核心部分，规定了特征 VOCs 及臭气浓度排放控制的指标体系，包括"特征 VOCs 最高允许排放浓度和臭气浓度标准值""特征 VOCs 与排气筒高度对应的最高允许排放速率""厂界特征 VOCs 监控点浓度限值和臭气浓度标准值"三项指标。同时对排气筒高度与排放速率、污染控制等提出技术和管理规定。

第五章主要对污染物排放监测做出具体要求，包括排气筒监测、厂界监测、在线监测和监测方法。

第六章为标准实施要求，明确了本标准由县级以上人民政府环境保护行政主管部门负责监督实施。

另外，本标准包含三个附录。附录 A（规范性附录）为确定排气筒最高允许排放速率的内插法和外推法，附录 B（规范性附录）为等效排气筒有关参数计算方法，附录 C（资料性附录）为企业建立 VOCs 排放和控制台账的基本要求，其中附录 A 和附录 B 为环保部门执法监督检查提供了便利。

4.2　标准的特点

4.2.1　广泛的受控 VOCs 和严格的限值

按照"国家标准中未作规定的项目可制定地方污染物排放标准；国家污染物排放标准中已作规定的项目，制定严于国家的地方污染物排放标准"的原则，本标准结合江苏省环境空气质量现状、江苏省化学工业行业污染物排放特点等因素，污染物种类选取广泛。

一方面，本标准在包括国家标准《大气污染物综合排放标准》（GB 16297—1996）中"苯、甲苯、二甲苯、酚类、甲醛、乙醛、苯胺类、酚类、甲醇、丙烯腈、丙烯醛、氯苯类、硝基苯类、氯乙烯"13 项 VOCs 基础上，将 VOCs 种类增加至 33 项，同时延续使用

"非甲烷总烃"作为排气筒和厂界 VOCs 综合性控制指标，保证了与国家标准的衔接。

在排放限值方面，本标准充分考虑了技术经济可行性，合理设定排放限值。排放浓度限值严于国家标准。排放速率限值比国标新建源加严约 30%，同时所有厂家监控点浓度限值也严于国家标准，这体现了江苏省对大气环境质量的更高要求。

4.2.2   可操作性强

本标准具有很强的应用性和可操作性。一是针对标准的特点，增加了与 VOCs 相关的术语与定义；二是制定了化学工业 VOCs 最高允许排放浓度限值、与排气筒高度对应的最高允许排放速率及厂界监控点浓度限值，还根据 VOCs 普遍存在无组织逸散的特点，制定了《江苏省化工行业废气污染防治技术规范》（苏环办[2014]3 号）、《江苏省化学工业挥发性有机物无组织排放控制技术指南》（苏环办[2016]95 号）等技术与管理文件，并明确了污染控制设施的运行维护记录要求（附录 C）；三是在监测部分给出了排气筒监测和厂界无组织排放监测的方法。

4.3   标准定位

本标准属于地方行业性 VOCs 排放标准，规定了针对江苏省化学工业固定污染源的 VOCs 排放控制要求。根据国家法律法规的有关规定，地方标准在制定时，其与国家相应标准相同的污染物，排放限值应严于国家标准，在执行时地方标准优先。对于行业有专门标准时，则应优先执行行业标准。

本标准适用于化学工业中 C26 化学原料和化学制品制造业（其中 2614 有机化学原料制造、2625 有机肥料及微生物肥料制造、263 农药制造、264 涂料、油墨、颜料及类似产品制造、266 专用化学产品制造、268 日用化学产品制造）、C27 医药制造业（271 化学药品原料药制造、272 化学药品制剂制造、275 兽用药品制造、276 生物药品制造）固定源 VOCs 排放控制，因此江苏省《化学工业挥发性有机物排放标准》属于行业性 VOCs 排放标准，与《石油炼制工业污染物排放标准》（GB 31570—2015）、《石油化学工业污染物排放标准》（GB 31571—2015）及《炼焦化学工业污染物排放标准》（GB 16171—2012）共同构成江苏省化学工业 VOCs 排放标准体系。

4.4   标准适用范围

根据《国民经济行业分类》（GB/T 4754—2011），当前江苏省化学工业可分为 C25 石油加工、炼焦和核燃料加工业、C26 化学原料和化学制品制造业、C27 医药制造业、C28

化学纤维制造业、C29 橡胶和塑料制品业，大气排放标准的执行现状如表 4-1 所示。

表 4-1 江苏省化学工业大气污染物执行标准现状

编号	行业大类	具体行业		执行标准
C25	石油加工、炼焦和核燃料加工业	251 精炼石油产品制造	2511 原油加工及石油制品制造	石油炼制工业污染物排放标准（GB 31570—2015）
			2512 人造原油制造	
		252 炼焦	2520 炼焦	炼焦化学工业污染物排放标准（GB 16171—2012）
		253 核燃料加工	2530 核燃料加工	大气污染物综合排放标准（GB 16297—1996）
C26	化学原料和化学制品制造业	261 基础化学原料制造	2611 无机酸制造	无机化学工业污染物排放标准（GB 31573—2015）
			2612 无机碱制造	
			2613 无机盐制造	硫酸工业污染物排放标准（GB 26132—2010）硝酸化学工业污染物排放标准（GB 26131—2010）
			2614 有机化学原料制造	大气污染物综合排放标准（GB 16297—1996）
			2619 其他基础化学原料制造	
		262 肥料制造	2621 氮肥制造	大气污染物综合排放标准（GB 16297—1996）
			2622 磷肥制造	
			2623 钾肥制造	
			2624 复混肥料制造	
			2625 有机肥料及微生物肥料制造	
			2629 其他肥料制造	
		263 农药制造	2631 化学农药制造	大气污染物综合排放标准（GB 16297—1996）
			2632 生物化学农药及微生物农药制造	
		264 涂料、油墨、颜料及类似产品制造	2641 涂料制造	大气污染物综合排放标准（GB 16297—1996）
			2642 油墨及类似产品制造	
			2643 颜料制造	
			2644 染料制造	
			2645 密封用填料及类似品制造	
		265 合成材料制造	2651 初级形态塑料及合成树脂制造	石油化学工业污染物排放标准（GB 31571—2015）
			2652 合成橡胶制造	
			2653 合成纤维单（聚合）体制造	
			2659 其他合成材料制造	
		266 专用化学品制造	2661 化学试剂和助剂制造	大气污染物综合排放标准（GB 16297—1996）
			2662 专项化学用品制造	
			2663 林产化学产品制造	
			2664 信息化学品制造	
			2665 环境污染处理专用药剂材料制造	
			2666 动物胶制造	
			2669 其他专用化学产品制造	

编号	行业大类	具体行业		执行标准
C26	化学原料和化学制品制造业	267 炸药、火工及焰火产品制造	2671 炸药及火工产品制造	大气污染物综合排放标准（GB 16297—1996）
			2672 焰火、鞭炮产品制造	
		268 日用化学产品制造	2681 肥皂及合成洗涤剂制造	大气污染物综合排放标准（GB 16297—1996）
			2682 化妆品制造	
			2683 口腔清洁用品制造	
			2684 香料、香精制造	
			2689 其他日用化学产品制造	
C27	医药制造业	271 化学药品原料药制造	2710 化学药品原料药制造	大气污染物综合排放标准（GB 16297—1996）
		272 化学药品制剂制造	2720 化学药品制剂制造	
		273 中药饮片加工	2730 中药饮片加工	
		274 中成药生产	2740 中成药生产	
		275 兽用药品制造	2750 兽用药品制造	
		276 生物药品制造	2760 生物药品制造	
		277 卫生材料及医药用品制造	2770 卫生材料及医药用品制造	
C28	化学纤维制造业	281 纤维素纤维原料及纤维制造	2811 化纤浆粕制造	石油化学工业污染物排放标准（GB 31571—2015）
			2812 人造纤维（纤维素纤维）制造	
		282 合成纤维制造	2821 锦纶纤维制造	
			2822 涤纶纤维制造	
			2823 腈纶纤维制造	
			2824 维纶纤维制造	
			2825 丙纶纤维制造	
			2826 氨纶纤维制造	
			2829 其他合成纤维制造	
C29	橡胶和塑料制品业	291 橡胶制品业	2911 轮胎制造	橡胶制品工业污染物综合排放标准（GB 27632—2011）石油化学工业污染物排放标准（GB 31571—2015）
			2912 橡胶板、管、带制造	
			2913 橡胶零件制造	
			2914 再生橡胶制造	
			2915 日用及医用橡胶制品制造	
			2919 其他橡胶制品制造	
		292 塑料制品业	2921 塑料薄膜制造	合成树脂工业污染物排放标准（GB 31572—2015）
			2922 塑料板、管、型材制造	
			2923 塑料丝、绳及编织品制造	
			2924 泡沫塑料制造	
			2925 塑料人造革、合成革制造	

编号	行业大类	具体行业		执行标准
C29	橡胶和塑料制品业	292 塑料制品业	2926 塑料包装箱及容器制造	合成树脂工业污染物排放标准（GB 31572—2015）
			2927 日用塑料制品制造	
			2928 塑料零件制造	
			2929 其他塑料制品制造	

由表 4-1 所示，除 251 精炼石油产品制造、252 炼焦、265 合成材料制造、281 纤维素纤维原料及纤维制造、282 合成纤维制造、291 橡胶制品业、292 塑料制品业等行业执行《石油炼制工业污染物排放标准》（GB 31570—2015）、《石油化学工业污染物排放标准》（GB 31571—2015）及《炼焦化学工业污染物排放标准》（GB 16171—2012）更严格的大气污染物排放标准外，其余易产生 VOCs 的行业，诸如 C26 化学原料和化学制品制造业（其中 2614 有机化学原料制造、2625 有机肥料及微生物肥料制造、263 农药制造、264 涂料、油墨、颜料及类似产品制造、266 专用化学产品制造、268 日用化学产品制造）、C27 医药制造业（271 化学药品原料药制造、272 化学药品制剂制造、275 兽用药品制造、276 生物药品制造），仍然执行《大气污染物综合排放标准》（GB 16297—1996），为进一步对 VOCs 的排放进行控制，提升行业污染治理水平，前述行业固定污染源执行《化学工业挥发性有机物排放标准》（DB 32/3151—2016）。

化学工业生产过程排放的水污染物、本标准未予规定的大气污染物、环境噪声适用相应的国家或地方污染物排放标准，产生固体废物的鉴别、处理和处置适用国家固体废物污染控制标准。

本标准发布后，国家及江苏省再行发布的相关标准严于本标准时，应执行其相关标准。当环境影响评价文件或排污许可证要求严于本标准时，应按照批复的环境影响评价文件或排污许可证执行。

4.5　术语和定义解释

本标准定义了化学工业、标准状态、现有企业、新建企业、挥发性有机物、非甲烷总烃、臭气浓度、排气筒高度、初始排放量、最高允许排放浓度、最高允许排放速率、厂界、厂界挥发性有机物监控点、厂界挥发性有机物监控点浓度限值 14 个术语。

（1）化学工业（chemical industry）

根据 GB/T 4754—2011，本标准所指化学工业包括：2614 有机化学原料制造、2625 有机肥料及微生物肥料制造、263 农药制造、264 涂料/油墨/颜料及类似产品制造、266 专用化学产品制造、268 日用化学产品制造、271 化学药品原料药制造、272 化学药品制剂制造、275 兽用药品制造、276 生物药品制造。

（2）标准状态（standard state）

温度为 273.15K，压力为 101.325kPa 时的状态，简称"标态"。本标准规定的各项标准值，均以标准状态下的干气体为基准。

（3）现有企业（existing facility）

本标准实施之日前已建成投产或环境影响评价文件已通过审批的化学工业企业或生产设施。

（4）新建企业（new facility）

自本标准实施之日起环境影响评价文件通过审批的新建、改建和扩建化学工业建设项目。

（5）挥发性有机物（volatile organic compounds，VOCs）

参与大气光化学反应的有机化合物，或者根据规定的方法测量或核算确定的有机化合物。

（6）非甲烷总烃（non-methane hydrocarbon，NMHC）

采用规定的监测方法，检测器有明显响应的除甲烷外的碳氢化合物及衍生物的总量（以碳计）。本标准使用"非甲烷总烃（NMHC）"作为排气筒和厂界挥发性有机物排放的综合性控制指标。

（7）臭气浓度（odor concentration）

恶臭气体（包括异味）用无臭空气进行稀释，稀释到刚好无臭时，所需稀释倍数。

（8）排气筒高度（emission height of stack）

自排气筒（或其主体建筑构造）所在的地平面至排气筒出口计的高度，单位为 m。

（9）初始排放量（initial emission quantity）

单位时间内（以小时计），挥发性有机物未经净化处理的排放量，单位为 kg/h。

（10）最高允许排放浓度（maximum acceptable emission concentration）

排气筒中挥发性有机物任何一小时浓度平均值不得超过的限值，单位为 mg/m^3。

（11）最高允许排放速率（maximum acceptable emission rate）

一定高度的排气筒任何一小时所排放污染物的质量不得超过的限值，单位为 kg/h。

（12）厂界（enterprise boundary）

生产企业的法定边界。若无法定边界，则指实际占地边界。

（13）厂界挥发性有机物监控点（boundary VOCs reference point）

按照 HJ/T 55 确定的厂界监控点，根据挥发性有机物的排放、扩散规律，当受条件限制，无法按上述要求布设监测采样点时，也可将监测采样点设于工厂厂界内侧靠近厂界的位置。

（14）厂界挥发性有机物监控点浓度限值（concentration limit at boundary VOCs reference point）

标准状态下厂界挥发性有机物监控点的挥发性有机物浓度在任何一小时的平均值不得超过的值，单位为 mg/m^3。

4.6 受控 VOCs 选择原则

4.6.1 基本原则

污染控制项目的选取重点考虑对人体健康和生态环境有重要影响的有毒物质和国家实行总量控制的污染物,以及本行业的特征污染物。此外,控制项目的选取还应满足新形势下环境保护的需要,预防大气环境污染事件。

典型 VOCs 污染源的污染物控制项目选取:

①属于行业特征污染因子,毒性大、危害严重、嗅阈值较低,排放量大、需要进行控制。

②对 VOCs 类污染物,考虑其化学活性(化学活性强,对大气臭氧和细粒子生成贡献大)。

③参照国外排放标准选择污染物项目,如美国规定 187 种危险空气污染物,大多数都具有不可逆效应,USEPA 分行业制定发布了 100 多项危险空气污染物排放标准,其污染物控制项目选取可以借鉴。德国、荷兰也对很多污染物制定排放标准,并且形成了比较成熟的理论。

④适当增加致癌性和高毒性污染物项目,参照我国国家职业卫生标准选择污染物项目,国家职业卫生标准规定了车间场所空气中污染物的浓度限值,尽管相关标准要求通风系统要将污染物输送到净化装置进行处理,但没有规定具体要求,这些污染物会通过有组织排放或无组织扩散,排放到外环境空气中,因此,对这些污染物的排放提出控制要求是必要的,以保护污染源附近居民的健康。

⑤与国家标准和地方标准一致性原则,原国家大气污染物综合排放标准中已有的污染物项目都选取作为本标准的污染物控制项目。

⑥污染控制技术可行。

4.6.2 综合评分法+潜在危害指数法

通过上述几方面的调查,形成江苏省化学工业潜在 VOCs 物粗选名单,名单中涉及重点污染物有 100 余种。

化学工业优先控制 VOCs:采用综合评分法+潜在危害指数法,考察年使用量、毒性等级、生物累积性、二次污染生成潜势、环境持久性以及潜在危害指数 6 个指标,经过精选,确定了 33 种(类)特征因子。

(1)VOCs 潜在危害指数

1)基本原理

潜在危害指数法是一种依据化学物质对环境潜在危害大小进行排序的方法,其特点是抓住化学物质对人和生物的毒效应作为主要参数，利用各种毒性数据通过统一模式来估算化学物质潜在危害的大小，快捷简便、可比性强。

潜在危害指数的计算公式为：

$$N=2aa'A+4bB \tag{4-1}$$

式中，N——潜在危害指数；

A——化学物质的 $AMEG_{AH}$（周围多介质环境目标值）所对应值（见表 4-2）；

B——潜在"三致"化学物质 $AMEG_{AC}$ 所对应的值（见表 4-2）；

a、a'、b——常数项，确定原则如下：可以找到 B 值时，$a=1$，无 B 值时，$a=2$；某化学物质有蓄积或慢性中毒时，$a'=1.25$，仅有急性毒性时，$a'=1$；可以找到 A 值时，$b=1$，找不到 A 值时，$b=1.5$。

表 4-2　各类化学物质的 $AMEG_{AH}$ 及其对应的 A、B 值

一般化学物质的 $AMEG_{AH}$/（μg/m³）	A 值	潜在"三致"化学物质的 $AMEG_{AC}$/（μg/m³）	B 值
>200	1	>20	1
<200	2	<20	2
<40	3	<2	3
<2	4	<0.2	4
<0.02	5	<0.02	5

2）计算周围多介质环境目标值

AMEG 即周围多介质环境目标值（Ambiet Multimedia Environmental Goal，AMEG），是 USEPA 工业环境实验室推算出来的化学物质或其降解产物在环境介质中的限定值。

一般化学物质的 $AMEG_{AH}$ 以毒理学数据 LD_{50} 为基础的计算公式为：

$$AMEG_{AH}=0.107×LD_{50} \tag{4-2}$$

式中，$AMEG_{AH}$——一般化学物质的空气环境目标值，μg/m³；

LD_{50}——大鼠经口给毒的半数致死剂量。

若没有大鼠经口给毒的 LD_{50}，也可用小鼠经口给毒的 LD_{50} 等其他毒理学数据来代替。

潜在"三致"物质 $AMEG_{AC}$ 以阈限值为基础的计算公式为：

$$AMEG_{AC}＝阈限值×1\,000/420 \tag{4-3}$$

式中，$AMEG_{AC}$——潜在"三致"物质空气环境目标值，μg/m³。

阈限值——美国政府工业卫生学家会议（ACGIH）制定的车间空气容许浓度，即以

时间为权数规定的 8h 工作日、40h 工作周的加权平均容许浓度（permissible concentration-time weighted average，PC-TWA），通过《工作场所有害因素职业接触限值》（GBZ 2.1—2007）化学有害因素查找，ACGIH 值不可得时阈限值也可采用美国国立职业安全与卫生研究所（NIOSH）推荐浓度值。若上述方法仍未获得某化学物的阈限值，可通过最高容许浓度（maximum allowable concentration，MAC）计算，即工作地点、在一个工作日内、任何时间有毒化学物质均不应超过的浓度。

　　"三致"化学物质的认定标准：①国际癌症研究所（International Agency for research on cancer，IARC）肿瘤风险 1，2A，2B 组的化合物为"三致"化学物质；②美国政府工业卫生学者协会（ACGIH）的分类 Al，A2，A3 组的化合物为"三致"化学物质；③USEPA 对人致癌物的分类 A，B 类的化合物为"三致"化学物质；④在规则①、②、③结论不一致情况下，取致癌级别比较高的结果。

　　3）分级赋值

　　经统计，110 个化合物的潜在危害指数（N）分值（以 A_N 表示）范围为 6.4～27.5，分为 6 个区间，具体如表 4-3 所示。

表 4-3　VOCs 潜在危害指数分值

潜在危害指数（N）	$N\leqslant8$	$8<N\leqslant12$	$12<N\leqslant16$	$16<N\leqslant20$	$20<N\leqslant24$	>24
分值（A_N）	1	2	3	4	5	6

　　（2）VOCs 年使用量

　　对江苏省 56 个化工园区 1 452 家化工企业进行详尽的问卷调查，调查企业类型涵盖了石油化工、基础化工、精细化工等，企业规模包括中小型民营企业及大型国有企业，范围覆盖苏中、苏北、苏南地区。问卷调查表涉及了企业基本信息、含 VOCs 原料使用量信息、废气处理设施信息和储罐信息等四方面的内容。通过问卷调查表信息收集和整理，基本了解掌握了江苏省现有化工企业 VOCs 产生源及其成分、污染防治措施及处理效率、排放浓度情况。经统计，污染物使用量（a，t/a）分值（以 A_a 表示）如表 4-4 所示。

表 4-4　VOCs 年使用量分值

污染物年使用量（a）/（t/a）	$a\leqslant100$	$100<a\leqslant1\,000$	$1\,000<a\leqslant10\,000$	$10\,000<a\leqslant100\,000$	$100\,000<a\leqslant1\,000\,000$	$a>10\,000\,000$
分值（A_a）	1	2	3	4	5	6

　　（3）VOCs 毒性等级

　　美国科学院把毒性物质危险根据大鼠经口 LD_{50}（mg/kg）划分为 6 个等级，其中：$\leqslant1$ mg/kg 为剧毒，1～50 mg/kg 为高毒，50～500 mg/kg 为中等毒，500～5 000 mg/kg 为低毒，5 000～

15 000 mg/kg 为微毒，＞15 000 mg/kg 为无毒。毒性等级（t）分值（以 A_t 表示），如表 4-5 所示。

表 4-5　VOCs 毒性等级分值

毒性等级（t）	剧毒	高毒	中等毒	低毒	微毒	无毒
分值（A_t）	6	5	4	3	2	1

（4）VOCs 生物累积性

污染物生物累积一般采用生物富集系数（BCF）来评价，但数据较难收集。由于化合物在正辛醇和水中的分配值与生物富集有一定的相关性，可采用正辛醇/水的分配系数（$\log K_{ow}$）来表示。生物累积性分值（以 A_K 表示）如表 4-6 所示。

表 4-6　VOCs 生物累积性分值

正辛醇/水分配系数（$\log K_{ow}$）	$\log K_{ow} \leq 1$	$1 < \log K_{ow} \leq 2$	$2 < \log K_{ow} \leq 3$	$3 < \log K_{ow} \leq 4$	$4 < \log K_{ow} \leq 5$	$\log K_{ow} > 5$
分值（A_K）	1	2	3	4	5	6

注：无 $\log K_{ow}$ 数据时取值为 1。

数据来源：Sangster Research Laboratories（LogP 数据库），网址：http://logkow. cisti.nrc.ca/logkow/index.jsp。

（5）VOCs 光化学反应活性

VOCs 的大气反应活性是指 VOCs 中的组分参与大气化学反应的能力，通常采用等效丙烯浓度、羟基（OH）消耗速率和臭氧生成潜势（OFP）来表征，其中 OH 消耗速率常数（KOH）和最大增量反应活性（MIR）已被国内外广泛认可。本研究采用最大增量反应活性（MIR）来评价 VOCs 的大气反应活性。最大增量反应活性（MIR）分值（以 A_M 表示）如表 4-7 所示。

表 4-7　VOCs 光化学反应活性分值

最大增量反应活性（MIR）	MIR≤1	1<MIR≤3	3<MIR≤5	5<MIR≤7	7<MIR≤9	MIR>9
分值（A_M）	1	2	3	4	5	6

注：无 MIR 数据时取值为 1。

数据来源：US Environmental Protection Agency[Amendments to the tables of Maxmum Incremental Reactive（MIR）values]。

（6）VOCs 环境持久性

VOCs 环境持久性采用其半衰期（DT_{50}）来衡量，采用有机污染物半衰期计算软件 EPI Suite v4.10 计算得到。半衰期（DT_{50}，h）分值（以 A_{DT} 表示）如表 4-8 所示。

表 4-8　VOCs 环境持久性分值

半衰期（DT_{50}）	$DT_{50} \leq 20$	$20 < DT_{50} \leq 50$	$50 < DT_{50} \leq 200$	$200 < DT_{50} \leq 500$	$500 < DT_{50} \leq 2000$	$DT_{50} > 2000$
分值（A_{DT}）	1	2	3	4	5	6

（7）综合计算

对各单项指标的分值，引入权重系数，进行加权计算，并按计算结果进行排序和初筛，计算公式如下：$N = 2A_N + A_a + A_t + A_K + A_M + A_{DT}$。

表 4-9　VOCs 综合评分法+潜在危害指数法评分结果

序号	VOCs 种类	指标赋值						综合评分
		使用量	毒性等级	环境持久性	生物累积性	最大增量反应活性	潜在危害指数	
1	甲醛	5	3	2	1	6	4	25
2	呋喃	1	5	1	2	6	5	25
3	环氧氯丙烷	4	4	5	1	5	3	25
4	硫酸二甲酯	3	4	5	1	1	5	24
5	氯乙烯	4	4	2	2	3	4	23
6	环氧乙烷	5	4	6	1	1	3	23
7	肼	1	4	6	1	1	5	23
8	丙烯腈	4	4	3	1	4	3	22
9	对-二氯苯	4	4	5	4	1	2	22
10	邻-二氯苯	4	4	5	4	1	2	22
11	硝基苯	4	4	5	2	1	3	22
12	丙烯醛	3	3	1	1	5	4	21
13	氯乙酸	4	4	4	1	2	3	21
14	1,2-二氯乙烷	4	3	5	2	1	2	21
15	三氯甲烷	5	3	6	2	1	2	21
16	邻-二甲苯	4	3	1	4	6	1	20
17	1,3-丁二烯	5	2	1	3	5	2	20
18	丙烯酸	5	3	2	1	5	2	20
19	环氧丙烷	5	3	4	1	1	3	20
20	三氯乙醛	1	4	3	2	4	2	20
21	间-二甲苯	4	3	1	4	5	1	19
22	苯	5	3	3	3	1	2	19
23	丙烯酸丁酯	3	3	1	3	5	2	19
24	四氯乙烯	4	4	5	4	1	1	19
25	甲基肼	1	4	1	1	1	5	18
26	联苯	3	3	2	5	1	2	18
27	氯苯	5	3	4	3	1	1	18
28	氯甲烷	5	3	6	1	1	1	18
29	氯乙醛	1	3	3	1	4	3	18

序号	VOCs 种类	指标赋值						综合评分
		使用量	毒性等级	环境持久性	生物累积性	最大增量反应活性	潜在危害指数	
30	氯甲苯（苄基氯）	1	3	3	3	4	2	18
31	对-二甲苯	4	3	1	4	3	1	17
32	苯酚（酚类）	5	3	1	2	2	2	17
33	苯乙烯	5	3	1	4	2	1	17
34	苯胺（类）	4	4	1	1	1	3	17
35	氯丙烯	3	3	1	3	1	3	17
36	乙酸乙烯酯	4	3	1	1	6	1	17
37	丁醛	3	3	1	1	5	2	17
38	甲苯	4	3	2	3	3	1	17
39	丙烯醇	1	4	1	1	4	3	17
40	二氯甲烷	4	3	5	2	1	1	17
41	氯化亚砜	3	3	6	1	2	1	17
42	二硫化碳	3	3	6	2	1	1	17
43	氯乙醇	1	4	3	1	2	3	17
44	对氯甲苯	4	3	1	4	3	1	17
45	甲基丙烯酸	2	3	1	1	5	2	16
46	丙烯酰胺	1	4	1	1	1	4	16
47	丙烯酸甲酯	2	4	2	1	3	2	16
48	吡啶	4	3	5	1	1	1	16
49	乙酸	5	3	4	1	1	1	16
50	甲酸	2	3	5	1	1	2	16
51	正辛烷	1	3	2	6	2	1	16
52	甲基丙烯腈	1	5	2	1	1	3	16
53	1,2,3-三氯丙烷	1	4	5	1	1	2	16
54	四氯化碳	1	3	6	3	1	1	16
55	甲醇	6	2	4	1	1	1	16
56	甲基异丁基甲酮（4-甲基-2-戊酮）	4	4	1	2	3	1	16
57	乙醛	5	1	1	1	5	1	15
58	三甲胺	3	3	1	1	5	1	15
59	乙二胺	3	3	1	1	5	1	15
60	环己烷	2	3	2	4	2	1	15
61	1,2-二氯乙烯	3	3	3	1	1	2	15
62	环己酮	3	3	2	1	2	2	15
63	四氢呋喃	4	3	1	1	4	1	15
64	三氯乙烯	3	3	3	3	1	1	15
65	乙二醇	4	3	2	1	3	1	15
66	正丁醇	4	3	2	1	3	1	15
67	丙酮	4	2	5	1	1	1	15
68	乙腈	3	3	5	1	1	1	15

序号	VOCs 种类	指标赋值						综合评分
		使用量	毒性等级	环境持久性	生物累积性	最大增量反应活性	潜在危害指数	
69	丙酸	3	3	4	1	2	1	15
70	1,1,1-三氯乙烷	1	3	5	3	1	1	15
71	正庚烷	1	3	2	5	2	1	15
72	1,1,2-三氯乙烷	1	3	5	3	1	1	15
73	1,2-二氯丙烷	1	3	5	3	1	1	15
74	1,3-二氯丙烯	1	3	1	2	1	3	14
75	三乙胺	3	4	1	2	2	1	14
76	正丁胺	1	4	1	1	5	1	14
77	乙酸丁酯	2	3	3	2	2	1	14
78	丁酮（甲基乙基酮，2-丁酮）	3	3	4	1	1	1	14
79	六氯乙烷	1	3	6	1	1	1	14
80	环己胺	2	3	1	2	1	2	13
81	甲基丙烯酸甲酯	3	2	1	2	3	1	13
82	二甲基甲酰胺	4	4	1	1	1	1	13
83	氯丁二烯	1	3	1	1	1	3	13
84	异丙醇	4	2	3	1	1	1	13
85	戊醇	1	3	2	2	3	1	13
86	乙醇胺	1	3	1	1	4	1	12
87	乙酸乙酯	3	2	3	1	1	1	12
88	正己烷	2	3	2	1	2	1	12
89	正丙醇	2	3	2	1	2	1	12
90	乙苯	1	3	2	1	3	1	12
91	乙酸戊酯	1	3	2	2	2	1	12
92	异戊烷	1	3	3	1	2	1	12
93	乙酸甲酯	1	2	5	1	1	1	12
94	苯甲醛	2	3	1	2	1	1	11
95	异佛尔酮	2	3	1	1	2	1	11
96	异丙胺	1	3	1	1	1	2	11
97	环己醇	1	3	1	2	2	1	11
98	环戊烷	1	1	2	3	2	1	11
99	甲氧基乙醇	1	2	2	1	3	1	11
100	乙酸丙酯	1	2	3	2	1	1	11
101	乙醚	2	3	1	1	1	1	10
102	二甲基亚砜	2	3	1	1	1	1	10
103	甲硫醇	1	3	1	1	2	1	10

4.6.3　筛选名单

采用综合评分法+潜在危害指数法，考察年使用量、毒性等级、生物累积性、二次污染生成潜势、环境持久性以及潜在危害指数 6 个指标，对 103 种重点污染物经过精选，确定了 33 种（类）特征因子，如表 4-10 所示。

表 4-10　江苏省化学工业 VOCs 精选名单评分结果

序号	VOCs	序号	VOCs	序号	VOCs	序号	VOCs
1	甲醛	10	丙烯酸酯类	19	二氯甲烷	28	三氯乙烯
2	氯乙烯	11	丙烯酸	20	吡啶	29	乙酸酯类
3	环氧乙烷	12	1,2-环氧丙烷	21	甲醇	30	乙酸乙烯酯
4	丙烯腈	13	苯	22	乙醛	31	环氧氯丙烷
5	硝基苯类	14	氯苯类	23	正丁醇	32	乙腈
6	丙烯醛	15	酚类	24	丙酮	33	丙烯酰胺
7	1,2-二氯乙烷	16	苯乙烯	25	N,N-二甲基甲酰胺		
8	三氯甲烷	17	苯胺类	26	1,3-丁二烯		
9	二甲苯	18	甲苯	27	氯甲烷		

4.7　控制指标与执行时间段划分

4.7.1　控制指标与执行时间段划分

有组织排放和厂界监控点浓度限值均采用浓度（mg/m³）指标，其中有组织排放同时规定了不同排气筒高度下的排放速率。

4.7.2　现有企业和新建企业界定及执行时间划分

根据江苏省化学工业生产污染物排放现状，为促进江苏省化学工业的发展和结构调整，在时段划分上对现有企业、新建企业区别对待。

现有企业是指本标准实施之日（2017 年 2 月 1 日）前已建成投产或环境影响评价文件已通过审批的化学工业企业或生产设施，新建企业是指自本标准实施之日（2017 年 2 月 1 日）起环境影响评价文件通过审批的新建、改建和扩建化学工业建设项目，即现有企业和新建企业主要是以环境影响评价文件通过审批时间来划分的。

现有企业自 2019 年 2 月 1 日起执行本标准规定的 VOCs 及臭气浓度排放限值。新建企业自本标准实施之日（2017 年 2 月 1 日）起执行本标准规定的 VOCs 及臭气浓度排放限值。

标准的这些规定给了现有企业较为充裕的技术更新、改造、提升的过渡时间，对促进区域经济与环境协调发展，推动经济结构的调整和经济增长方式的转变，引导工业生产工艺和污染治理技术的发展方向起到积极作用。

4.8　受控 VOCs 排放限值制定依据

依据如参考国内外有关标准确定大气 VOCs 排放限值；国内外大气污染治理技术的相关报道；《大气污染物综合排放标准》《恶臭污染物综合排放标准》等相关现行标准的排放限值；化工企业统计数据和污染物排放统计报表；编制组对化学工业大气 VOCs 排放的调查、统计和物料衡算；与其他有关行业的污染物排放标准的排放限值相衔接。

4.8.1　最高允许排放速率确定依据与方法

根据《制定地方大气污染物排放标准的技术方法》（GB/T 3840—1991）中"生产工艺过程中产生的气态大气污染物排放标准的制定方法"，单一排气筒允许排放速率按式（4-4）确定：

$$Q=C_m RK_e \tag{4-4}$$

式中：Q——排气筒允许排放速率，kg/h；

C_m——标准浓度限值，mg/m^3；

R——排放系数；

K_e——地区性经济技术系数，取值为 0.5～1.5。

（1）标准空气质量浓度限值（C_m）

标准空气质量浓度限值（C_m）取《环境空气质量标准》（GB 3095—2012）规定的二级标准任何一次浓度限值（mg/m^3）；该标准未规定浓度限值的 VOCs，取《工业企业设计卫生标准》（TJ 36—79）规定的居住区一次最高容许浓度限值（mg/m^3），该标准只规定日平均容许浓度限值的大气污染物，一般可取其日平均容许浓度限值的 3 倍，但对于致癌物质，毒性可累积的物质，如苯等，则直接取其日平均容许浓度限值；该标准未规定浓度限值的 VOCs，可取《苏联居民区大气中有害物质的最大容许浓度》（CH 245—71 苏联）规定的居民区最大一次容许浓度；该标准未规定浓度限值的 VOCs，也可参考国外环境空气质量标准的一次浓度限值；国内外均无环境空气质量标准的 VOCs，可参照 USEPA 工业环境实验室制定的多介质环境目标值估算方法计算。

VOCs 周围大气环境目标值（$AMEG_{AH}$，$\mu g/m^3$）$=0.107 \times LD_{50}$，以健康影响为依据的空气介质排放环境目标值（$DMEG_{AH}$，$\mu g/m^3$）$=45 \times LD_{50}$

式中：$AMEG_{AH}$——环境质量标准；

$DMEG_{AH}$——允许排放浓度；

LD_{50} 是指大鼠经口给毒的半数致死剂量（mg/kg），若无此数据，可取与其接近的毒理学数据。

（2）排放系数 R 的确定

根据江苏省地区序号及功能区分类，排放系数 R 的取值随排气筒高度的变化情况如表4-11 所示。

表4-11 排放系数

排气筒高度/m	15	20	30	40	50	60	70	80	90	100
排放系数	6	12	32	58	90	128	176	280	351	436

（3）地区性经济技术系数 K_e 的确定

根据《大气污染物综合排放标准详解》，国家在制定《大气污染物综合排放标准》（GB 16297—1996）时，地区性经济技术系数 K_e 取值如下：现有企业取 1.0，新建企业取0.85。考虑到近年来江苏省经济水平一直位居全国前列，人民群众对环境质量提出了更高、更苛刻的要求，为此本标准取值为 0.6。

4.8.2 最高容许排放浓度确定依据与方法

现有企业 2019 年 2 月 1 日前仍执行现行标准，如《大气污染物综合排放标准》（GB 16297—1996）新建企业二级标准，自 2019 年 2 月 1 日起执行新标准。根据以下原则确定排放浓度限值：

①标准从严原则：针对本标准提出的 33 种（类）优控 VOCs，根据国际癌症研究中心发布的《致癌物质分类标准》（2005 年版）属于第 1 类物质、第 2A 类、第 2B 类致癌性物质，在制定排放浓度限值时参照《工作场所有害因素职业接触限值化学有害因素》（GBZ 2.1—2007）中的 8 小时加权平均容许浓度（PC-TWA）或最高容许浓度（MAC）应加严处理。

②合理调整原则：针对本标准提出的 33 种（类）优控 VOCs，进行污染防治措施的调查，归纳和总结出该污染物的主要治理设施种类，比较该污染物的常规治理设施和最佳实用治理技术的去除效率，根据控制技术可达水平，基于文献资料和现场监测数据，可对根据以上两个原则确定的排放限值进行调整（适当加严或放宽），但不得跨级，亦不得比国家标准宽松。

③对于少数确实无法弄清其治理设施去除效率的污染物项目时，可根据 USEPA 工业环境实验室 $DMEG_{AH}$（mg/m^3）计算最高容许排放浓度（D，mg/m^3），公式如下：

$D=45LD_{50}/1\ 000$。然后参考国内外相关行业排放限值进行修正。

④分级控制原则：根据污染物健康危害的大小，分级控制，欧洲国家，如德国、荷兰等有明确的危害等级划分原则和控制，标准制定以此为基本依据。

4.8.3 厂界监控点浓度限值确定依据与方法

《大气污染物综合排放标准》（GB 16297—1996）中，一般污染物则以 TJ 36—79 一次值的 4～5 倍作为定值依据。

目前随着职业卫生标准的加严，TJ 36—79 中的居住区污染物浓度限值已较为适用，可直接作为厂界控制依据。且本标准控制的固定源主要是一些小型源，与居民生活关系紧密，大多分布在城区，这样要求周围居民的暴露浓度要较工业区、大型厂矿附近低。因此，本标准规定的厂界监控点浓度限值以《环境空气质量标准》或 TJ 36—79 规定的居住区 1 次最高容许浓度为基本依据。

参考 GB/T 3840—91，厂界浓度可直接取 GB 3095—2012 规定的二级标准任何一次浓度限值，对于 GB 3095 未规定的项目，取 TJ 36—79 规定的居住区一次最高容许浓度限值，如 TJ 36—79 只规定了日平均容许浓度限值，一般可取该日平均容许浓度限值的 3 倍，但对于致癌物质、毒性可积累的物质，如苯、氯乙烯等，则直接取其日平均容许浓度限值。

对于 GB 3095—2012 或 TJ 36—79 没有规定的项目，取《大气污染物综合排放标准》（GB 16297—1996）计算小时排放速率时对环境浓度标准的取值，参见《大气污染物综合排放标准详解》。

新增污染控制项目，如无 TJ 36—79 可参考，可借鉴我国台湾地区的控制经验，以"职业健康允许接触值（PC-TWA 或 MAC）/50"作为标准限值的依据，这是从降低风险率的概念考虑的。其中职业健康容许接触值以《工作场所有害因素职业接触限值化学有害因素》（GBZ 2.1—2007）中的时间加权平均容许浓度（PC-TWA）或最高容许浓度（MAC）表示。

4.8.4 氯甲烷、二氯甲烷、三氯甲烷、1,2-二氯乙烷排放限值制定

（1）最高容许排放速率

根据 USEPA 工业环境实验室计算氯甲烷 $AMEG_{AH}$ 为 0.30 mg/m³，根据日本《挥发性有机物环境空气质量标准》（2001 年）规定空气中二氯甲烷日平均容许最高浓度为 0.15 mg/m³，由于二氯甲烷属于《致癌分类标准》（IARC，2005）第 2B 类，故直接取其日平均容许浓度限值，而不取其日平均容许浓度限值的 3 倍；根据 USEPA 工业环境实验室计算三氯甲烷 $AMEG_{AH}$ 为 0.1 mg/m³；苏联 CH 245-71 "居民区大气中有害物质的最大容许浓度"中规定 1,2-二氯乙烷最大容许浓度为 3 mg/m³；苏联大气环境质量标准（长期标准）中规定 1,2-二氯乙烷最大容许浓度为 1 mg/m³，根据 USEPA 工业环境实验室计算 1,2-二氯乙烷 $AMEG_{AH}$ 为 0.15 mg/m³，

由于 1,2-二氯乙烷属于 IARC 第 2B 类，对其取值应加严，故取 0.15 mg/m³。将上述各标准浓度限值代入式（4-2）计算排放速率如表 4-12 所示。

表 4-12　最高容许排放速率

排放速率/（kg/h） 排气筒高度/m	氯甲烷	二氯甲烷	三氯甲烷	1,2-二氯乙烷
15	1.1	0.54	0.54	0.54
20	2.2	1.1	1.1	1.1
30	5.6	2.9	2.9	2.9
40	10	5.2	5.2	5.2
50	16	8.1	8.1	8.1

（2）最高容许排放浓度

根据 USEPA 工业环境实验室计算氯甲烷的 DMEG$_{AH}$ 为 80 mg/m³，德国、荷兰、英国等国家氯甲烷的最高容许排放浓度为 20 mg/m³，北京市地标 DB11/501—2007 的最高容许排放浓度为 20 mg/m³，本标准从严控制，选取 20 mg/m³。由于二氯甲烷、三氯甲烷、1,2-二氯乙烷属于 IARC 第 2B 类致癌物，其最高容许排放浓度参照《工作场所有害因素职业接触限值　化学有害因素》（GBZ 2.1—2007）PC-TWA 或 MAC 值执行，即现有企业和新建企业三氯甲烷执行 20 mg/m³，1,2-二氯乙烷执行 7 mg/m³。由于二氯甲烷 PC-TWA 值高达 200 mg/m³，相比而言宜采用 DMEG$_{AH}$ 值（50 mg/m³）。

对于含二氯甲烷、三氯甲烷、1,2-二氯乙烷的高浓度有机废气，先采用冷凝（深冷）技术、活性炭纤维吸附、变压吸附等对废气中的卤代烃进行回收利用，回收率可达 95% 以上，然后辅助以其他治理技术实现达标排放。

某化学材料生产企业对二氯甲烷有组织废气先采用循环水+冷冻盐水二级冷凝系统，经二级冷凝后的不凝气采用三级活性炭纤维吸附净化处理，治理效果如下：A 厂区，尾气中二氯甲烷浓度为 4.60～13.20 mg/m³，排放速率 2.88×10⁻³～7.60×10⁻³kg/h；B 厂区尾气中二氯甲烷浓度为 18.0～82.4 mg/m³，排放速率 1.30～5.70kg/h，故本标准取 50 mg/m³ 是可行的。选择具有代表性的 6 家化学合成类制药企业检测排气筒三氯甲烷排放浓度[①]，其中 2 家采用蓄热式催化燃烧工艺，3 家采用蓄热式燃烧工艺，1 家采用了等离子体+催化氧化处理工艺（双氧水+浓硫酸），其中 4 家未检出，1 家为 5.1 mg/m³，1 家为 41.5 mg/m³，均值为 23.3 mg/m³，故本标准取 20 mg/m³ 是可行的。北京化工二厂新聚氯乙烯分厂采用活性炭纤维吸附技术回收 1,2-二氯乙烷，装置稳定运行后，废气处理量约为 6 700 m³/h，平均回收 1,2-二氯乙烷 98.9%，尾气中 1,2-二氯乙烷浓度≤4.4 mg/m³。编制组调研了江苏省 2 家农药制造企业 1,2-二氯乙烷产排情况，企业采用先进的活性炭纤维吸附处理技术，有机气体排口处 1,2-二氯乙烷浓度分别为 1.45～2.03 mg/m³ 和 0.60～1.51 mg/m³，可达本标准设定

---

① 李嫣，王浙明，宋爽，等. 化学合成类制药行业工艺废气 VOCs 排放特征与危害评估分析[J]. 环境科学，2014，35（10）：3663-3669.

的排放限值，故本标准取 7 mg/m³ 是可行的，如表 4-13 所示。

表 4-13　最高容许排放浓度　单位：mg/m³

种类	氯甲烷	二氯甲烷	三氯甲烷	1,2-二氯乙烷
最高容许排放浓度	20	50	20	7

（3）厂界监控点浓度限值

根据 GBZ 2.1—2007，氯甲烷、二氯甲烷、三氯甲烷和 1,2-二氯乙烷的 PC-TWA 值分别为 60 mg/m³、200 mg/m³、20 mg/m³ 和 7 mg/m³，得到各卤代烃的无组织监控点浓度限值为 1.2 mg/m³、4 mg/m³、0.4 mg/m³ 和 0.14 mg/m³。对二氯甲烷为溶剂的化学原料合成企业，二氯甲烷无组织排放浓度为 0.16～1.10 mg/m³，均值为 0.63 mg/m³；低于上述确定的二氯甲烷厂界监控点浓度限值。编制组对具有代表性 2 家农药制造企业边界 1,2-二氯乙烷无组织排放情况进行了检测，其浓度范围为 0.06～0.16 mg/m³，均值为 0.12 mg/m³，可达本标准设定的排放限值，故本标准取 0.14 mg/m³ 是可行的，如表 4-14 所示。

表 4-14　厂界监控点浓度限值　单位：mg/m³

种类	氯甲烷	二氯甲烷	三氯甲烷	1,2-二氯乙烷
厂界监控点浓度限值	1.2	4.0	0.4	0.14

4.8.5　环氧乙烷、1,2-环氧丙烷、环氧氯丙烷排放限值制定

（1）最高容许排放速率

目前世界各国均未明确规定环氧乙烷、1,2-环氧丙烷、环氧氯丙烷的大气环境质量标准，苏联 CH 245-71 中确定环氧乙烷一次最高容许浓度限值为 0.3 mg/m³，苏联和东德大气环境质量标准（长期标准）中规定了环氧乙烷的环境质量浓度限值为 0.03 mg/m³，根据 USEPA 工业环境实验室计算环氧乙烷、1,2-环氧丙烷和环氧氯丙烷的 $AMEG_{AH}$ 为 0.04 mg/m³、0.12 mg/m³ 和 0.15 mg/m³。由于环氧乙烷属于 IARC 第 1 类致癌物，环氧乙烷、1,2-环氧丙烷和环氧氯丙烷的环境空气质量浓度限值取为 0.04 mg/m³、0.12 mg/m³ 和 0.15 mg/m³，对应速率如表 4-15 所示。

表 4-15　最高容许排放速率

排气筒高度/m	排放速率/（kg/h） 环氧乙烷	1,2-环氧丙烷	环氧氯丙烷
15	0.15	0.43	0.54
20	0.29	0.86	1.1
30	0.77	2.3	2.9
40	1.4	4.2	5.2
50	2.2	6.5	8.1

（2）最高容许排放浓度

美国固定源 VOCs 排放标准中针对有组织工艺排气中 VOCs 的排放要求是削减率不低于 98%，或排放浓度限值为 20×10^{-6}（体积比），但未制定环氧乙烷、1,2-环氧丙烷和环氧氯丙烷单物质的排放浓度限值。由于环氧乙烷属于 IARC 第 1 类致癌物，根据欧盟有机溶剂使用指令（1999/13/EC），若其排放速率 $\geqslant 10 g/h$，则排放浓度限值为 $2 mg/m^3$。根据欧盟 VOCs 分级控制标准（德国、英国等），环氧乙烷属于高毒类物质，排放浓度控制在 $5 mg/m^3$，1,2-环氧丙烷属于中等毒害，排放浓度控制在 $20 mg/m^3$。根据欧盟委员会《大宗有机化学品工业污染综合防治最佳可行技术》，采用吸收法可把环氧乙烷、1,2-环氧丙烷、环氧氯丙烷降低到 $5 mg/m^3$ 以下，采用活性炭吸附法可把环氧乙烷、1,2-环氧丙烷、环氧氯丙烷降低到 $5 mg/m^3$ 以下，采用燃烧法可把环氧乙烷、1,2-环氧丙烷、环氧氯丙烷降低到 $1 mg/m^3$ 以下。国内北京市《大气污染物综合排放标准》（DB11/501—2007）首次考虑了环氧乙烷指标，其排放浓度限值参照欧盟 VOCs 分级控制标准执行。鉴于此，参照北京市 DB 11/501—2007 标准，本标准中环氧乙烷、1,2-环氧丙烷、环氧氯丙烷的排放浓度限值均设定为 $5 mg/m^3$。选择了两家生物工程类制药企业对环氧乙烷排放情况进行了监测[①]，两家企业的处理工艺均为吸收法，环氧乙烷排放浓度为 $1.98 \sim 2.03 mg/m^3$，能满足本标准制定的限值，如表 4-16 所示。

表 4-16　最高容许排放浓度　　　　　　　　　　　　　　　　　　　单位：mg/m^3

种类	环氧乙烷	1,2-环氧丙烷	环氧氯丙烷
最高容许排放浓度	5.0	5.0	5.0

（3）厂界监控点浓度限值

根据 GBZ 2.1—2007，环氧乙烷的 PC-TWA 值为 $2 mg/m^3$，1,2-环氧丙烷的 PC-TWA 值为 $5 mg/m^3$，环氧氯丙烷的 PC-TWA 值为 $1 mg/m^3$，即环氧乙烷、1,2-环氧丙烷和环氧氯丙烷的无组织监控点浓度限值分别为 $0.04 mg/m^3$、$0.1 mg/m^3$ 和 $0.02 mg/m^3$，其中环氧乙烷的浓度限值与北京市 DB11/501—2007 标准相当，如表 4-17 所示。

表 4-17　厂界监控点浓度限值　　　　　　　　　　　　　　　　　　单位：mg/m^3

种类	环氧乙烷	1,2-环氧丙烷	环氧氯丙烷
厂界监控点浓度限值	0.04	0.1	0.02

① 何华飞，王浙明，许明珠，等. 制药行业 VOCs 排放特征及控制对策研究 ——以浙江为例[J]. 中国环境科学，2012，32(12): 2271-2277.

4.8.6　氯乙烯、三氯乙烯、苯乙烯、1,3-丁二烯排放限值制定

（1）最高容许排放速率

目前世界各国均未明确规定氯乙烯的大气环境质量标准，苏联确定氯乙烯在大气中的最高容许浓度，在温带气候条件下为 0.15 mg/m³，在干旱和炎热气候条件下为 0.07 mg/m³；为此本标准在制定氯乙烯最高容许排放速率时，参照苏联确定的氯乙烯在温带气候条件下的最高容许浓度（0.15 mg/m³）制定。日本《环境空气质量标准》规定三氯乙烯最高容许浓度限值为 0.2 mg/m³。根据 TJ 36—79，苯乙烯一次最高容许浓度限值为 0.15 mg/m³，本标准在制定苯乙烯最高容许排放速率时，参照 TJ 36—79 的最高容许浓度（0.15 mg/m³）制定。根据 TJ 36—79，丁二烯一次最高容许浓度限值为 0.1 mg/m³，为此本标准在制定丁二烯最高容许排放速率时，参照 TJ 36—79 的最高容许浓度（0.1 mg/m³）制定。对应速率如表 4-18 所示。

表 4-18　最高容许排放速率

排气筒高度/m　　排放速率/（kg/h）	氯乙烯	三氯乙烯	苯乙烯	1,3-丁二烯
15	0.54	0.72	0.54	0.36
20	1.1	1.4	1.1	0.72
30	2.9	3.8	2.9	1.9
40	5.2	7.0	5.2	3.5
50	8.1	11	8.1	5.4

（2）最高容许排放浓度

国外仅有美国和澳大利亚有氯乙烯排放浓度标准，美国以污染源形式不同而不同，氯乙烯形成、净化、汽化、泄漏排放标准体积分数为 10×10^{-6}（约 27.7 mg/m³）；澳大利亚氯乙烯形成、钝化、聚氯乙烯合成等排放标准为 20 mg/m³；根据 USEPA 工业环境实验室计算氯乙烯 $DMEG_{AH}$ 为 22.5 mg/m³，GB 16297—1996 中新建企业排放标准为 36 mg/m³；北京市 DB11/501—2007 中新建企业排放标准为 10 mg/m³，由于氯乙烯属于 IARC 第 1 类致癌物，其最高容许排放浓度可参照 GBZ 2.1—2007 中 PC-TWA 或 MAC 值执行 10 mg/m³。根据调研，目前尾气中氯乙烯一般采用活性炭吸附法回收，国外通常采用三级活性炭纤维吸附，尾气中氯乙烯排放浓度可达 10 mg/m³，故新建企业氯乙烯排放浓度限值取 10 mg/m³ 较为合理。由于三氯乙烯属于 IARC 第 A 类致癌物，其最高容许排放浓度可参照 GBZ 2.1—2007 中 PC-TWA 或 MAC 值执行 30 mg/m³。由于苯乙烯属于 IARC 第 2B 类致癌物，其最高容许排放浓度可参照 GBZ 2.1—2007 中 PC-TWA 或 MAC 值执行 50 mg/m³，但考虑苯乙烯属于恶臭类物质，其嗅阈值为 0.035×10^{-6}（体积比），为此对于其排放浓度限值应加严。

编制组对 5 家化工企业苯乙烯废气产排及治理情况进行了调研,对于苯乙烯废气常采用活性炭吸附、催化氧化等治理技术,各废气进出口浓度及处理效率见表 4-19,故新建苯乙烯排放浓度限值取 20 mg/m³ 较为合理。

表 4-19　不同类型企业苯乙烯净化效率

企业类型	治理工艺	进口浓度/(mg/m³)	出口浓度/(mg/m³)	处理效率/%
高分子材料生产①	活性炭吸附	46 34.5	0.553 0.414	98.8
溶剂使用②	活性炭吸附	32	2.29	92.8
绝缘塑料生产③	液体吸收+活性炭吸附	160~690	6.7~20	95.8~97.10
丙烯醛涂料生产④	催化氧化法	110 15.9 103 85	4.4 未检出 未检出 3.4	99.6 100 100 96
ABS 树脂生产⑤	催化燃烧	75.8~329	1.33(最高)	>98

由于 1,3-丁二烯属于 IARC 第 1 类致癌物,其最高容许排放浓度可参照 GBZ 2.1—2007 中 PC-TWA 或 MAC 值执行 5 mg/m³。具体如表 4-20 所示。

表 4-20　最高容许排放浓度 　　　　　　　　　单位:mg/m³

种类	氯乙烯	三氯乙烯	苯乙烯	1,3-丁二烯
最高容许排放浓度	10	30	20	5

(3)厂界监控点浓度限值

苯乙烯属于 IARC 第 2B 类致癌物,且在环境中无明显本底。根据本标准制定的原则,苯乙烯厂界监控点应设置在排放源下风向周界外 10 m 范围内的浓度最高点,其监控浓度标准值按 TJ 36—79 中的"居住区空气中有害物质的最高容许浓度"5 倍执行,即 0.50 mg/m³。该标准值远远低于 GB 14554—93 二级标准新建企业标准值 5 mg/m³,充分体现了当今环保部门对异味物质的管控力度。根据 USEPA 工业环境实验室计算氯乙烯 AMEG_AH 为 0.05 mg/m³,其监控浓度标准值可按 AMEG_AH 5~6 倍执行,即 0.3 mg/m³,该标准值低于 GB 16297—1996 中新建企业标准值 0.6 mg/m³,高于北京市 DB 11/501—2007 中标准值 0.15 mg/m³,取值具有一定合理性。目前针对排放的检测尚没有 1,3-二烯和三氯乙烯的数据。

---

① 曹聪,藤冈仁,佐藤一代,等. 含苯乙烯 VOCs 废气排放控制治理案例分析[J]. 高分子材料科学与工程, 2012, 28(3): 183-186.
② 李连界. 苯乙烯废气的活性炭处理[J]. 广州化工, 1992, 20(2): 52-54.
③ 蕃建华,李世英,荆鼓受. 液体吸收—活性炭吸附净化苯乙烯废气[J]. 环境科学, 1992, 14(3): 36-38.
④ 关地. 丙烯酸涂料生产过程中废气的治理[J]. 环境科学与技术, 1996, 12(1): 40.
⑤ 李公生,白延军,李朝阳,等. ABS 装置中丙烯腈及苯乙烯等废气的治理[J]. 弹性体, 2010, 20(3): 53-57.

基于两者具有致癌性，因此需要从严控制。1,3-丁二烯的监控点浓度限值参照北京地方大气污染物排放标准制定，三氯乙烯的监控点浓度限值取 PC-TWA/50=0.60 mg/m³。具体如表 4-21 所示。

表 4-21　厂界监控点浓度限值　　　　　　　　　　　　　　单位：mg/m³

种类	氯乙烯	三氯乙烯	苯乙烯	1,3-丁二烯
厂界监控点浓度限值	0.30	0.60	0.50	0.10

4.8.7　苯、甲苯、二甲苯排放限值制定

（1）最高容许排放速率

根据 TJ 36—79 中"居住区大气中有害物质的最高容许浓度"可知，苯一次最高容许浓度限值为 2.4 mg/m³，日平均最高容许浓度限值为 0.8 mg/m³，考虑到苯属于 IARC 第 1 类致癌物，因此对环境质量浓度应加严控制。《室内空气质量标准》（GB/T 18883—2002）中苯标准限值为 0.11 mg/m³（1h 均值），我国 GB 16297—1996 以及部分地方标准制定中苯排放速率苯标准浓度限值取 0.1 mg/m³。GB/T 18883—2002 中甲苯和二甲苯标准限值均为 0.2 mg/m³（1h 均值），苏联 CH 245—71 中甲苯和二甲苯最大允许浓度限值为 0.6 mg/m³ 和 0.2 mg/m³。我国 GB 16297—1996 以及部分地方标准制定中甲苯和二甲苯排放速率标准浓度限值参照苏联 CH 245—71 标准。因此，本标准苯、甲苯和二甲苯的标准浓度限值分别取 0.1 mg/m³、0.6 mg/m³ 和 0.2 mg/m³。对应速率具体如表 4-22 所示。

表 4-22　最高容许排放速率

排放速率/（kg/h） 排气筒高度/m	苯	甲苯	二甲苯
15	0.36	2.2	0.72
20	0.72	4.3	1.5
30	1.9	12	3.8
40	3.5	21	7.0
50	5.4	32	11

（2）最高容许排放浓度

苯属于 IARC 第 1 类致癌物，甲苯和二甲苯作为有机溶剂被广泛使用，国内外相关标准都对其做了严格的控制。随着我国雾霾天气的逐渐增多，对各行业 VOCs 排放控制也日趋加严，如表 4-23 所示，部分国家和地区已将典型 VOCs 行业苯控制最低限值设定为 1.0 mg/m³，甲苯和二甲苯最低设定为 15 mg/m³ 和 20 mg/m³。根据 GBZ 2.1—2007，苯的 PC-TWA 值为 6 mg/m³，甲苯和二甲苯的 PC-TWA 值为 50 mg/m³。如表 4-24 和表 4-25 所

示，从医药化工企业调研数据来看，14 个排放口中仅有 3 个排放口检出苯（最高值达到 2.28 mg/m³），8 个排放口检出甲苯（最高值达到 38.8 mg/m³），3 个排放口检出二甲苯（最高值达到 2.61 mg/m³），其中苯和二甲苯远远低于国家大气综合排放标准限值，甲苯基本满足国家大气综合排放标准，说明现有国家大气综合排放标准限值过宽。根据欧盟 BAT 指南文件，三苯类废气采用燃烧法（>98%～99%）时，可使其排放浓度控制在 20 mg/m³ 以下，采用吸附法（>95%）时，可使其排放浓度控制在 40 mg/m³ 以下。鉴于此，参照北京市 DB11/501—2007 标准，本标准中苯、甲苯和二甲苯排放浓度限值分别设定为 6.0 mg/m³、25 mg/m³ 和 40 mg/m³，如表 4-26 所示。

表 4-23　国内外相关行业标准对苯系物的控制要求

标准名称（行业）		指标限值要求/（mg/m³）	
国家	大气污染物综合排放标准（GB 16297—1996）	苯	12
		甲苯	40
		二甲苯	70
	石油炼制工业污染物排放标准（GB 31570—2015）	苯	4
		甲苯	15
		二甲苯	20
	橡胶制品工业污染物排放标准（GB 2763—2011）	甲苯与二甲苯合计	15.0
	合成革与人造革工业污染物排放标准（GB 21902—2008）	苯	2.0
		甲苯	30
		二甲苯	40
	皮革制品工业大气污染物排放标准	苯	2（1）
		甲苯、二甲苯	40（20）
北京	大气污染物综合排放标准（DB 11/501—2007）	苯	12（8）
		甲苯	40（25）
		二甲苯	40（40）
广东省	制鞋行业挥发性有机化合物排放标准（DB 44/817—2010）	苯	1.0
		甲苯与二甲苯合计	15.0
	表面涂装（汽车制造业）挥发性有机化合物排放标准（DB 44/816—2010）	苯	1.0
		甲苯与二甲苯合计	18.0
		苯系物	60
	印刷行业挥发性有机化合物排放标准（DB 44/815—2010）	苯	1.0
		甲苯与二甲苯合计	15.0
	家具制造行业挥发性有机化合物排放标准（DB 44/814—2010）	苯	1.0
		甲苯与二甲苯合计	20.0
国外	德国大气污染物排放标准	苯	1
	欧盟有机溶剂使用指令（1999/13/EC）	苯（排放速率≥10g/h）	2
	欧盟分级控制标准（德国、英国等）	苯	5
		甲苯	100
		二甲苯	100
	世界银行《污染预防和削减手册》（1998）	苯	5

表 4-24　医药化工行业工艺废气排放现状监测[1]

企业类型	企业名称	废气收集与治理工艺	出口浓度/（mg/m³）		
			苯	甲苯	二甲苯
发酵类	A 公司	发酵罐废气：废气→旋风分离器→一级吸收（碱液和 NaClO）→二级吸收（水）→排放；污水站废气：废气→碱液两级喷淋吸收→NaClO 喷淋吸收→排放	2.28	3.19	1.27
	B 公司	废气→碱液喷淋（NaOH）→排放	1.58	2.01	1.05
提取类	C 公司	废气→水吸收塔→碱液吸收塔（pH10～12）→15 m 排气筒高空排放	未检出	未检出	未检出
	D 公司	乙酸乙酯采用二级冷凝回收；其他工艺废气：一级冷凝+二级冷吸收+活性炭吸附	0.89	未检出	未检出
化学合成	E 公司	污水站废气：碱液喷淋→水喷淋；丁胺卡那霉素：二级冷凝+二级水吸收（吸收氨气、乙腈）；奥美拉唑工艺废气：冷凝回收→活性炭吸附；其他工艺废气：NaClO 喷淋→水喷淋（吸收丙酮）	未检出	4.21	未检出
	F 公司	污水池废气：二级喷淋处理→活性炭吸附处理；有机溶剂废气：浸泡冷凝废气采用二级冷凝处理；合成、精制、烘干废气采用冷凝→活性炭吸附→排气筒排放	未检出	3.25	未检出
生物工程	G 公司	乙醇废气：二级冷凝回收，少量不凝尾气经车间顶部排放口排放；其他工艺废气：填料塔二级吸收（酸+水）	未检出	未检出	未检出
	H 公司	采用高效过滤器进行微孔膜过滤处理，另外，对有毒车间排气单独处理，在微孔膜过滤的同时用紫外线进行灭菌处理	未检出	未检出	未检出

表 4-25　化学合成类制药行业工艺废气排放现状监测[2]

企业名称	治理工艺	出口浓度/（mg/m³）		
		苯	甲苯	二甲苯
A 公司	蓄热式催化燃烧工艺	未检出	未检出	未检出
B 公司	蓄热式催化燃烧工艺	未检出	18.6	2.61
C 公司	蓄热式燃烧工艺	未检出	2.09	未检出
D 公司	蓄热式燃烧工艺	未检出	38.8	未检出
E 公司	蓄热式燃烧工艺	未检出	0.814	未检出
F 公司	等离子体+催化氧化工艺（双氧水+浓硫酸）	未检出	未检出	未检出

① 何华飞，王浙明，许明珠，等. 制药行业 VOCs 排放特征及控制对策研究——以浙江为例[J]. 中国环境科学，2012，32(12)：2271-2277.

② 李嫣，王浙明，宋爽，等. 化学合成类制药行业工艺废气 VOCs 排放特征与危害评估分析[J]. 环境科学，2014，35（10）：3663-3669.

表 4-26　最高容许排放浓度　　　　　　　　　　　　　　　单位：mg/m³

种类	苯	甲苯	二甲苯
最高容许排放浓度	6.0	25	40

（3）厂界监控点浓度限值

根据本标准制定的原则，苯、甲苯和二甲苯厂界监控点应设置在排放源下风向周界外 10 m 范围内的浓度最高点，其监控浓度标准值按 TJ 36—79 的 5 倍执行。但由于苯属于 IARC 第 1 类致癌物，甲苯和二甲苯作为有机溶剂在江苏省广泛使用，加之国内外相关标准都对其排放浓度做了严格的控制，为此本标准苯、甲苯和二甲苯厂界监控点浓度限值也相应加严。根据 GBZ 2.1—2007，工作场所空气中有毒物质容许浓度 TWA 值（8 小时时间加权平均容许浓度）或 MAC 值（最高容许浓度）限值，其具体污染物的厂界监控点浓度限值则等于其工作场所空气中 TWA 值或 MAC 值除以 50，单位为 mg/m³。其中苯的 PC-TWA 值为 6 mg/m³，其厂界监控点浓度限值为 0.12 mg/m³，明显严于 TJ 36—79 中关于苯的日均最高容许浓度。甲苯厂界监控点浓度限值执行苏联 CH 245—71 "居民区大气中有害物质的最大允许浓度" 中甲苯最大允许浓度限值（0.60 mg/m³），二甲苯的厂界监控点浓度限值执行 TJ 36—79 二甲苯一次最高容许浓度限值（0.30 mg/m³），如表 4-27 所示。

表 4-27　厂界监控点浓度限值　　　　　　　　　　　　　　单位：mg/m³

种类	苯	甲苯	二甲苯
厂界监控点浓度限值	0.12	0.60	0.30

4.8.8　硝基苯类、氯苯类、酚类、苯胺类排放限值制定

（1）最高容许排放速率

硝基苯类：TJ 36—79 为 0.01 mg/m³；苏联 CH 245—71 为 0.008 mg/m³；USEPA 工业环境实验室计算 $AMEG_{AH}$ 为 0.05 mg/m³（LD_{50} 值为 489 mg/kg）。我国 GB 16297—1996 以及部分地方标准制定中取值为 0.01 mg/m³。

氯苯类：苏联 CH 245—71 为 0.1 mg/m³。USEPA 工业环境实验室计算 $AMEG_{AH}$ 为 0.25 mg/m³。我国 GB 16297—1996 以及部分地方标准制定中取值为 0.1 mg/m³。

酚类：TJ 36—79 为 0.02 mg/m³；苏联 CH 245—71 为 0.01 mg/m³；USEPA 工业环境实验室计算 $AMEG_{AH}$ 为 0.14 mg/m³（LD_{50} 值为 1 300 mg/kg）。我国 GB 16297—1996 以及部分地方标准制定中取值为 0.02 mg/m³。

苯胺类：TJ 36—79 为 0.1 mg/m³；苏联 CH 245—71 为 0.05 mg/m³；USEPA 工业环境实验室计算 $AMEG_{AH}$ 为 0.05 mg/m³。我国 GB 16297—1996 以及部分地方标准制定中取值

为 0.1 mg/m^3。

参考以上资料，本标准硝基苯类、氯苯类、酚类、苯胺类环境空气质量浓度限值分别取 0.01 mg/m^3、0.1 mg/m^3、0.02 mg/m^3、0.1 mg/m^3。对应的速率如表 4-28 所示。

表 4-28　最高容许排放速率

排气筒高度/m ＼ 排放速率/（kg/h）	硝基苯类	氯苯类	酚类	苯胺类
15	0.04	0.36	0.07	0.36
20	0.07	0.72	0.14	0.72
30	0.19	1.9	0.38	1.9
40	0.35	3.5	0.70	3.5
50	0.54	5.4	1.1	5.4

（2）最高容许排放浓度

目前国内外针对类酚类、苯胺类、氯苯类、硝基苯，制定了部分排放浓度限值，如表 4-29 所示。从表中可以看出，国外制定的排放浓度限值明显严于国内标准。根据欧盟 BAT 指南文件，酚类和苯胺类废气采用燃烧法（＞98%～99%）时，可使其排放浓度控制在 5 mg/m^3 以下，采用碱液吸收法（＞95%）时，可使其排放浓度控制在 10 mg/m^3 以下，此外由于酚类和苯胺类物质饱和蒸气压较低，常温下大多以固态存在，故其挥发损耗率较低，相对容易控制，因此，在制定排放浓度时，排放浓度限值取 20 mg/m^3 较为合理。GB 16297—1996 中新建企业硝基苯类排放浓度限值为 16 mg/m^3，USEPA 工业环境实验室计算硝基苯的 DMEG$_{AH}$ 值计为 12 mg/m^3，即作为本标准浓度限值。GB 16297—1996 中新建企业氯苯类排放浓度限值为 60 mg/m^3，略宽，本标准浓度限值可参照北京市 DB 11/501—2007 标准执行，即 20 mg/m^3，如表 4-30 所示。

表 4-29　国内外相关行业标准的控制要求

标准名称（行业）		指标限值要求/（mg/m^3）	
国家	大气污染物综合排放标准（GB 16297—1996）	酚类	115（100）
		苯胺类	25（20）
		氯苯类	85（60）
		硝基苯类	20（16）
	炼焦化学工业污染物排放标准（GB 16171—2012）	酚类	100（80）
北京市	大气污染物综合排放标准（DB 11/501—2007）	酚类	100（20）
		苯胺类	20（20）
		氯苯类	60（40）
		硝基苯类	16（16）
浙江省	生物制药工业污染物排放标准（DB 33/923—2014）	酚类	80
		氯苯类	50
上海市	生物制药行业污染物排放标准（DB 31/373—2010）	酚类	80
		氯苯类	50

	标准名称（行业）	指标限值要求/（mg/m³）	
国外	英国大气污染物排放标准	酚类或其单体、氯代酚	10
		硝基苯类	5
	德国空气质量控制技术指南（TA-Luft）	酚类、苯胺类、氯苯类、硝基苯类	20
	欧盟有机溶剂使用指令（1999/13/EC）	酚类、苯胺类、氯苯类、硝基苯类（排放速率≥10g/h）	2
	欧盟分级控制标准（德国、英国等）	酚类	20
		苯胺类	20
		氯苯类	100
		硝基苯类	20

表 4-30　最高容许排放浓度　　　　　　　　　　　单位：mg/m³

种类	酚类	苯胺类	氯苯类	硝基苯类
最高容许排放浓度	10	20	20	12

（3）厂界监控点浓度限值

根据本标准制定的原则，厂界监控点应设置在排放源下风向周界外 10 m 范围内的浓度最高点，其监控浓度标准值按 TJ 36—79 的 5 倍执行。但由于氯苯属于 IARC 第 2B 类致癌物，酚类、苯胺类、硝基苯类均属于三致性物质，在江苏省化学工业广泛普遍应用，加之国内外相关标准都对其排放浓度做了严格的控制，为此本标准厂界监控点浓度限值也相应加严。酚类执行 TJ 36—79 一次最高容许浓度（0.02 mg/m³），氯苯类、硝基苯类和苯胺类可参照苏联 CH 245—71 和 TJ 36—79 一次最高容许浓度，执行 0.20 mg/m³、0.01 mg/m³、0.20 mg/m³。如表 4-31 所示。

表 4-31　厂界监控点浓度限值　　　　　　　　　　　单位：mg/m³

	厂界监控点浓度限值	硝基苯类	氯苯类	酚类	苯胺类
	本标准	0.01	0.20	0.02	0.20
参照	《大气污染物综合排放标准》（GB 16297—1996）	0.04	0.4	0.08	0.4
	北京市：《大气污染物综合排放标准》（DB 11/501—2007）	0.01	0.1	0.02	0.1
	广东省：《大气污染物综合排放标准》（DB 44/27—2001）	0.04	0.4	0.08	0.4
	上海市：《生物制药行业污染物排放标准》（DB 31/373—2010）	—	0.4	0.08	—
	浙江省：《生物制药工业污染物排放标准》（DB 33/923—2014）	—	0.4	0.08	—

4.8.9 甲醇、正丁醇排放限值制定

（1）最高容许排放速率

甲醇：TJ 36—79 中甲醇一次最高容许浓度限值为 3 mg/m³；苏联 CH 245—71 中甲醇最大允许浓度为 1 mg/m³；苏联大气环境质量标准（长期标准）和东德大气环境质量标准（长期标准）中甲醇最大允许浓度为 0.5 mg/m³；USEPA 工业环境实验室计算甲醇 $AMEG_{AH}$ 为 0.6 mg/m³。我国 GB 16297—1996 以及部分地方标准制定中甲醇排放速率时取值为 1 mg/m³。

正丁醇：苏联 CH 245—71 中正丁醇最大允许浓度为 0.1 mg/m³；USEPA 工业环境实验室计算 $AMEG_{AH}$ 为 0.47 mg/m³。

参考以上资料，本标准甲醇和正丁醇环境空气质量浓度限值分别取 1 mg/m³、0.1 mg/m³，如表 4-32 所示。

表 4-32 最高容许排放速率

排气筒高度/m ＼ 排放速率/（kg/h）	甲醇	正丁醇
15	3.6	0.36
20	7.2	0.72
30	19	1.9
40	35	3.5
50	54	5.4

（2）最高容许排放浓度

甲醇和正丁醇作为有机溶剂在江苏省广泛使用，国内外相关标准都对其做了严格的控制。随着我国"雾霾"天气的逐渐增多，对化学工业 VOCs 排放控制也日趋加严，如表 4-33 所示。根据 GBZ 2.1—2007 中，甲醇和正丁醇的 PC-TWA 值分别为 25 mg/m³ 和 66 mg/m³。如表 4-34 和表 4-35 所示，从代表性企业调研数据来看，医化行业工艺中甲醇排放浓度在 0.28~25.8 mg/m³，定型机废气中甲醇排放浓度在 0.371~1.568 mg/m³，均远低于国家大气综合排放标准限值，说明现有国家大气综合排放标准限值过宽。根据欧盟 BAT 指南文件，甲醇废气采用燃烧法（>98%~99%）时，可使其排放浓度控制在 20 mg/m³ 以下，采用吸附法（>95%）时，可使其排放浓度控制在 40 mg/m³ 以下，北京市 DB 11/501—2007 标准限值为 80 mg/m³，鉴于此，本标准取 60 mg/m³ 较为合理。正丁醇嗅阈值为 0.04 mg/m³，远低于甲醇嗅阈值 4 mg/m³，其排放浓度限值应稍严于甲醇，参照 GBZ 2.1—2007 中正丁醇 PC-TWA 值，本标准取 40 mg/m³ 较为合理，如表 4-36 所示。

表 4-33　国内外相关行业标准对甲醇和正丁醇的控制要求

	标准名称（行业）	指标限值要求/（mg/m³）	
国家	大气污染物综合排放标准（GB 16297—1996）	甲醇	220（190）
北京市	大气污染物综合排放标准（DB 11/501—2007）	甲醇	190（80）
浙江省	生物制药工业污染物排放标准（DB 33/923—2014）	甲醇	100（80）
	纺织染整工业大气污染物排放标准（DB 33/962—2015）	甲醇	80（25）
上海市	生物制药行业污染物排放标准（DB 31/373—2010）	甲醇	150（100）
国外	德国空气质量控制技术指南（TA-Luft）	甲醇	50
		正丁醇	50
	欧盟分级控制标准（德国、英国等）	甲醇	100
		正丁醇	100

表 4-34　医化行业工艺废气排放现状监测

企业类型	企业名称	治理工艺	出口浓度/（mg/m³） 甲醇
发酵类	A 公司	工艺废气→旋风分离器→一级吸收（碱液和 NaClO）→二级吸收（水）→排放	4.55
化学合成	B 公司	丁胺卡那霉素：二级冷凝+二级水吸收（吸收氨气、乙腈）；奥美拉唑工艺废气：冷凝回收→活性炭吸附；其他工艺废气：NaClO 喷淋→水喷淋（吸收丙酮）	3.78
	C 公司	蓄热式催化燃烧工艺	0.28
	D 公司	蓄热式催化燃烧工艺	12.4
	E 公司	蓄热式燃烧工艺	0.42
	F 公司	蓄热式燃烧工艺	25.3
	G 公司	蓄热式燃烧工艺	1.27
	H 公司	等离子体+催化氧化工艺（双氧水+浓硫酸）	5.97

表 4-35　代表性企业定型机废气排放现状监测

企业名称	治理工艺	出口浓度/（mg/m³） 甲醇
A 公司	水喷淋处理	0.545
B 公司	静电处理	0.391
C 公司	水喷淋处理	1.05
D 公司	水喷淋+静电处理	1.568
E 公司	水喷淋处理	0.371

表 4-36　最高容许排放浓度　　　　　　　　　单位：mg/m³

种类	甲醇	正丁醇
最高容许排放浓度	60	40

（3）厂界监控点浓度限值

根据本标准制定的原则，厂界监控点应设置在排放源下风向周界外 10 m 范围内的浓度最高点，其监控浓度标准值按 TJ 36-79 中的 5 倍执行，由于甲醇在江苏省化学工业广泛普遍应用，加之国内外相关标准都对其排放浓度做了严格的控制，为此本标准厂界监控点浓度限值也相应加严，即执行 1 mg/m³ 的浓度限值。正丁醇参照苏联 CH 245—71 的 5 倍，即执行 0.5 mg/m³，如表 4-37 所示。

表 4-37　厂界监控点浓度限值　　　　　　　　　单位：mg/m³

	厂界监控点浓度限值	甲醇	正丁醇
	本标准	1.0	0.5
参照	《大气污染物综合排放标准》（GB 16297—1996）	12	—
	北京市：《大气污染物综合排放标准》（DB 11/501—2007）	1	—
	广东省：《大气污染物综合排放标准》（DB 44/27—2001）	12	—
	上海市：《生物制药行业污染物排放标准》（DB 31/373—2010）	12	—
	浙江省：《生物制药工业污染物排放标准》（DB 33/923—2014）	12	—

4.8.10　甲醛、乙醛、丙酮排放限值制定

（1）最高容许排放速率

TJ 36—79 中甲醛、乙醛和丙酮一次最高容许浓度限值分别为 0.05 mg/m³、0.01 mg/m³ 和 0.8 mg/m³，苏联 CH 245—71 中甲醛、乙醛和丙酮一次最高容许浓度限值分别为 0.035 mg/m³、0.01 mg/m³ 和 0.35 mg/m³。GB 16297—1996 以及部分地方标准制定中甲醛和乙醛排放速率时取值为 0.05 mg/m³ 和 0.01 mg/m³。丙酮属于新增指标，标准浓度限值取 0.35 mg/m³。对应速率如表 4-38 所示。

表 4-38　最高容许排放速率

排放速率/（kg/h） 排气筒高度/m	甲醛	乙醛	丙酮
15	0.18	0.04	1.3
20	0.36	0.07	2.5
30	1.0	0.19	6.7
40	1.7	0.35	12
50	2.7	0.54	19

（2）最高容许排放浓度

丙酮作为重要的有机合成原料，常用于农药、医药等行业，甲醛和乙醛常作为有机溶剂而广泛使用，国内外相关标准都对其做了严格的控制，如表 4-39 所示。GBZ 2.1—2007 中甲醛、乙醛和丙酮的 PC-TWA 值分别为 0.5 mg/m³、45 mg/m³ 和 300 mg/m³，如表 4-40 和表 4-41 所示。从代表性企业调研数据来看，医化行业工艺中甲醛排放浓度在 0.481～3.26 mg/m³，定型机废气中甲醛排放浓度在 0.284～9.750 mg/m³，均远低于国家大气综合排放标准限值，说明现有国家大气综合排放标准限值过宽。根据欧盟 BAT 指南文件，甲醛、乙醛废气采用热氧化/催化氧化、活性炭吸附、水吸收等最佳可行工艺时，可使其排放浓度控制在 10 mg/m³ 以下。同时参照 GBZ 2.1—2007 和北京市 DB 11/501—2007 标准限值，本标准甲醛和乙醛排放浓度限值分别控制在 10 mg/m³ 和 20 mg/m³ 较为合理。

目前国家大气污染排放标准中并未对丙酮设定相应的排放限值，地方标准中厦门的大气污染物排放标准对丙酮设定了排放限值 150 mg/m³。江苏省的环评中一般采用 GBZ 2.1 中的 PC-TWA 值作为排放限值，其限值为 300 mg/m³，或根据 USEPA 工业环境实验室推算 DMEG$_{AH}$ 为 261 mg/m³，略低于 GBZ 2.1 的要求。通过代表性企业调研监测发现，丙酮浓度介于 3.67～183 mg/m³，均值约为 60 mg/m³，基于现场监测实际排放情况及江苏省化工企业统计结果，本标准将丙酮的控制限值设定为 40 mg/m³，如表 4-42 所示。

表 4-39　国内外相关行业标准对甲醛、乙醛和丙酮的控制要求

	标准名称（行业）	指标限值要求/（mg/m³）	
国家	大气污染物综合排放标准（GB 16297—1996）	甲醛	30（25）
		乙醛	150（125）
北京市	大气污染物综合排放标准（DB 11/501—2007）	甲醛	25（20）
		乙醛	125（20）
浙江省	生物制药工业污染物排放标准（DB 33/923—2014）	甲醛	20（20）
	纺织染整工业大气污染物排放标准（DB 33/962—2015）	甲醛	4（2）
上海市	生物制药行业污染物排放标准（DB 31/373—2010）	甲醛	20（20）
厦门市	《厦门市大气污染物排放标准》（DB 35/323—2011）	丙酮	150
国外	世界银行《污染预防与削减手册》（2008 年）	乙醛（石油化工生产）	20
		乙醛（制药行业）	20
		丙酮（制药行业）	80
	欧盟分级控制标准（德国、英国等）	甲醛	20
		乙醛	20
		丙酮	100

表 4-40　医化行业工艺废气排放现状监测

企业类型	企业名称	废气收集与治理工艺	出口浓度/（mg/m³）	
			甲醛	丙酮
发酵类	A 公司	发酵罐废气：废气→旋风分离器→一级吸收（碱液和 NaClO）→二级吸收（水）→排放	未检出	183
	B 公司	废气→碱液喷淋（NaOH）→排放	未检出	160
提取类	C 公司	废气→水吸收塔→碱液吸收塔（pH10～12）→15 m 排气筒高空排放	未检出	85
	D 公司	一级冷凝+二级冷吸收+活性炭吸附	未检出	68
化学合成	E 公司	丁胺卡那霉素：二级冷凝+二级水吸收（吸收氨气、乙腈）；奥美拉唑工艺废气：冷凝回收→活性炭吸附；其他工艺废气：NaClO 喷淋→水喷淋（吸收丙酮）	未检出	38
	F 公司	浸泡冷凝废气采用二级冷凝处理；合成、精制、烘干废气采用冷凝→活性炭吸附→排气筒排放	未检出	30
	G 公司	蓄热式催化燃烧工艺	0.481	28.1
	H 公司	蓄热式燃烧工艺	未检出	3.67
	I 公司	等离子体+催化氧化工艺（双氧水+浓硫酸）	0.666	未检出
生物工程	J 公司	工艺废气：填料塔二级吸收（酸+水）	3.26	31
	K 公司	采用高效过滤器进行微孔膜过滤处理,对有毒车间排气单独处理，在微孔膜过滤的同时用紫外线进行灭菌处理	2.31	25

表 4-41　代表性企业定型机废气排放现状监测

企业名称	治理工艺	出口浓度/（mg/m³）
		甲醛
A 公司	水喷淋处理	0.284
B 公司	静电处理	0.336
C 公司	水喷淋处理	0.342
D 公司	水喷淋+静电处理	9.750
E 公司	水喷淋处理	3.628

表 4-42　最高容许排放浓度　　　　　　　　　　　　单位：mg/m³

种类	甲醛	乙醛	丙酮
最高容许排放浓度	10	20	40

（3）厂界监控点浓度限值

根据本标准制定的原则，厂界监控点应设置在排放源下风向周界外 10 m 范围内的浓度最高点，其监控浓度标准值按 TJ 36—79 中 5 倍执行。但由于甲醛和乙醛在江苏省化学工业中广泛普遍应用，加之国内外相关标准都对其排放浓度做了严格的控制，为此本标准厂界监控点浓度限值也相应加严，即直接参照 TJ 36—79 中一次最高容许浓度（0.05 mg/m³、0.01 mg/m³ 和 0.8 mg/m³），如表 4-43 所示。

表 4-43　厂界监控点浓度限值　　　　　　　　　　单位：mg/m³

厂界监控点浓度限值		甲醛	乙醛	丙酮
本标准		0.05	0.01	0.8
参照	《大气污染物综合排放标准》（GB 16297—1996）	0.2	0.04	—
	北京市：《大气污染物综合排放标准》（DB 11/501—2007）	0.05	0.01	—
	广东省：《大气污染物综合排放标准》（DB 44/27—2001）	0.2	0.04	—
	上海市：《生物制药行业污染物排放标准》（DB 31/373—2010）	0.2	—	—
	浙江省：《生物制药工业污染物排放标准》（DB 33/923—2014）	0.2	—	—
	浙江省：《化学合成类制药工业大气污染物排放标准》（征求意见稿）	0.1	—	2

4.8.11　丙烯腈、丙烯醛、丙烯酸、丙烯酸酯类（丙烯酸甲酯/乙酯/丙酯/丁酯/戊酯）、丙烯酰胺排放限值制定

（1）最高容许排放速率

丙烯腈：《工业企业设计卫生标准》（TJ 36—79）中"居住区大气中有害物质的最高容许浓度"为 0.05 mg/m³；根据 USEPA 工业环境实验室方法计算 AMEG$_{AH}$ 为 0.008 mg/m³。

丙烯醛：《工业企业设计卫生标准》（TJ 36—79）中"居住区大气中有害物质的最高容许浓度"为 0.1 mg/m³；苏联 CH 245—71 "居民区大气中有害物质的最大允许浓度"和苏联大气环境质量标准为 0.03 mg/m³。我国《大气污染物综合排放标准》（GB 16297—1996）以及部分地方标准制定中取值为 0.1 mg/m³。

丙烯酸：根据 USEPA 工业环境实验室方法计算 AMEG$_{AH}$ 为 0.25 mg/m³。

丙烯酸甲酯：苏联 CH 245—71 "居民区大气中有害物质的最大容许浓度、苏联大气

环境质量标准为 0.01 mg/m^3；根据 USEPA 工业环境实验室方法计算 AMEG$_{AH}$ 为 0.03 mg/m^3。

　　丙烯酰胺：根据 USEPA 工业环境实验室方法计算 AMEG$_{AH}$ 为 0.04 mg/m^3。

　　参考以上资料，本标准丙烯腈、丙烯醛、丙烯酸、丙烯酸酯类、丙烯酰胺环境空气质量浓度限值分别取 0.05 mg/m^3、0.1 mg/m^3、0.25 mg/m^3、0.03 mg/m^3、0.04 mg/m^3。对应速率如表 4-44 所示。

表 4-44　最高容许排放速率

排放速率/（kg/h） 排气筒高度/m	丙烯腈	丙烯醛	丙烯酸	丙烯酸酯类	丙烯酰胺
15	0.18	0.36	0.9	0.11	0.15
20	0.36	0.72	1.8	0.22	0.29
30	1.0	1.92	4.8	0.58	0.77
40	1.7	3.5	8.7	1.1	1.4
50	2.7	5.4	14	1.6	2.2

（2）最高容许排放浓度

　　丙烯腈、丙烯醛、丙烯酸和丙烯酸酯是重要的有机合成原料及合成树脂单体，用于合成树脂、合成纤维、高吸水性树脂、建材、涂料等工业部门。GBZ 2.1—2007 中丙烯腈、丙烯醛、丙烯酸、丙烯酸甲酯和丙烯酸正丁酯的 PC-TWA 值或 MAC 值分别为 1 mg/m^3、0.3 mg/m^3、6 mg/m^3、20 mg/m^3 和 25 mg/m^3，属于高毒类化学品。由于丙烯腈属于 IARC 第 2B 类致癌物，根据 USEPA 工业环境实验室方法计算丙烯腈 DMEG$_{AH}$ 为 3.51 mg/m^3（LD$_{50}$ 值为 78 mg/kg），而北京市 DB11/501—2007 标准中将丙烯腈控制在 5 mg/m^3，盐城市对丙烯腈做出禁排规定，因此本标准对丙烯腈应加严控制，即新建企业控制限值设定为 5 mg/m^3。编制组调研了典型树脂合成企业 ABS 树脂生产装置凝聚单元过程以及产生尾气中丙烯腈含量及相应处理工艺，采用蓄热式催化氧化焚烧法处理后，丙烯腈进口浓度为 465～729 mg/m^3，平均浓度为 582 mg/m^3，出口浓度最高为 6.25 mg/m^3，总净化效率大于 98%。根据欧盟 BAT 指南文件，丙烯腈废气采用吸收法+热氧化/催化氧化等最佳可行工艺时，可使其排放浓度控制在 0.5 mg/m^3 以下，因此本标准将丙烯腈控制在 5 mg/m^3 以内是合理可行的。由于丙烯醛、丙烯酸和丙烯酸酯类不属于 IARC 中可能致癌物，其排放限值比丙烯腈可略宽，国家标准 GB 16297—1996 中将丙烯醛控制在 16 mg/m^3，而北京市在制定 DB 11/501—2007 标准时参照国标执行 16 mg/m^3，由于编制组未获得实测数据，故对排放控制从严处理，即 10 mg/m^3。丙烯酸和丙烯酸酯类的排放限值参照世界银行或德国 TA-Luft 执行 20 mg/m^3。丙烯酰胺属于 IARC 2B 类致癌物，英国、荷兰、世界银行等排放限值均设置为 5 mg/m^3，本标准参照执行，如表 4-45 至表 4-47 所示。

表 4-45 最高容许排放浓度

单位：mg/m³

标准名称（行业）		指标限值要求	
国家	大气污染物综合排放标准（GB 16297—1996）	丙烯腈	26（22）
		丙烯醛	20（16）
北京市	大气污染物综合排放标准（DB 11/501—2007）	丙烯腈	25（5）
		丙烯醛	16（16）
广东省	广东省地方标准大气污染物排放限值（DB 44/27—2001）	丙烯腈	22（22）
		丙烯醛	16（16）
国外	世界银行《污染预防与削减手册》（2008 年）	丙烯酸乙酯（制药行业）	20
	欧盟分级控制标准（德国、英国等）	丙烯腈、丙烯醛、丙烯酸甲酯、丙烯酸正丁酯	5
	德国空气质量控制技术指南（TA-Luft）	丙烯腈、丙烯醛、丙烯酸甲酯、丙烯酸乙酯	20

表 4-46 代表性企业定型机废气排放现状监测

企业名称	治理工艺	出口浓度/（mg/m³）
		丙烯酸乙酯
A 公司	水喷淋处理	0.038
B 公司	静电处理	0.231
C 公司	水喷淋处理	0.08
D 公司	水喷淋+静电处理	0.075
E 公司	水喷淋处理	0.074

表 4-47 最高容许排放浓度

单位：mg/m³

种类	丙烯腈	丙烯醛	丙烯酸	丙烯酸酯类	丙烯酰胺
最高容许排放浓度	5.0	10	20	20	5.0

（3）厂界监控点浓度限值

根据本标准制定的原则，厂界监控点应设置在排放源下风向周界外 10 m 范围内的浓度最高点，其监控浓度标准值按 TJ 36—79 中 5 倍执行。但由于丙烯腈和丙烯醛在江苏省化学工业广泛普遍应用，加之国内外相关标准都对其排放浓度做了严格的控制，为此本标准无组织排放监控点浓度限值也相应加严，即直接参照前 TJ 36—79 中一次最高容许浓度（0.20 mg/m³ 和 0.10 mg/m³）。GBZ 2.1—2007 中丙烯酸甲酯和丙烯酸正丁酯的 PC-TWA 值为 20 mg/m³、25 mg/m³，其厂界监控点浓度限值取 0.4～0.5 mg/m³。但由于目前国内对于固定污染源排气和环境空气中丙烯酸酯的测定只能参照《工作场所空气有毒物质测定不饱和脂肪族酯类化合物》（GBZ/T 160.64—2004），而该方法对丙烯酸酯类的最低检出浓度为

0.93～1.3 mg/m³，为此其厂界监控点浓度限值暂取 1.5 mg/m³，待检测方法更新后，再进行加严，如表 4-48 所示。

表 4-48　厂界监控点浓度限值　　　　　　　　单位：mg/m³

厂界监控点浓度限值		丙烯腈	丙烯醛	丙烯酸	丙烯酸酯类	丙烯酰胺
本标准		0.20	0.10	0.25	1.50	0.10
参照	《大气污染物综合排放标准》（GB 16297—1996）	0.6	0.4	—	—	—
	北京市：《大气污染物综合排放标准》（DB11/501—2007）	0.15	0.1	—	—	—
	广东省：《大气污染物综合排放标准》（DB44/27—2001）	0.6	0.4	—	—	—

4.8.12　吡啶、N,N-二甲基甲酰胺排放限值制定

（1）最高容许排放速率

吡啶：TJ 36—79 为 0.08 mg/m³；苏联 CH 245—71 为 0.08 mg/m³；USEPA 工业环境实验室方法计算 $AMEG_{AH}$ 为 0.17 mg/m³（LD_{50} 值为 1 580 mg/kg）。

N,N-二甲基甲酰胺：USEPA 工业环境实验室方法计算 $AMEG_{AH}$ 为 0.15 mg/m³。

参考以上资料，本标准吡啶、N,N-二甲基甲酰胺环境空气质量浓度限值分别取 0.08 mg/m³、0.15 mg/m³。对应速率如表 4-49 所示。

表 4-49　最高容许排放速率

排气筒高度/m	排放速率/（kg/h） 吡啶	N,N-二甲基甲酰胺
15	0.29	0.54
20	0.58	1.1
30	1.5	2.9
40	2.8	5.2
50	4.3	8.2

（2）最高容许排放浓度

吡啶在工业上可用作变性剂、助染剂，以及合成一系列产品（包括药品、消毒剂、染料等）的原料，N,N-二甲基甲酰胺主要用作工业溶剂，医药工业上用于生产维生素、激素，也用于制造杀虫脒。由于吡啶嗅阈值较低，为 0.021 mg/m³，可考虑从严控制，GBZ 2.1—2007 吡啶的 PC-TWA 值为 4 mg/m³，故本标准参照执行，如表 4-50 和表 4-51 所示。编制组调

研了两家代表性企业：①典型合成革干法生产线 DMF 废气回收技术，DMF 平均含量为 $1\,500\times10^{-6}$（质量比），采用高效水喷淋吸收法可回收 99%DMF，并实现达标排放[DMF 浓度 15×10^{-6}（质量比）；②干纺腈纶干燥机 DMF 废气淋洗和减压脱水回收工艺，DMF 平均含量为 $400\sim500$ mg/m³，采用高效丝网填料塔对纤维干燥机 DMF 废气进行水淋洗吸收和溶剂减压脱水、常压提纯，系统 DMF 吸收效率可达到 95% 左右，DMF 排放浓度不超过 40 mg/m³，考虑到工艺革新、治理设施日益成熟，对 DMF 排放限值控制在 30 mg/m³ 是可行的。

表 4-50　最高容许排放浓度　　　　　　　　　　　　　　　单位：mg/m³

	标准名称（行业）	指标限值要求	
国家	合成革与人造革工业污染物排放标准（GB 21902—2008）	DMF	50
地方	台湾地区 PU 合成革工业污染排放标准限值	DMF	20（65）
国外	欧盟有机溶剂使用指令（1999/13/EC）	DMF	$50\sim150$
	欧盟分级控制标准（德国、英国等）	DMF	5
		吡啶	5
	德国空气质量控制技术指南（TA-Luft）	吡啶	20
		DMF	100
	USEPA 工业环境实验室计算方法	吡啶	71.1
		DMF	18

表 4-51　最高容许排放浓度　　　　　　　　　　　　　　　单位：mg/m³

种类	吡啶类	DMF
最高容许排放浓度	4.0	30

（3）无组织监控点浓度限值

根据本标准制定的原则，无组织排放监控点应设置在排放源下风向周界外 10 m 范围内的浓度最高点，其监控浓度标准值按 TJ 36—79 中 5 倍执行。但由于吡啶嗅阈值较低，故对其无组织排放监控点浓度限值加严控制，即直接参照 TJ 36—79 一次最高容许浓度（0.08 mg/m³）。GBZ 2.1—2007 中 DMF 的 PC-TWA 值为 20 mg/m³，故无组织监控点浓度限值取 0.4 mg/m³，如表 4-52 所示。

表 4-52　厂界监控点浓度限值　　　　　　　　　　　　　　　单位：mg/m³

厂界监控点浓度限值		吡啶类	DMF
本标准		0.08	0.4
参照	合成革与人造革工业污染物排放标准（GB 21902—2008）	—	0.4

4.8.13　乙腈排放限值制定

（1）最高容许排放速率

USEPA 工业环境实验室方法计算乙腈 $AMEG_{AH}$ 为 0.29 mg/m³（LD_{50} 值为 2 730 mg/kg）。排气筒高度为 15 m、20 m、30 m、40 m 和 50 m 的最高容许排放速率分别为 1.1 kg/h、2.1 kg/h、5.6 kg/h、10 kg/h、16 kg/h。

（2）最高容许排放浓度

USEPA 工业环境实验室方法计算乙腈 $DMEG_{AH}$ 为 122 mg/m³（LD_{50} 值为 2 730 mg/kg），GBZ 2.1—2007 中 PC-TWA 值为 30 mg/m³，英国为 20 mg/m³，综合考虑选取 30 mg/m³。

（3）无组织监控点浓度限值

根据本标准制定的原则，无组织排放监控点应设置在排放源下风向周界外 10 m 范围内的浓度最高点，GBZ 2.1—2007 中 PC-TWA 值为 30 mg/m³，故无组织监控点浓度限值取 0.6 mg/m³。

4.8.14　乙酸酯类、乙酸乙烯酯排放限值制定

（1）最高容许排放速率

乙酸酯类：USEPA 工业环境实验室方法计算乙酸乙酯 $AMEG_{AH}$ 为 0.60 mg/m³（LD_{50} 值为 5 620 mg/kg），乙酸丁酯 $AMEG_{AH}$ 为 1.40 mg/m³（LD_{50} 值为 13 100 mg/kg），考虑到乙酸酯类嗅阈值较低，故环境空气质量浓度限值取乙酸乙酯的 $AMEG_{AH}$ 0.60 mg/m³ 再严格 50%，即为 0.30 mg/m³。

乙酸乙烯酯：苏联 CH 245—71 为 0.15 mg/m³；东德和苏联环境空气长期标准均为 0.15 mg/m³。

参考以上资料，本标准乙酸酯类、乙酸乙烯酯环境空气质量浓度限值分别取 0.30 mg/m³、0.15 mg/m³。对应速率如表 4-53 所示。

表 4-53　最高容许排放速率

排气筒高度/m	排放速率/（kg/h） 乙酸酯类	乙酸乙烯酯
15	1.1	0.54
20	2.2	1.1
30	5.8	2.9
40	11	5.2
50	16	8.2

（2）最高容许排放浓度

乙酸乙酯的实测浓度表明，排放浓度范围为 ND～300 mg/m³，78%的数据在 50 mg/m³ 以下，乙酸丁酯的实测浓度表明，排放浓度范围为 10～240 mg/m³，84%的数据在 50 mg/m³ 以下，乙酸乙烯酯的实测数据表明，排放浓度范围为 ND～30 mg/m³，81%的数据在 20 mg/m³ 以下。德国排放浓度为 20 mg/m³，如表 4-54 所示。

表 4-54　最高容许排放浓度　　　　　　　　　　　　　单位：mg/m³

种类	乙酸酯类	乙酸乙烯酯
最高容许排放浓度	50	20

（3）无组织监控点浓度限值

GBZ 2.1—2007 中乙酸乙酯和乙酸丁酯的 PC-TWA 值均为 200 mg/m³，故无组织监控点浓度限值取 4.0 mg/m³。乙酸乙烯酯的 PC-TWA 值均为 10 mg/m³，故无组织监控点浓度限值取 0.2 mg/m³，如表 4-55 所示。

表 4-55　厂界监控点浓度限值　　　　　　　　　　　　单位：mg/m³

种类	乙酸酯类	乙酸乙烯酯
厂界监控点浓度限值	4.0	0.20

4.8.15　非甲烷总烃排放限值制定

VOCs 是造成霾污染和臭氧的重要前体污染物，被国家大气污染防治计划、重点区域大气污染防治规划和上海市清洁空气行动计划等列为重点。这也是当前各地标准修订的重点所在。美国和欧盟等地区对 VOCs 的定义不同，我国不同口径颁布的文件中对 VOCs 的定义也不相同。比如，USEPA 对挥发性有机物（VOCs）的定义主要从对臭氧有贡献的角度划分。欧盟对 VOCs 的定义是指 20℃下蒸气压超过 10 kPa 的有机化合物。但单纯从蒸气压定义上看属于欧盟中规定的 VOCs，不一定属于美国所定义的 VOCs，因此本标准中规定，凡是 20℃时饱和蒸气压不低于 0.01MPa 的有机污染物，均属于 VOCs，因此乙醇和丙酮理论上也包括在内。VOCs 的毒性是由所包含的单体污染物的毒性决定的。一般可引起中枢神经的麻醉作用，对皮肤黏膜也具有一定刺激作用，严重的可引起湿疹。VOCs 的危害还在于它们是大气光化学烟雾、大气气溶胶（能见度）等大气污染现象的前体污染物，是影响城市大气环境质量的重要污染物。而我国当前颁布的一系列标准以及《大气污染物排放清单制定技术指南》中给出的定义也不同。从目前公布的相关监测标准来看，采用固相吸附-气相色谱质谱法（HJ 644—2013、HJ 734—2014）可定性定量分析 24～35 种 VOCs，采用罐采样-气相色谱法（HJ 759—2015）可定性定量分析 61 种 VOCs，主要为烃类物质，但仍有许多 VOCs 不在此范围之内。故目前有关 VOCs 的测定方法均无法包括所有的常见有机化合物。

NMHC 是一类物质，是一个综合表征碳氢化合物的指标，传统的定义是控制臭氧的生成，因此其定义为 C2-C8 中的烃类物质。目前根据 2003 年的分析测试标准，指采用 HJ 38—2017 规定的监测方法，检测器有明显响应的除甲烷外的碳氢化合物的总称（以碳计）。根据该方法的测定要求，色谱柱是空柱，FID 的灵敏度也决定了检出浓度，因此当前以 NMHC 表征排气筒排放 VOCs 具有一定的实际意义。因此考虑以 NMHC 表征 VOCs 排放的综合指标，用于控制有机污染物的总量。

（1）最高容许排放速率

从编制组收集到的资料来看，目前制定了总烃或非甲烷总烃的环境质量标准的国家不多，国外仅有美国、以色列和意大利曾经或已经制定了环境质量标准，国内仅有河北省地方标准《环境空气质量非甲烷总烃限值》（DB 13/1577—2012）制定了非甲烷总烃的 1 小时平均浓度限值。由于我国目前没有非甲烷总烃的国家环境质量标准，美国的同类标准已废除，故我国石化部门和若干地区通常采用以色列同类标准的短期平均值，为 5.0 mg/m^3，GB 16297—1996 以及部分地方标准制定中非甲烷总烃排放速率标准浓度限值取 2.0 mg/m^3，因此在制定排放标准时选用 2 mg/m^3 作为计算依据，如表 4-56 所示。

表 4-56　最高容许排放速率

排气筒高度/m	排放速率/（kg/h） 非甲烷总烃
15	7.2
20	14
30	38
40	70
50	108

（2）最高容许排放浓度

对于非甲烷在总烃的排放浓度限值可参照北京市 DB 11/501—2007，现有企业 I 时段执行 120 mg/m^3，现有企业 II 时段及新建企业执行 80 mg/m^3。中国石化北京燕山分公司采用催化氧化技术对 SBS 生产装置 D 线后处理单元废气（废气流量为 30 000 m^3/h）进行处理，其工艺路线为：废气收集和预处理—冷凝—催化氧化—达标排放。2007 年 12 月，装置经调试运行稳定后，催化氧化反应器对废气中非甲烷总烃去除效果见表 4-57，非甲烷总烃浓度去除效率≥98.5%，排放浓度 67 mg/m^3。编制组调研了塑料加工废气处理情况，非甲烷总烃产生量约占产品量的 0.1‰，其废气产生量为 1 000 m³/t 产品，非甲烷总烃产生浓度为 100 mg/m³，采用"活性炭吸附—催化燃烧脱附"法处理后污染物净化率为 90%，处理后废气中非甲烷总烃排放浓度为 10 mg/m³。编制组选择了 10 家代表性农药制造、医药制造、化学原料制造企业进行了非甲烷总烃固定源排气和厂界无组织排气监测，非甲烷总烃固定源排气浓度分别为 139～317 mg/m³、14.1～14.1 mg/m³、7.74～10.3 mg/m³、1.41～1.38 mg/m³、98.8～73.8 mg/m³、2.72～3.32 mg/m³、7.45～7.58 mg/m³、51.5～54.4 mg/m³、1.17～2.45 mg/m³、6.68～6.96 mg/m³，均值为 42 mg/m³，故本标准排放浓度限值取 80 mg/m³ 基本可行。

表 4-57　催化氧化反应器对废气中非甲烷总烃的去除效果[①]

采样时间	反应器温度/℃		非甲烷总烃浓度/（mg/m³）		去除率/%
	入口	出口	入口	出口	
12 月 3 日	239	423	5 030	74.9	98.5
12 月 4 日	257	455	5 820	85.1	98.5
12 月 5 日	253	455	5.61	56.5	99.0
12 月 6 日	251	381	3 840	50.9	98.7

（3）厂界监控点浓度限值

由于 GB 16297—1996 的非甲烷总烃厂界监控点浓度限值控制在 4 mg/m³，相对较严，故本标准也执行 4 mg/m³。编制组对上述 10 家代表性农药制造、医药制造、化学原料制造企业进行了非甲烷总烃厂界无组织排气监测，浓度分别为 0.95～2.50 mg/m³、1.12～1.28 mg/m³、3.19～3.63 mg/m³、2.94～3.14 mg/m³、4.06～5.08 mg/m³、4.50～5.50 mg/m³、2.53～2.78 mg/m³、2.47～2.47 mg/m³、4.02～4.93 mg/m³、3.78～4.65 mg/m³，均值为 3.3 mg/m³，故本标准厂界监控点浓度限值取 4 mg/m³ 基本可行。

4.8.16　臭气浓度排放限值制定

臭气浓度是一个无量纲、综合性指标。化工企业在生产过程中会使用到部分恶臭物质，企业废水处理过程中会产生恶臭性物质。目前环境空气中的恶臭或臭味是居民投诉的重点问题之一，尤其是化工企业集聚区。我国当前针对恶臭的标准仅有 GB 14554—93、天津市《恶臭污染物排放标准》（DB 12/—059—95）、台湾地区的《固定污染源空气污染物排放标准》和浙江省《化学合成类制药工业大气污染物排放标准》（征求意见稿）。从调研企业数据反馈情况来看，排气筒臭气浓度介于 232～1 718，平均臭气浓度为 874，无组织监控点浓度介于 10～18，平均 16.5。考虑到企业集聚和恶臭扰民的问题，以及未来化工企业 VOCs 治理的发

[①]程文红，袁晓华，田凤杰. 催化氧化技术在橡胶废气处理中的应用[J]. 化工环保，2012，32（2）：156-159.

展方向，本标准将新建企业臭气浓度控制限值，同时为进一步控制异味对周边环境的恶劣影响，本标准将不制定不同排气筒高度下的排放浓度限值，一律执行 1 500，如表 4-58 所示。

表 4-58 恶臭排放标准

标准名称（行业）		指标限值要求/（mg/m³）		无组织监控点浓度限值（无量纲）
		排气筒高度/m	臭气浓度（无量纲）	
国家	恶臭污染物排放标准（GB 14554—93）	15	2 000	20
		25	6 000	
		35	15 000	
		40	20 000	
		50	40 000	
		≥60	60 000	
天津市	天津市恶臭污染物排放标准（DB 12/—059—95）	15	1 000	20
		25	3 000	
		35	10 000	
		40	15 000	
		60	30 000	
浙江省	《化学合成类制药工业大气污染物排放标准》（征求意见稿）	全部	1 000/800	20
台湾地区	固定污染源空气污染物排放标准	0～9	1 500	—
		9～18	4 500	
		18～30	13 500	
		30～55	45 000	
		≥55	75 000	
国外	日本大阪市官能团试验法排放标准	0～8	400	—
		8～15	600	
		15～25	800	
		≥25	1 000	
	美国旧金山大气污染控制恶臭条例	0～15	1 000	—
		30～60	3 000	
		60～100	9 000	
		100～180	30 000	
		≥180	50 000	

4.8.17　受控 VOCs 排放限值汇总

受控 VOCs 排放限值情况如表 4-59 和表 4-60 所示。

表 4-59　固定源挥发性有机物及臭气浓度排放限值表

序号	污染物项目	最高容许排放浓度 [d] /（mg/m³）	与排气筒高度对应的最高容许排放速率/（kg/h）[e]				
			15 m	20 m	30 m	40 m	50 m
1	氯甲烷 [a]	20	1.1	2.2	5.6	10	16
2	二氯甲烷 [a]	50	0.54	1.1	2.9	5.2	8.1
3	三氯甲烷 [a]	20	0.54	1.1	2.9	5.2	8.1
4	1,2-二氯乙烷 [a]	7.0	0.54	1.1	2.9	5.2	8.1
5	环氧乙烷 [a]	5.0	0.15	0.29	0.77	1.4	2.2
6	1,2-环氧丙烷 [a]	5.0	0.43	0.86	2.3	4.2	6.5
7	环氧氯丙烷 [a]	5.0	0.54	1.1	2.9	5.2	8.1
8	氯乙烯	10	0.54	1.1	2.9	5.2	8.1
9	三氯乙烯 [a]	30	0.72	1.5	3.8	7.0	11
10	1,3-丁二烯 [a]	5.0	0.36	0.72	1.9	3.5	5.4
11	苯	6.0	0.36	0.72	1.9	3.5	5.4
12	甲苯	25	2.2	4.3	12	21	32
13	二甲苯	40	0.72	1.5	3.8	7.0	11
14	氯苯类	20	0.36	0.72	1.9	3.5	5.4
15	酚类	20	0.07	0.14	0.38	0.70	1.1
16	苯乙烯	20	0.54	1.1	2.9	5.2	8.1
17	硝基苯类	12	0.04	0.07	0.19	0.35	0.54
18	苯胺类	20	0.36	0.72	1.9	3.5	5.4
19	甲醇	60	3.6	7.2	19	35	54
20	正丁醇 [a]	40	0.36	0.72	1.9	3.5	5.4
21	丙酮	40	1.3	2.5	6.7	12	19
22	甲醛	10	0.18	0.36	1.0	1.7	2.7
23	乙醛	20	0.04	0.07	0.19	0.35	0.54
24	丙烯腈	5.0	0.18	0.36	1.0	1.7	2.7
25	丙烯醛	10	0.36	0.72	1.9	3.5	5.4
26	丙烯酸 [a]	20	0.9	1.8	4.8	8.7	14
27	丙烯酸酯类 [a, b]	20	0.11	0.22	0.58	1.0	1.6
28	丙烯酰胺	5.0	0.15	0.29	0.77	1.4	2.2
29	乙酸乙烯酯 [a]	20	0.54	1.1	2.9	5.2	8.1
30	乙酸酯类 [c]	50	1.1	2.2	5.6	10	16
31	乙腈 [a]	30	1.1	2.2	5.6	10	16
32	吡啶 [a]	4.0	0.29	0.58	1.5	2.8	4.3
33	N,N-二甲基甲酰胺	30	0.54	1.1	2.9	5.2	8.1
34	非甲烷总烃	80	7.2	14	38	70	108
35	臭气浓度	1 500（无量纲）	—	—	—	—	—

a　待国家污染物监测方法标准发布后实施。
b　丙烯酸酯类排放限值指丙烯酸甲酯、丙烯酸乙酯、丙烯酸丁酯的排放限值的数学加和。
c　乙酸酯类排放限值指乙酸乙酯、乙酸丁酯的排放限值的数学加和。
d　当排气筒高度<15 m 时，最高容许排放浓度按表 2 厂界挥发性有机物监控点浓度限值 5 倍执行。
e　当排气筒高度≥50 m 时，执行排气筒高度为 50 m 所对应的最高容许排放速率。

表 4-60　厂界监控点挥发性有机物及臭气浓度排放限值表　　　　单位：mg/m³

序号	污染物项目	厂界监控点浓度限值	序号	污染物项目	厂界监控点浓度限值
1	氯甲烷	1.2	19	甲醇	1.0
2	二氯甲烷	4.0	20	正丁醇 [a]	0.50
3	三氯甲烷	0.40	21	丙酮	0.80
4	1,2-二氯乙烷	0.14	22	甲醛	0.05
5	环氧乙烷 [a]	0.04	23	乙醛	0.01
6	1,2-环氧丙烷 [a]	0.10	24	丙烯腈	0.15
7	环氧氯丙烷 [a]	0.02	25	丙烯醛	0.10
8	氯乙烯	0.30	26	丙烯酸 [a]	0.25
9	三氯乙烯	0.60	27	丙烯酸酯类 [a, b]	1.0
10	1,3-丁二烯	0.10	28	丙烯酰胺	0.10
11	苯	0.12	29	乙酸酯类 [c]	4.0
12	甲苯	0.60	30	乙酸乙烯酯	0.20
13	二甲苯	0.30	31	乙腈 [a]	0.60
14	氯苯类	0.20	32	吡啶 [a]	0.08
15	酚类	0.02	33	N,N-二甲基甲酰胺	0.40
16	苯乙烯	0.50	34	非甲烷总烃	4.0
17	硝基苯类	0.01	35	臭气浓度	20（无量纲）
18	苯胺类	0.20	—	—	—

a　待国家污染物监测方法标准发布后实施。
b　丙烯酸酯类排放限值指丙烯酸甲酯、丙烯酸乙酯、丙烯酸丁酯的排放限值的数学加和。
c　乙酸酯类排放限值指乙酸乙酯、乙酸丁酯的排放限值的数学加和。

4.9　污染控制要求

江苏省环保厅针对化学工业大气污染物控制方面发布了两个文件：《江苏省化工行业废气污染防治技术规范》（苏环办[2014]3 号）、《江苏省化学工业挥发性有机物无组织排放控制技术指南》（苏环办[2016]95 号），本标准在污染控制方面主要体现在：

4.9.1　挥发性有机液体储罐污染控制要求

在符合安全等相关规范前提下，挥发性有机液体应采用压力罐、高效密封的浮顶罐、安装回收或处理设施的拱顶罐，储罐应配有呼吸阀、液位计、高液位报警仪以及防雷、防静电等设施。

储存真实蒸气压≥76.5kPa 的挥发性有机液体应采用压力储罐。

储存真实蒸气压≥5.2kPa 但＜27.6kPa 的设计容量≥150 m³ 的挥发性有机液体储罐，以及储存真实蒸气压≥27.6kPa 但＜76.5kPa 的设计容量≥75 m³ 的挥发性有机液体储罐，应符合下列规定之一：①采用内浮顶罐，内浮顶罐的浮盘与罐壁之间应采用液体镶嵌式、机械式鞋形、双封式等高效密封方式。②采用外浮顶罐，外浮顶罐的浮盘与罐壁之间采用双封式密封，且初级密封采用液体镶嵌式、机械式鞋形等高效密封方式。③采用固定顶罐，则应设置呼吸阀、温控及惰性气体保护措施，安装密闭排气系统至有机废气处理装置或采用其他等效措施。

浮顶罐浮盘上的开口、缝隙密封设施，以及浮盘与罐壁之间的密封设施在工作状态下应保持密闭。若检测到密闭设施不能密闭，在不关闭工艺单元的条件下，在 15 日内进行维修技术上不可行，则可延迟维修，但不应晚于最近一个停工期。对浮盘的检查至少每 6 个月进行一次，每次检查应记录浮盘密封设施的状态，记录应保存 1 年以上。

挥发性有机液体储存过程应配备蒸气收集系统（冷凝、洗涤、吸收、吸附等）或者呼吸尾气密闭收集并处理。

挥发性有机液体装卸应采取全密闭、浸没式液下装载等工艺，严禁喷溅式装载，液体宜从罐体底部进入，或将鹤管伸入罐体底部，鹤管口至罐底距离不得大于 200 mm；在注入口未浸没前，初始流速不应大于 1 m/s，当注入口浸没鹤管口后，可适当提高流速。

挥发性有机液体装卸过程应配备气相平衡管或者装卸尾气密闭收集并处理。

4.9.2　工艺操作单元污染控制要求

化学工业企业挥发性有机物料投加、出料、转移（输送）、分离、抽真空、蒸馏、精馏、脱溶、干燥、取样等过程必须采取控制措施，如表 4-61 所示。

表 4-61　化学工业企业工艺操作单元挥发性有机物污染控制措施

序号	工艺操作单元	应采取的控制措施
1	进出料	①采用无泄漏泵或高位槽（计量槽）投加挥发性有机液体物料 ②采用底部给料或浸入管给料，顶部添加挥发性有机液体物料宜采用导管贴壁给料 ③采用管道自动计量或密闭投料器投加易产生 VOCs 的固体/半固体物料 ④含 VOCs 进出料尾气有效收集并处理
2	反应过程	①常压带温反应釜应配备冷凝或深冷回流装置回收，减少反应过程中挥发性有机物料损耗，不凝性废气须有效收集并处理 ②反应釜放空尾气、带压反应泄压排气等须有效收集并处理
3	物料转移（输送）	①利用厂房（车间）高位差或采用无泄漏泵转料 ②含 VOCs 的转移（输送）排气须有效收集并处理
4	固液分离	①采用全自动密闭式（氮气或空气密封）的压滤机 ②采用全自动密闭式或半密闭式的离心机 ③含 VOCs 的分离母液密闭收集 ④固液分离过程产生的挥发性有机废气须有效收集并处理

序号	工艺操作单元	应采取的控制措施
5	抽真空	①采用无油立式真空泵、往复式真空泵、罗茨真空泵等机械真空泵，泵前与泵后需安装冷凝回收装置，有效回收物料 ②如采用水喷射或水环真空泵时，必须配备配备循环液冷却系统（盘管冷却或深冷换热）和循环槽（罐）挥发性有机气体收集处理装置
6	蒸馏、精馏、脱溶	①采用螺旋绕管式或板式冷凝器等高效换热设备，增大换热面积，延长热交换时间 ②高沸点溶剂（沸点高于140℃）采用水冷或5℃冷冻水冷，低沸点溶剂（沸点低于140℃），需再采用-15～-10℃冷冻盐水进行深度冷凝 ③蒸馏、精馏、脱溶过程产生的挥发性有机废气（冷凝后不凝气、真空尾气、冷凝液接收罐放空尾气等）须有效收集并处理
7	干燥	①采用耙式干燥、单锥干燥、双锥干燥、真空烘箱等密闭干燥设备 ②干燥过程产生的挥发性有机废气须有效收集并处理
8	工艺取样	①采用密闭取样设备 ②取样过程产生的挥发性有机废气须有效收集并处理
9	灌装	①采用密闭灌装设备 ②灌装过程产生的挥发性有机废气有效收集并处理

4.9.3　废水集输处理及固废（液）贮存系统污染控制要求

废水集输系统和处理设施的初期处理单元（调节池、厌氧池、气浮池、吹脱塔、污泥间等）产生的挥发性有机废气须密闭收集并处理。

含挥发性有机物的原料桶、包装罐、塑料袋，废液废渣密封罐以及固废密封塑料袋等应储存于符合相关规范的密闭贮存系统中，贮存过程产生的挥发性有机废气须密闭收集并处理。

4.9.4　其他污染控制要求

有机废气收集系统需满足以下要求：

（1）生产设施应采用连续化、自动化、密闭式，不能实现密闭的，根据生产工艺、操作方式以及废气性质、处理和处置方式，设置不同的废气收集系统，做到"能收则收"。

（2）各个废气收集系统均应实现压力损失平衡以及较高的收集效率。

（3）有机废气收集系统应综合考虑防火、防爆、防腐、耐高温、防结露、防堵塞等问题。

有机废气处理装置需满足以下要求：

（1）根据废气产生量、污染物组分和性质、温度、压力等因素进行综合分析，选择成熟可靠的废气治理工艺路线，确保废气稳定达标排放。

（2）企业应按照附件C建立污染物排放控制台账，并保存相关记录。废气处理装置应设置运行或排放等有效监控系统，并按照附件 C 的要求保存记录，至少三年。

（3）有机废气处理装置产生的废溶剂、废吸附剂等应按照《江苏省危险废物管理暂行办法（修正）》（省政府令[1997]第 49 号）处理。

（4）泵、搅拌器、压缩机、泄压设备、采样系统、放空阀（放空管）、阀门、法兰及其他连接件、仪表、气体回收装置和密闭排放装置等易产生 VOCs 泄漏点数量超过 2 000 个的化工企业，应逐步应用 LDAR 技术，对易泄漏点进行定期检测并及时修复泄漏点，严格控制跑、冒、滴、漏和无组织泄漏排放。

（5）根据环境保护工作的要求，在挥发性有机物排放重点行业集中的区域，或大气环境容量较小、容易发生严重大气环境污染问题而需要采取特别保护措施的区域，应根据批复的环境影响评价文件或者环境保护主管部门的要求在其边界设置监控点。

4.10　监测要求

4.10.1　一般要求

按照有关法律和《环境监测管理办法》等规定，污染物责任主体应建立企业监测制度，制定监测方案，对污染物排放状况开展自行监测。必要时，根据环境保护主管部门的要求，对周边环境质量的影响开展自行监测，保存原始监测记录，并公布监测结果。

污染源排气筒应按照环境监测管理规定和技术规范的要求，设计、建设、维护永久性采样口、采样测试平台和排污口标志。

新建项目应在污染物处理设施的进、出口均设置采样孔和采样平台；现有项目如污染物处理设施进口能够满足相关工艺及生产安全要求，则应在进口处设置采样孔。若排气筒采用多筒集合式排放，应在合并排气筒前的各分管上设置采样孔。

实施监督性监测期间的工况应与实际运行工况相同，排污单位人员和实施监测人员都不应任意改变当时的运行工况。

4.10.2　排气筒监测

排气筒中挥发性有机物的监测采样应按 GB/T 16157—1996、HJ/T 373—2007、HJ/T 397—2007 或 HJ 732—2014 的规定执行。

排气筒中挥发性有机物浓度限值任何 1 小时浓度平均值不能超过的值，可以任何连续 1 小时采样获得的平均值；或者在任何 1 小时内以等时间间隔采样 4 个样品，计算平均值；对于间歇式排放且排放时间小于 1 小时，则应在排放阶段实现连续监测，或者以等时间间隔采集 2～4 个样品并计算平均值。

排气筒中臭气浓度监测按 GB 14554—93 的规定执行。

4.10.3 厂界监测

厂界挥发性有机物监控点监测按 HJ/T 55—2000、HJ/T 194—2017 的规定执行。

厂界挥发性有机物监控点监测，一般采用连续 1 小时采样计算平均值；若浓度偏低，可适当延长采样时间；若分析方法灵敏度高，仅需用短时间采集样品时，应在 1 小时内以等时间间隔采集 4 个样品，计算平均值。

厂界臭气浓度监测按 GB 14554—93 的规定执行。

4.10.4 在线监测

污染源应根据安装污染物排放自动监控设备的要求，按有关法律和《污染源自动监控管理办法》中相关要求及其他国家和江苏省的相关法律和规定执行。

单一排气筒中非甲烷总烃排放速率≥2.0kg/h 或者初始非甲烷总烃排放量≥10kg/h 时，应安装连续自动监测设备，并满足国家或地方固定源非甲烷总烃在线监测系统技术规范。在线监测设备的管理和使用，按照环境保护和计量监督的有关法规执行。若环境保护主管部门出台最新在线监测政策要求，则按最新政策有关规定执行。

4.10.5 测定方法

对企业排放挥发性有机物浓度的测定采用表 4-62 所列的方法标准，若国家有相关方法标准更新，应根据方法标准的适用范围，选择合适的测定方法标准。

表 4-62 测定方法标准

序号	污染物项目	标准名称	标准编号
1	氯甲烷	环境空气挥发性有机物的测定 罐采样/气相色谱-质谱法	HJ 759
2	二氯甲烷 三氯甲烷 1,2-二氯乙烷	环境空气挥发性有机物的测定 吸附管采样-热脱附/气相色谱-质谱法	HJ 644
		环境空气挥发性卤代烃的测定 活性炭吸附-二硫化碳解吸/气相色谱法	HJ 645
		环境空气挥发性有机物的测定 罐采样/气相色谱-质谱法	HJ 759
3	氯乙烯	固定污染源排气中氯乙烯的测定 气相色谱法	HJ/T 34
		环境空气挥发性有机物的测定 罐采样/气相色谱-质谱法	HJ 759
4	三氯乙烯	环境空气挥发性有机物的测定 吸附管采样-热脱附/气相色谱-质谱法	HJ 644
		环境空气挥发性卤代烃的测定 活性炭吸附-二硫化碳解吸/气相色谱法	HJ 645
		环境空气挥发性有机物的测定 罐采样/气相色谱-质谱法	HJ 759
5	1,3-丁二烯	环境空气挥发性有机物的测定 罐采样/气相色谱-质谱法	HJ 759
6	苯 甲苯 二甲苯	环境空气苯系物的测定 固体吸附/热脱附-气相色谱法	HJ 583
		环境空气苯系物的测定 活性炭吸附/二硫化碳解吸-气相色谱法	HJ 584
		环境空气挥发性有机物的测定 吸附管采样-热脱附/气相色谱-质谱法	HJ 644
		固定污染源废气挥发性有机物的测定 固相吸附-热脱附/气相色谱-质谱法	HJ 734
		环境空气挥发性有机物的测定 罐采样/气相色谱-质谱法	HJ 759

序号	污染物项目	标准名称	标准编号
7	苯乙烯	固定污染源废气挥发性有机物的采样气袋法	HJ 732
		固定污染源废气挥发性有机物的测定　固相吸附-热脱附/气相色谱-质谱法	HJ 734
		环境空气苯系物的测定　固体吸附/热脱附-气相色谱法	HJ 583
		环境空气苯系物的测定　活性炭吸附/二硫化碳解吸-气相色谱法	HJ 584
		环境空气挥发性有机物的测定　罐采样/气相色谱-质谱法	HJ 759
8	氯苯类	固定污染源排气中氯苯类的测定　气相色谱法	HJ/T 39
		大气固定污染源氯苯类化合物的测定　气相色谱法	HJ/T 66
9	酚类	固定污染源排气中酚类化合物的测定　4-氨基安替比林分光光度法	HJ/T 32
		环境空气酚类化合物测定　高效液相色谱法	HJ 638
10	硝基苯类	空气质量硝基苯类（一硝基和二硝基类化合物）的测定　锌还原-盐酸萘乙二胺分光光度法	GB/T 15501
		环境空气硝基苯类化合物的测定　气相色谱法	HJ 738
		环境空气硝基苯类化合物的测定　气相色谱-质谱法	HJ 739
11	苯胺类	大气固定污染源苯胺类的测定　气相色谱法	HJ/T 68
		空气质量苯胺类的测定　盐酸萘乙二胺分光光度法	GB/T 15502
12	甲醇	固定污染源排气中甲醇的测定　气相色谱法	HJ/T 33
13	丙酮	固定污染源废气挥发性有机物的采样气袋法	HJ 732
		固定污染源废气挥发性有机物的测定　固相吸附-热脱附/气相色谱-质谱法	HJ 734
		环境空气醛、酮类化合物的测定　高效液相色谱法	HJ 683
		环境空气挥发性有机物的测定　罐采样/气相色谱-质谱法	HJ 759
14	甲醛	空气质量甲醛的测定　乙酰丙酮分光光度法	GB/T 15516
		环境空气醛、酮类化合物测定　高效液相色谱法	HJ 683
15	乙醛	固定污染源排气中乙醛的测定　气相色谱法	HJ/T 35
		环境空气醛、酮类化合物的测定　高效液相色谱法	HJ 683
16	乙酸乙酯	固定污染源废气挥发性有机物的测定　固相吸附-热脱附/气相色谱-质谱法	HJ 734
		环境空气挥发性有机物的测定　罐采样/气相色谱-质谱法	HJ 759
17	乙酸丁酯	固定污染源废气挥发性有机物的测定　固相吸附-热脱附/气相色谱-质谱法	HJ 734
18	乙酸乙烯酯	环境空气挥发性有机物的测定　罐采样/气相色谱-质谱法	HJ 759
19	丙烯腈	固定污染源排气中丙烯腈的测定　气相色谱法	HJ/T 37
20	丙烯醛	固定污染源排气中丙烯醛的测定　气相色谱法	HJ/T 36
		环境空气醛、酮类化合物的测定　高效液相色谱法	HJ 683
		环境空气挥发性有机物的测定　罐采样/气相色谱-质谱法	HJ 759
21	丙烯酰胺	环境空气和废气酰胺类化合物的测定　液相色谱法	HJ 801
22	N,N-二甲基甲酰胺	环境空气和废气酰胺类化合物的测定　液相色谱法	HJ 801
23	非甲烷总烃	固定污染源废气口总烃、甲烷和非甲烷总烃的测定　气相色谱法	HJ 38
24	臭气浓度	空气质量恶臭的测定　三点比较式臭袋法	GB/T 14675

注：本标准实施之日后，国家再行发布的适用的挥发性有机物分析方法也应执行。

4.11　标准对比

4.11.1　与发达国家和地区对比

在此选取了一些发达国家和地区的工业废气排放标准以及国际组织排放要求，如表

4-63 所示。由表 4-63 对比可知，本标准苯、甲苯、二甲苯、苯乙烯、丙酮、甲醇、正丁醇等指标排放浓度限值严于发达国家和地区相关标准；二氯甲烷等标准宽于发达国家和地区相关标准，这主要是从技术可达性方面考虑的；其余指标与发达国家和地区相关标准相当。

4.11.2　与国内及地方对比

目前我国涉及 VOCs 的排放控制标准计有 13 项（大气综合、恶臭、炼焦、饮食业油烟、储油库、油罐车、加油站、合成革与人造革、橡胶制品、轧钢、石油炼制、石油化学和合成树脂），还有相当一部分标准在制定中。地方标准（如北京市、上海市、广东省等）走在前列。

（1）最高容许排放速率比较

根据《大气污染物综合排放标准详解》和《制定地方大气污染物排放标准的技术方法》（GB/T 3840—1991）中"生产工艺过程中产生的气态大气污染物排放标准的制定方法"，单一排气筒容许排放速率可按式 $Q=C_m RK_e$ 计算得到。对于标准浓度限值 C_m 取值和排放系数 R 取值，本标准和国标基本一致，对于地区性经济技术系数 K_e 取值为国标现有源取 1，新建源取 0.85，而本标准一律取 0.6。故可估算当排气筒低于 30 m 时，本标准各指标排放速率比国标新建源加严约 30%。

（2）最高容许排放浓度比较

比较了国标 GB 16297—1996、GB 14554—93、北京市地标 DB11/501—2007、上海市地标 DB 31/933—2015 与本标准的最高容许排放浓度限值，如表 4-64 所示。

经比较，本标准的各项污染物排放限值基本严于国标 GB 16297—1996。

与北京市地标 DB11/501—2007 II 时段标准相比，本标准甲苯、二甲苯、乙醛、丙烯腈、非甲烷总烃指标与北京市地标相同，但苯、氯苯类、酚类、硝基苯类、苯胺类、甲醇、甲醛、丙烯醛指标严于北京地标。

与上海市地标 DB 31/933—2015 相比，二氯甲烷、1,2-二氯乙烷、氯乙烯、三氯乙烯、苯、甲苯、二甲苯、硝基苯、甲醇、甲醛等指标较宽，其余基本一致。

（3）厂界排放监控点浓度限值比较

比较了国标 GB 16297—1996、GB 14554—93、北京市地标 DB11/501—2007、上海市地标 DB 31/933—2015 与本标准的无组织监控点浓度限值，如表 4-65 所示。

经比较，本标准的厂界排放监控点浓度限值与国标 GB 16297—1996 相比进一步加严，但与北京市地标 DB11/501—2007 相当。

与上海市地标 DB 31/933—2015 相比，苯、甲苯、二甲苯、氯苯类、苯胺类、非甲烷总烃等指标较宽，其余基本一致。

表 4-63　挥发性有机物排放发达国家和地区相关标准及与本标准比较表

单位：kg/m³

序号	污染物项目	排放限值 本标准	德国大气污染物排放标准（TA-Luft）	欧盟 VOCs 分级控制标准	世界银行 1998 年《污染预防和削减手册》	世界银行 2007 年《大宗石化有机产品制造业环境、健康与安全指南》	英国大气污染物排放标准	USEPA 工业环境实验室计算方法
1	氯甲烷	20	20	20	—	—	20	80
2	二氯甲烷	50	150	20	20（石化）	—	—	50
3	三氯甲烷	20	20	20	20（石化）	—	—	40
4	1,2-二氯乙烷	7.0	20	5	5（石化、制药）	5	5	30
5	环氧乙烷	5.0	—	5	—	—	5	15
6	1,2-环氧丙烷	5.0	—	20	—	—	—	51
7	环氧氯丙烷	5.0	5.0	5.0	—	—	—	4.5
8	氯乙烯	10	20	5	5（石化、制药）	5	20	22
9	三氯乙烯	30	1.0	5	20	20	5	30
10	1,3-丁二烯	5.0	1.0	5	—	—	5	5
11	苯	6.0	20	5	5（石化、制药）	5	5	148
12	甲苯	25	100	100	80（制药）	—	—	225
13	二甲苯	40	100	100	—	—	—	180
14	氯苯类	20	100	100	—	—	—	100
15	酚类	20	20	5	—	10	10	12
16	苯乙烯	20	100	20	—	—	—	225
17	硝基苯类	12	20	20	—	—	5	22
18	苯胺类	20	20	20	—	—	—	20
19	甲醇	60	150	100	—	—	—	253
20	正丁醇	40	—	100	—	—	—	196
21	丙酮	40	150	100	80（制药）	—	—	261
22	甲醛	5.0	20	5	—	0.15	5	36
23	乙醛	20	20	20	20（石化、制药）	—	—	87

序号	污染物项目	本标准	德国大气污染物排放标准 (TA-Luft)	欧盟 VOCs 分级控制标准	世界银行 1998 年《污染预防和削减手册》	世界银行 2007 年《大宗石化有机产品制造业环境、健康与安全指南》	英国大气污染物排放标准	USEPA 工业环境实验室计算方法
24	丙烯腈	5.0	20	5	—	0.5（焚烧） 2（洗涤）	5	3.5
25	丙烯醛	6.0	20	5	—	—	—	2.0
26	丙烯酸	20	20	20	20（石化、制药）	—	—	112
27	丙烯酸酯类	20	20	20	20（制药）	—	—	12
28	丙烯酰胺	5.0	0.5	5	5	5	5	0.3
29	乙酸酯类	50	20	100	—	—	80	100
30	乙酸乙烯酯	20	20	100	—	—	80	50
31	乙腈	30	20	100	—	—	20	30
32	吡啶	4.0	20	20	—	—	—	71
33	N,N-二甲基甲酰胺	30	100	100	—	—	—	18
34	非甲烷总烃	80	—	—	—	—	—	—
35	臭气浓度（无量纲）	1 500	—	—	—	—	—	—

表 4-64　国标、北京市地标、上海市地标与本标准关于最高容许排放浓度限值比较表

单位：mg/m³

分类	污染控制项目	本标准限值	国标 GB 16297—1996 GB 14554—93 新污染源标准	上海市地标 DB 31/933—2015	北京市地标 DB 31/501—2007 II时段	标准值对比		
						与国标对比	与上海市地标对比	与北京市地标对比
单项指标 33 项	氯甲烷（新增）	20	—	20	20	—	0	0
	二氯甲烷（新增）	50	—	20	—	—	+30（+150%）	—
	三氯甲烷（新增）	20	—	20	—	—	0	—
	1,2-二氯乙烷（新增）	7.0	—	5	5.0	—	+2（+40%）	+2（+40%）
	环氧乙烷（新增）	5.0	—	5	5.0	—	0	0
	1,2-环氧丙烷（新增）	5.0	—	5	—	—	0	—
	环氧氯丙烷（新增）	5.0	—	5	—	—	0	—
	氯乙烯	10	36	5	10	-26（-72%）	+5（+100%）	0
	三氯乙烯（新增）	30	—	20	—	—	+10（+50%）	—
	1,3-丁二烯（新增）	5.0	—	5	5.0	—	0	0
	苯	6.0	12	1	8	-6（-50%）	+5（+500%）	-2（-25%）
	甲苯	25	40	10	25	-15（-38%）	+15（+150%）	0
	二甲苯	40	70	20	40	-30（-43%）	+20（+100%）	0
	氯苯类	20	60	20	40	-40（-67%）	0	-20（-50%）
	酚类	20	100	20	20	-80（-80%）	0	0
	苯乙烯	20	—	—	—	—	—	—
	硝基苯类	12	16	10	16	-4（-25%）	+2（+20%）	-4（-25%）
	苯胺类	20	20	20	20	0	0	0
	甲醇	60	190	50	80	-130（-68%）	+10（+20%）	-20（-25%）

分类	污染控制项目	本标准限值	国标 GB 16297—1996 GB 14554—93 新污染源标准	上海市地标 DB 31/933—2015	北京市地标 DB 31/501—2007 II时段	标准值对比 与国标对比	标准值对比 与上海市地标对比	标准值对比 与北京市地标对比
	正丁醇（新增）	40	—	—	—	—	—	—
	丙酮（新增）	40	—	—	—	—	—	—
	甲醛	10	25	5	20	−15（−60%）	+5（+100%）	−10（−50%）
	乙醛	20	125	20	20	−105（−84%）	0	0
	丙烯腈	5.0	22	5	5.0	−17（−77%）	0	0
	丙烯醛	10	16	10	16	−6（−37.5%）	0	−6（−37.5%）
	丙烯酸（新增）	20	—	20	—	—	0	—
	丙烯酸酯类（新增）	20	—	50	—	—	−30（−60%）	—
	吡啶类（新增）	4.0	—	—	—	—	—	—
	丙烯酰胺（新增）	5.0	—	5	—	—	0	—
	乙酸酯类（新增）	50	—	50	—	—	0	—
	乙酸乙烯酯（新增）	20	—	20	—	—	0	—
	乙腈（新增）	30	—	20	—	—	+10（+50%）	—
	N,N-二甲基甲酰胺（新增）	30	—	—	—	—	—	—
综合指标	非甲烷总烃	80	120	70	80	−40（−33%）	+10（+14%）	0
	臭气浓度（无量纲）	1 500	2000	—	—	−500（−25%）	—	—

注：①表中国标臭气浓度标准值"2 000"仅指排气筒高度为 15 m 时的排放限值，而本标准臭气浓度标准值"1 500"适用于任何排气筒高度；②表中"+"表示排放限值放宽，"—"表示排放限值值加严。③表中"新增"污染物仅指与国标比较。

表4-65　国标、北京市地标、上海市地标与本标准关于无组织监控点浓度限值比较表

单位：mg/m³

分类	污染控制项目	本标准限值	国标 GB 16297—1996 GB 14554—93	上海市地标 DB 31/933—2015	北京市地标 DB 31/501—2007	标准值对比		
						与国标对比	与上海市地标对比	与北京市地标对比
单项指标 33 项	氯甲烷（新增）	1.2	—	1.2	1.2	—	0	0
	二氯甲烷（新增）	4.0	—	4.0	—	—	0	—
	三氯甲烷（新增）	0.40	—	0.4	—	—	0	—
	1,2-二氯乙烷（新增）	0.14	—	0.14	0.14	—	0	0
	环氧乙烷（新增）	0.04	—	0.1	—	—	-0.06（-60%）	—
	1,2-环氧丙烷（新增）	0.10	—	—	—	—	—	—
	环氧氯丙烷（新增）	0.02	—	—	—	—	—	—
	氯乙烯	0.30	0.6	0.3	0.15	-0.30（-50%）	0	+0.15（+50%）
	三氯乙烯	0.60	—	0.6	—	—	0	—
	1,3-丁二烯（新增）	0.10	—	0.1	0.10	—	0	0
	苯	0.12	0.4	0.1	0.10	-0.28（-70%）	+0.02（+20%）	+0.02（+10%）
	甲苯	0.60	2.4	0.2	0.6	-1.8（-75%）	+0.4（+200%）	0
	二甲苯	0.30	1.2	0.2	0.2	-0.9（-75%）	+0.1（+50%）	+0.1（+50%）
	氯苯类	0.20	0.4	0.1	0.1	-0.2（-50%）	+0.1（+100%）	+0.1（+50%）
	酚类	0.02	0.08	0.02	0.02	-0.06（-75%）	0	0
	苯乙烯	0.50	5.0	—	—	-4.50（-90%）	—	—
	硝基苯类	0.01	0.04	0.01	0.01	-0.03（-75%）	0	0
	苯胺类	0.20	0.40	0.1	0.1	-0.2（-50%）	+0.10（+100%）	+0.1（+50%）
	甲醇	1.0	12	1.0	1.0	-11（-92%）	0	0
	正丁醇（新增）	0.50	—	—	—	—	—	—
	丙酮（新增）	0.80	—	—	—	—	—	—

分类	污染控制项目	本标准限值	国标 GB 16297—1996 GB 14554—93	上海市地标 DB 31/933—2015	北京市地标 DB 31/501—2007	标准值对比		
						与国标对比	与上海市地标对比	与北京市地标对比
单项指标 33 项	甲醛	0.05	0.2	0.05	0.05	-0.15（-75%）	0	0
	乙醛	0.01	0.04	0.01	0.01	-0.03（-75%）	0	0
	丙烯腈	0.20	0.6	0.2	0.15	-0.40（-66%）	0	+0.05（+25%）
	丙烯醛	0.10	0.4	0.1	0.1	-0.3（-75%）	0	0
	丙烯酸（新增）	0.25	—	0.11	—	—	+0.14（+130%）	—
	丙烯酸酯类（新增）	1.0	—	—	—	—	—	—
	丙烯酰胺（新增）	0.10	—	—	—	—	—	—
	乙酸酯类（新增）	4.0	—	—	—	—	—	—
	乙酸乙烯酯（新增）	0.20	—	0.2	—	—	0	—
	乙腈（新增）	0.60	—	0.6	—	—	0	—
	吡啶（新增）	0.08	—	—	—	—	—	—
	N,N-二甲基甲酰胺（新增）	0.4	—	—	—	—	—	—
综合指标	非甲烷总烃	4.0	4.0	3.0	2.0	0	+1（+33%）	+2.0（+50%）
	臭气浓度（无量纲）	20	20	—	—	0	—	—

注：①表中"+"表示排放限值放宽，"—"表示排放限值加严。②表中"新增"污染物仅指与国标比较。

第5章 达标适用技术的筛选

与其他常规污染物相比，对本标准受控的 VOCs 污染排放的控制相对薄弱，因此本章主要筛选针对典型 VOCs 污染源的达标适用技术，以加强对 VOCs 的排放控制，确保达标排放。

VOCs 的控制技术基本分为两大类，即回收技术和销毁技术。回收技术是通过物理的方法，改变温度、压力或采用选择性吸附剂和选择性渗透膜等方法来富集分离有机污染物的方法，主要包括吸附技术、吸收技术、冷凝技术、膜分离技术、膜基吸收技术等。回收的挥发性有机物可以直接或经过简单纯化后返回工艺过程再利用，以减少原料的消耗，或者用于有机溶剂质量要求较低的生产工艺，或者集中进行分离提纯。销毁技术是通过化学或生化反应，用热、光、电、催化剂或微生物等将有机化合物转变成为二氧化碳和水等无毒害无机小分子化合物的方法，主要包括高温焚烧、催化燃烧、生物氧化、低温等离子体破坏和光催化氧化技术等。

吸附技术、燃烧技术、吸收技术和冷凝技术是传统的有机废气治理技术，其中吸附技术和燃烧技术应用最为广泛。生物净化技术、低温等离子体技术、光催化技术和膜分离技术是近年来发展的一些新技术，其中生物净化技术目前相对成熟，并在低浓度有机废气治理中得到了应用，低温等离子体技术、光催化技术和膜分离技术的发展还不够成熟，实际应用较少。

很多情况下，往往需要采用组合技术才能达到更好的去除效果。如高浓度有机废气治理可以采用冷凝+吸附的组合工艺，低浓度有机废气可以采用吸附浓缩+冷凝回收或焚烧的组合工艺等。近年来，在有机废气治理中，采用两种或多种净化技术的组合工艺受到广泛重视并得到了迅速发展。VOCs 污染治理技术如图 5-1 所示。

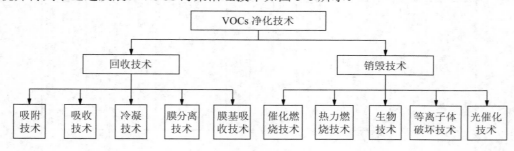

图 5-1　VOCs 净化技术

5.1　VOCs 污染控制单一技术

5.1.1　冷凝技术

冷凝技术是用来分离气体中可以冷凝的组分，目前主要用于回收废气中有价值的溶剂，而不是单独通过冷凝技术达到废气排放的限值。因此，在有机废气净化中，冷凝技术主要是回收溶剂，并作为废气净化的一道预处理工序。从蒸气状态转变为液体状态的过程称为冷凝，其原理是：根据物质在不同温度下具有不同饱和蒸气压，借降温或升压，使废气中有机组分的分压等于该温度下的饱和蒸气压，则有机组分冷凝成液体而从气相中分离出来。

有机废气净化的冷凝技术一般划分为三个温度范围和三种不同类型的冷却剂或冷冻剂：

① ≥0℃——冷却水、冷冻水（有时也可用空气冷却）；

② ≤-50℃——冷冻盐水；

③ ≤-120℃——液氮。

冷凝技术对高沸点 VOCs 净化效果较好，而对低沸点的则较差，一般都是部分冷凝。若废气中溶剂的含量低于 $10g/m^3$，为达到排放标准而用冷凝法净化废气，通常温度要求达到-40℃以下。一般冷凝法处理有机废气的流量范围是：流量小于 $3\,000m^3/h$，废气中 VOCs 含量占 0.5%～10%。

冷凝技术所用的设备主要是冷凝器，冷凝器形式分直接接触式冷凝器和表面换热式冷凝器，即直接冷凝和间接冷凝。在直接接触式的情况下，废气中 VOCs 蒸气与冷的液体直接接触而冷凝，所用的冷凝器和吸收设备一样，大多采用喷洒塔、文丘里洗涤器或填料塔。直接接触式大多用水来冷却废气，虽然设备简单、投资少，但会造成二次污染，即废气净化问题转化为废水处理问题。表面换热式冷凝器主要有管束式换热器和翅片式换热器，后者是用空气作为冷却介质，即空冷器。两种冷凝方法在精细化工生产中都有应用，只不过应用范围、场合、规模大小不同而已。如尹振文[1]通过对直接冷凝法和间接冷凝法进行比较发现，对于二硫化碳的回收，直接冷凝法比间接冷凝法更有优势：①热交换效率高，能量损失少，节能比较明显；②由于无须像间接冷凝法那样定期清洗，故操作简单、方便，对纺丝生产线不会产生不良影响；③由于热交换效果好，生产稳定，回收率高且回收率保持稳定，不会随操作时间增加而降低；④由于在冷却水中加入了 NaOH，可使 H_2S 有害气体转变成 Na_2S，改善了工厂周围大气的环境质量。

---

① 尹振文. 回收二硫化碳新技术[J]. 人造纤维，2000，31（4）：22-23.

冯岩岩等[①]设计出一台有自动控制系统的管壳式换热器的样机，其工艺流程如图 5-2 所示，并利用该装置回收了乙酸乙酯、乙醇。通过试验测试了不同冷凝温度、换热时间对回收效率的影响，冷凝温度依次为–18℃、–15℃、–7℃，换热时间分别为 5 min、10 min、20 min、25 min、30 min、40 min。试验结果表明：温度越低，回收率越高，–18℃时乙酸乙酯的最高回收率为 70%，乙醇为 96.77%；换热时间太长或太短回收效果均不理想，最佳换热时间为 20～25 min。采取此种工艺回收溶剂效率得到提高，进一步研究操作压力、进气浓度等因素的影响，找到一个最佳条件可最大化回收有机溶剂。

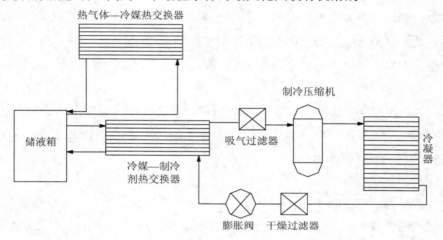

图 5-2　管壳式换热器工作流程

需要指出的是，原则上只有当废气处理量较少而可冷凝物质的浓度相对较高时，才可用冷凝法。仅采用冷凝法一般是不能达到排放标准的，必须做进一步净化；冷凝法仅作为净化过程前的预处理工序，借以降低后续废气净化装置的投资和操作费用。有机废气在低温下冷凝，其中所含的水分、二氧化碳和其他组分会冻结，从而导致装置部分的堵塞和影响传热效果，因此必须用加热方法定期清除。此外，当用冷凝法回收溶剂时，有机组分的浓度常处于爆炸浓度范围之内，因此对装置安全等级的要求极高。

5.1.2　吸收技术

吸收技术是以液体作为吸收剂，通过洗涤吸收装置使废气中的有害成分被液体吸收，从而达到净化的目的，其吸收过程是气相和液相之间进行气体分子扩散或者是湍流扩散的物质转移。吸收过程分为物理吸收与化学吸收。物理吸收主要依据相似相溶原理，如可以把溶于水的有机溶剂气体如丙酮、甲醇、醚和微溶于水的漆雾、灰尘、烟等去除，但水溶性尚差的"三苯"物质不能被水吸收。化学吸收是基于吸收试剂上活性基团可以与有机废

① 冯岩岩，徐森，刘大斌，等. 冷凝法回收有机溶剂的优化设计[J]. 化学工程，2012，40（1）：35-38.

气污染成分发生的化学反应进行的吸收过程。该法适用于浓度较高、温度较低和压力较高情况下的气体污染物的处理，去除率可达 95%～98%。

对于废气净化而言，选择合适的吸收剂极为重要，对吸收剂的要求是：①具有较大的溶解度，而且对吸收质有较高的选择性；②蒸气压尽可能低，避免引起二次污染；③吸收剂要便于使用、再生，以便再利用；④具有良好的热稳定性和化学稳定性；⑤能耐水解作用，不易氧化；⑥着火温度高；⑦毒性低、不腐蚀设备；⑧价格便宜。

影响吸收效果的因素很多，例如，吸收质的性质和浓度（溶解度、蒸气压），吸收剂的性质（溶解度、蒸气压），气、液两相的接触面积和吸收剂在设备内的分布状况、停留时间、气相和液相间的浓度梯度、操作温度、压力等。

常用的吸收剂主要有以下几种：

（1）水

对于物理吸收，水是最好的吸收剂。蒸气压是唯一容许以任意量进入大气的一种蒸气。水分子是极性的，并且具有良好的双极特性，因而水分子相反的两级可与所有极性溶质分子相结合，所以极性蒸气如乙醇、丙酮等特别容易溶于水。非极性蒸气如所有纯碳氢化合物或氯代烃类都很难溶于水。

对于用水吸收含有丙酮蒸气的废气而言，在生产中经常遇到含低浓度丙酮蒸气的排放废气，它可用水作为吸收剂与废气以逆流方式通过填料塔来完成净化操作。例如，某生产过程排放的废气流量最大为 500 m^3/h，丙酮浓度最高达到 10g/m^3，温度为 25℃。该装置的主要设计参数为[①]：填料塔塔径 400 mm，填料 ϕ 2 mm 高流环（聚丙烯塑料），填充高度 9.2 m（安全系数 20%），F 因子 1.3 m/s·（kg/m^3）$^{1/2}$，空塔速度 1.2 m/s，喷淋密度 8 m^3/（m^2·h），填料塔的压降 20 mbar（1bar=1kPa）。

（2）洗油（碳氢化合物）

许多洗油都是非极性的，可溶解非极性蒸气，例如，脂肪族碳氢化合物在洗油中能理想溶解。洗油的缺点是虽然其蒸气压在吸收过程中还不足以构成太多损失，但经常使用会导致排放气中有害物质浓度超标，此外洗油须经再生后才能返回吸收系统再利用。

（3）乙二醇醚类

在有机废气净化中也用乙二醇醚作为吸收剂，而且主要是聚乙二醇-二甲基醚。该吸收剂可在 130℃下用真空蒸馏解吸。

聚乙二醇-二甲醚作为吸收剂来吸收含有机蒸气的废气，其吸收装置流程如图 5-3 所示。原料废气的处理量为 6 500 m^3/h，废气中含有机蒸气主要有乙醇（7.5g/m^3）和三氯乙烯（19 g/m^3）。废气从塔底部进入吸收塔（直径=1 400 mm、高=14 000 mm），吸收剂则从塔顶喷洒下来，其喷淋密度为 10.4 m^3/（m^2·h），温度为 30℃。吸收剂与气体呈逆流接触，

---

① 陆震维. 有机废气的净化技术[M]. 北京：化学工业出版社，2011.

净化气从塔顶排出。吸收塔的塔底压力为 1bar。塔底流出的吸收液的温度为 37℃，先经换热器预热至 113℃，再用蒸气加热到 130℃ 后输入真空蒸馏/汽提塔，塔顶温度为 40℃，压力为 6 000Pa；塔底温度为 123℃，压力为 6 500Pa。为进行汽提，在塔底输入水 30L/h，由于塔底热的吸收剂而使水蒸发，并将乙醇、三氯乙烯以及少量吸收剂汽提至蒸馏段。塔顶上升的蒸气经冷却后冷凝，一部分水/乙醇相回收至塔顶，这样可确保吸收剂蒸气实际上完全保留在液相中。冷凝液分成三氯乙烯相和含乙醇的水相，前者直接用于生产，而后者可通过蒸馏将乙醇回收。

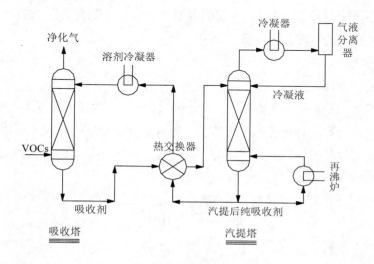

图 5-3   聚乙二醇-二甲醚吸收装置流程

（4）复方吸收液

复方液吸收法是在传统吸收法的基础上提出的一种新的吸收法。该法采用复合吸收液（成分为水、无苯柴油、添加化剂 MOA 的邻苯二甲酸二丁酯和多肽 DH27 等）处理低浓度苯类废气，处理效果明显好于传统吸收液，提高了吸收效率，且该项技术投资少，运行成本低，净化效率高，易操作，具有很好的推广应用价值。

（5）其他吸收剂和相对应可吸收的有机物质

除上述介绍的吸收液外，有些无机盐、碱液等也可以作为吸收剂，例如，次氯酸盐溶液可以吸收硫醇、硫醚，碱液可以吸收有机酸、酚、甲酚、酸类胺，氨水、亚硫酸盐溶液可以吸收乙醛。

对于含氯化烃类有机化合物的废气，不能用甲醇、丙酮、水来吸收，通常要采用 *N*-甲基吡咯啉（NMP）、硅油、石蜡和高沸点酯类等。

表 5-1 列举了吸收法处理有机废气污染物的国内外研究状况。由表 5-1 中可以总结出以下 3 个结论：①国内外研究者研究了不同溶剂吸收法对各种有机废气污染成分的处理效

果，包括苯类（苯、甲苯、二甲苯、苯乙烯）、酯类、酮类、有机烃；②吸收剂主要包括有机溶剂、表面活性剂和水，还包括新型环保型吸收剂环糊精；③有机废气的具体成分不同，吸收剂选择不同。

表 5-1　吸收法处理有机废气污染物质的国内外研究状况

有机物种类	吸收剂种类	注释	后处理
甲苯[①]	机油＞汽油＞汽油机油＞洗油＞活性机油＞柴油	活性机油产生泡沫，不利于吸收	—
甲苯[②]	乙酸钠和添加剂的水溶液，其中乙酸钠浓度为 5%，添加剂为 0.5%硅酸钠或 1%磷酸钠或 1%碳酸钠或三者结合	—	—
甲苯、醋酸丁酯[③]	对甲苯的吸收效果：0 号柴油＞7 号机油＞洗油	0 号柴油对醋酸丁酯也有很好的吸收效果	废液再生：对于浓度大、量大的废液体系，用蒸气分离方法回收，重复使用；燃烧：对于浓度小的体系，吸收饱和后用作燃料
甲苯、异丙醇等[④]	复方吸收液：水+柴油+MOA 助剂+邻苯二甲酸二丁酯	针对低浓度有机废气治理	废液再生，燃烧
甲苯、四氯化碳[⑤]	环糊精	化学吸收，环保吸收剂	—
苯[⑥]	表面活性剂的水溶液：水+月桂酸钠	极易产生泡沫，吸收过程应兼有泡沫分离过程	—
苯、甲苯、二甲苯[⑦]	0 号柴油	安全使用温度范围：60℃以下	—
苯、甲苯、二甲苯[⑧]	乳化液：水+油酸钾（或钠）+柴油	—	破乳分离
苯、甲苯、二甲苯[⑨]	表面活性剂和添加剂的水溶液：添加剂用硅酸钠或磷酸钠或碳酸钠，表面活性剂（文献保密）	水的比例占 96%。处理成本廉价	—

① Fourmentin S, Landy D, Blach P, Plat E, Surpateanu G. Cyelo-dext6ns: A Potential Adsorbent for VOC Abatement[J]. Global NEST Journal, 2006, 8 (3): 324-329.

② 衣新宇，赵修华，朱登磊. 表面活性剂吸收法治理含苯废气的中试实验[J]. 能源环境保护，2004，18（3）：24-27.

③ 吴庆辉. 溶剂吸收法在鞋业"三苯"废气治理中应用[J]. 应用技术，1999，16（4）：13-15.

④ 何滢滢，梁世泽，陈焕钦. 乳化液吸收法处理含苯、甲苯、二甲苯废气的研究[J]. 广东化工，1988（4）：l6-19.

⑤ 程丛兰，黄小林，郎爽，等. 苯系物新型吸收剂的研究[J]. 北京工业大学学报，2000，26（1）：107-111.

⑥ 王勇，金一中，赵青宁. 乳状液膜吸收有机废气的实验研究[J]. 环境科学研究，2008，21（3）：170-174.

⑦ 邱挺，刁春燕，王良恩. FBDO 新型吸收剂治理有机废气的工艺研究[J]. 福州大学学报（自然科学版），2005，33（1）：105-l10.

⑧ 左文雅，张民锋. 吸收法处理工业生产中的有机废气[J]. 西安航空技术高等专科学校学报，2004，22（1）：48-49.

⑨ Tongeumpou C, Aeosta E J, Seamehom J F, et al. Enhaneed Triolein Removal Using Mieroemulsions Formulated with Mixed Surfaetents[J]. Journal of Surfactants and Detergents, 2006, 9 (2): 181-189.

为了高效地实现吸收过程，要求吸收剂（液相）和被处理的废气（气相）间能达到充分的接触，这就要求采用合适的吸收设备来完成。常见的吸收设备有填料塔、板式塔、湍球塔、喷洒塔、降膜吸收器和文丘里洗涤器等。在选择吸收设备时，首先应考虑有机废气/吸收剂系统特性。当有机废气在吸收剂中的溶解度很高，吸收很快时，应尽可能采用结构简单的吸收器。需注意：在一个净化装置系统中，是否还要进行其他操作，诸如除尘、增湿、冷却等。在废气净化时，要防止排出的净化气流中夹带液滴，因此吸收设备应常设除雾器。

吸收法常用于精细化工、石油化工等领域中 VOCs 废气的净化，一般适用于处理小到中等的废气流量。

吸收法的优点是：可用于废气浓度高的场合（大于 50g/m^3）；吸收剂容易获得；能适应废气流量、浓度的波动；能吸收可聚合的有机化合物；不易着火，无须特殊的安全措施；如已有废水处理装置，则用水作为吸收剂更为方便。

吸收法的缺点是：投资费用一般较大，而用于吸收剂循环运转的操作费用也较高。此外，如果废气中的有机物非单一组分，则难以再生利用或必须添加许多分离设备；还可能产生废水而造成二次污染。如用吸收法回收溶剂，则可得到一些补偿，但必须增加相应的回收装置的投资。目前，吸收装置大多用于废气中还有无机污染物的净化，例如，含 HCl、SO$_2$、NO$_x$、NH$_3$ 等废气的吸收净化，仅在少数场合用吸收装置来净化有机废气。应该指出的是，吸收液还必须送到废水处理系统做进一步处理。

5.1.3 吸附技术[①]

吸附法净化气态污染物是指利用固体吸附剂对气体混合物中各组分吸附选择性的不同而分离气体混合物的方法。吸附过程是一个浓缩过程，气态污染物通过吸附作用被浓缩到吸附剂表面上后再进行后续处理。

吸附法主要适用于低浓度气态污染物的净化，对于高浓度的有机气体，通常需要首先经过冷凝等工艺将浓度降低后再进行吸附净化。

吸附技术是最为经典和常用的气体净化技术，也是目前工业 VOCs 治理的主流技术之一。吸附法的关键技术是吸附剂、吸附设备和工艺、再生介质、后处理工艺等的确定，如图 5-4 所示。

（1）常用吸附剂

吸附法净化气态污染物是指利用固体吸附剂根据气体混合物中各组分吸附选择性的不同而分离气体混合物的方法。

目前在工业 VOCs 净化中常用的吸附剂如图 5-5 所示。

---

① 栾志强，郝郑平，王喜芹. 工业固定源 VOCs 治理技术分析评估[J]. 环境科学，2011，32（12）：3476-3486.

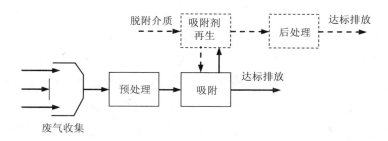

图 5-4　吸附技术流程

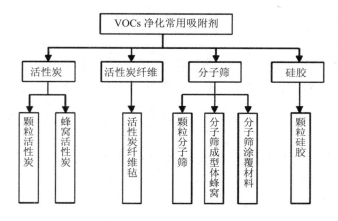

图 5-5　VOCs 净化常用吸附剂

活性炭材料是最为常用的吸附剂，由于活性炭的吸附广谱性，适用于大部分有机物的吸附净化。和颗粒活性炭相比，蜂窝状活性炭床层气流阻力低，动力学性能好，适用于低浓度、大风量有机废气的治理，目前在我国的有机废气治理领域得到了大规模应用。活性炭纤维具有吸附容量高、吸脱附速度快等优点，通常以纤维毡的形式使用，使用水蒸气再生效率很高，目前主要应用于溶剂回收领域。在使用活性炭材料时，通常采用高温水蒸气再生，当使用热气流再生时，活性炭材料的安全性差，容易发生着火现象。

分子筛吸附剂近年来在 VOCs 净化中得到了越来越多的应用。和活性炭相比，分子筛在使用热气流再生时安全性好。对于低浓度有机废气净化，当采用吸附浓缩热气流脱附再生时，目前国外普遍采用疏水分子筛取代了活性炭。

颗粒硅胶是一种大孔吸附剂，对于极高浓度的有机物具有很高的吸附容量，吸附热低，目前在高浓度的油气回收中得到了一定的应用。但由于在低浓度下对有机物的吸附容量较低，因此在一般的 VOCs 治理中应用很少。

（2）吸附剂再生

在有机废气治理中，吸附剂再生通常采用低压水蒸气置换再生、热气流吹扫再生和降压解吸再生。

低压水蒸气置换再生是利用高温水蒸气将吸附剂中的吸附物置换出来，再生后产生的高浓度混合物进行冷凝分离以回收溶剂，同时需要对产生的废水进行处理，避免二次污染。热气流（空气或烟气）吹扫再生是利用高温气流对吸附剂表面进行吹扫将被吸附物解吸出来，解吸后产生的高浓度废气可以采用冷凝分离回收溶剂，也可以采用催化燃烧和高温焚烧进行处理。降压脱附再生是依靠真空泵所产生的负压将吸附剂中的吸附物解吸出来，产生的高浓度有机物通常采用低温冷凝和液体吸收等方法进行溶剂回收。目前还发展了一些新型节能的吸附剂再生技术，如微波脱附、电焦耳脱附等。这些新的脱附技术节能效果好、效率高，但目前技术上还不够成熟。

（3）常用吸附设备

常用吸附设备主要包括固定床、移动床（包括转轮吸附装置）和流化床吸附装置。在有机废气治理方面，目前主要使用的是固定床和分子筛转轮吸附装置。传统意义上的移动床和流化床吸附装置在有机废气的治理中实际应用较少。

（4）主要吸附工艺

1）固定床吸附—水蒸气置换再生—冷凝回收工艺

在有机废气的吸附回收工艺中，通常使用固定床吸附—低压水蒸气置换再生—冷凝回收工艺。采用 2 个或多个固定吸附床交替进行吸附和吸附剂的再生，实现废气的连续净化，如图 5-6 所示。

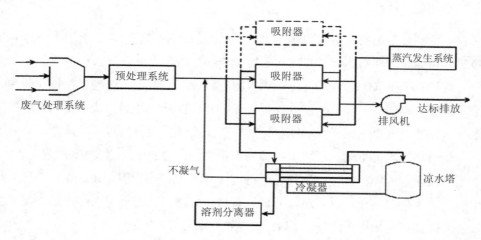

图 5-6　固定床吸附—水蒸气置换再生—冷凝回收工艺

在该工艺中，通常使用活性炭纤维毡和颗粒活性炭作为吸附剂，主要用于较低浓度有机废气中的溶剂回收。当废气中的有机物浓度较高或者沸点较高时，可以先采用冷凝技术对有机物进行部分回收，同时使废气中的有机物浓度降低，然后对冷凝后的低浓度废气采用吸附回收工艺进行净化。

2）固定床吸附—真空解吸再生—吸收回收工艺

在高浓度的有机废气回收中，如在汽油和溶剂转运过程中从油库和溶剂储罐中所排出的低风量、高浓度的气体的净化，采用溶剂回收专用活性炭进行吸附，然后采用抽真空降压对吸附剂进行再生。被真空泵所抽出的极高浓度的废气通常采用低挥发性的有机溶剂进行吸收回收，如图 5-7 所示。

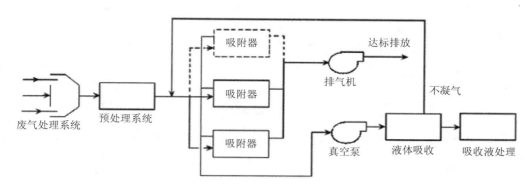

图 5-7　　固定床吸附—真空解吸再生—吸收回收工艺

在该工艺中，通常采用中孔发达的颗粒活性炭作为吸附剂。该类活性炭具有发达的中孔，吸附和脱附速度快，对高浓度的有机物具有很高的吸附容量，适合对废气中高浓度的有机物进行回收。也可以将大孔硅胶与颗粒活性炭一起使用，在吸附床的前端使用大孔硅胶可以降低吸附床层的吸附热，经过硅胶吸附后较低浓度的有机物再利用活性炭吸附。由于有机物的浓度高，有些情况下可能已经超过其爆炸极限的下限范围，对该工艺的操作安全需要进行严格控制。整套系统严格密封，所有真空泵和电器都需要使用最高的防爆等级。

3）沸石转轮吸附浓缩工艺

目前在日本、美国、欧洲等国和我国台湾地区，沸石转轮吸附浓缩技术在低浓度、大风量工业有机废气的治理得到了普遍应用，我国也已经进行了引进和开发。沸石转轮包括盘式转轮和环式转轮，一般采用成型沸石（分子筛）作为吸附剂。和固定床吸附浓缩技术相比，沸石转轮吸附浓缩技术具有诸多优点：运行稳定，尾气中废气浓度可以稳定达标；吸附剂的利用率高，用量少；可采用高温脱附，再生效率高，安全性好；采用蜂窝式沸石作为吸附剂，阻力小；结构紧凑，整套设备占地面积小。

图 5-8 为典型的沸石转轮吸附浓缩装置工艺流程图，沸石转轮被划分为 3 个区域，即吸附区、再生区和降温区。当吸附了有机物的区域转动到再生区时采用高温气流吹扫对吸附剂进行再生，再生温度视被吸附物质脱附的难易程度而定。再生后的区域先经过降温区进行降温，再转动到吸附区重新用于吸附。

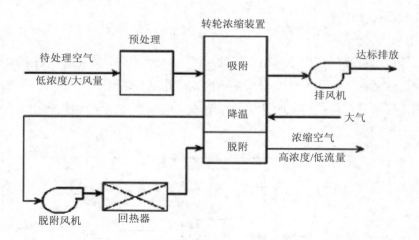

图 5-8   沸石转轮吸附浓缩工艺

5.1.4   燃烧技术

有机废气净化的燃烧法是基于废气中有机化合物可以燃烧氧化的特性。其目的是通过燃烧将废气中可氧化的组分转化为无害物质，在废气中含纯碳氢化合物的情况下，即转化为 CO_2 和 H_2O。有机废气净化的燃烧法主要分三种类型，即直接燃烧、热力燃烧和催化燃烧。当废气中 VOCs 浓度很高时，可把废气当作燃料来燃烧。所以称其为直接燃烧；而在热力燃烧和催化燃烧的情况下，所处理的废气中可燃物的浓度太低，必须借辅助燃料来实现燃烧，故称为热力燃烧，也称后燃烧、无烟燃烧。在有机废气净化中的催化燃烧也属于热力燃烧，只是因为具有催化反应特点而单独分出。催化燃烧的目的是：利用催化剂的催化作用来降低氧化反应温度和提高反应速率。

为了尽可能节省辅助燃料和充分利用有机物燃烧时产生的热量，热力燃烧和催化燃烧按不同的回收热量方式又可分为：不回收热量的热力燃烧，带间壁式换热器的热力燃烧，蓄热式热力燃烧以及不回收热量的催化燃烧，带间壁式换热器的催化燃烧，蓄热式催化燃烧。在有机废气净化中，通常将用于预热废气的换热器分为蓄热式换热器和间壁式换热器。

通常当废气中 VOCs 浓度较低，风量较大，采用吸附回收技术不经济，或回收后的溶剂难以重复使用，以及在回收过程中可能产生二次污染等问题时，才采用燃烧法来净化有机废气。

此外，当生产过程中含有异味较大的物质如硫醇类、丙烯酸酯类、含硫类农药等场合，采用常规工艺又难以满足臭气浓度排放标准时，也需采用燃烧法来净化处理有机废气。

（1）直接燃烧法

直接燃烧是将有机废气当作燃料来燃烧。通常适用于废气中所含可燃物的浓度非常高，其浓度一般高于爆炸浓度上限，而且它具有相应高的燃烧热值，即不需添加辅助燃料也能维持燃烧所需的温度。直接燃烧时产生明亮的火焰，故也称火烟燃烧。在一般含碳氢化合物的有机废气情况下，直接燃烧后的产物主要是 CO_2 和 H_2O。另一种情况，即虽然废气中的可燃物浓度很低，但有时也可将其选到生产中已有的燃烧室中直接燃烧，如将有机废气代替锅炉燃烧室所需的空气。否则只能采用热力燃烧，即添加辅助燃料来燃烧。直接燃烧法不适用于大风量、低浓度的有机废气净化。

要实现完全燃烧的先决条件是：除了要有足够高的温度，还要使可燃物与空气获得良好的混合，以及具有足够的空气量（氧气）。当空气量不足时，则燃烧不完全，在废气中还存在未燃尽的有机物，若空气过剩量太高，则温度降低，燃烧同样也不完全低于着火点而熄火。此外，要使一种可燃物/空气混合物能着火，可燃物的浓度必须在着火界限范围内。着火下限表示可燃物的量不足，着火上限表示可燃物过剩。在采用直接燃烧法时，若可燃物/空气混合物的浓度处于爆炸极限范围之内，则存在易燃、易爆和火焰可能经管道回火的危险性，因此必须采取相应的安全措施；若废气中可燃物的浓度超过爆炸上限，则必须补充空气，借以保证有机废气在氧量充足的条件下达到完全燃烧的目的；若浓度处于爆炸范围内，一般可用空气或惰性气体将其稀释至爆炸下限以下，但此时也必然增加了辅助燃料的消耗。

直接燃烧法的火焰燃烧温度一般约在 1 100℃。

直接燃烧法常用的设备是炉、窑以及像炼油和石化工业中常见的火炬。应该指出，火炬燃烧只是工艺过程中的一种安全措施，火炬是敞开式的燃烧器，因此燃烧是不完全的，它不仅会造成染料能量的损失，而且会产生大量有害气体和烟尘以及热辐射，从而污染环境，应尽可能回收利用。

（2）热力燃烧法

因为有机废气中所含可燃物的浓度极低，不能着火和依靠自身来维持燃烧，所以必须借辅助燃料燃烧产生的热量来提高废气温度使废气中的 VOCs 氧化并转化为无害物质。经典的有机废气热力燃烧设备主要由辅助燃烧器和燃烧室组成（图 5-9），当燃烧室的温度达到可以点燃有机废气时，才将废气引入燃烧室中进行氧化燃烧，然后净化后气体经烟囱排入大气。根据废气中空气含量的大小，采用不同的燃烧器：若废气中氧大于 16%，则用配烟燃烧器；若小于 16%，则用离烟燃烧器，即必须补充助燃空气。为保证 VOCs 能完全氧化，废气在燃烧室中要有足够的停留时间。

上述经典的有机废气热力焚烧炉，由于结构简单、投资费用少、操作方便，而且几乎可以处理一切有机废气和达到法规的排放要求，因此在 20 世纪 90 年代以前应用极为普遍。但是，这种焚烧炉的燃料消耗高也不回收热量，极不经济，所以目前已被带有热量回收系统的热力焚烧装置所代替。

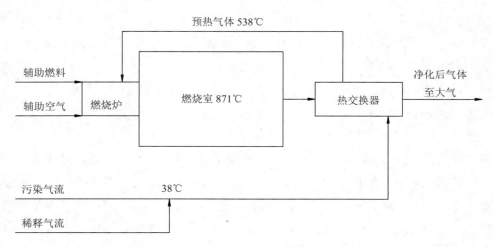

图 5-9　热力焚烧法净化有机废气工艺流程

（3）蓄热式燃烧法

在热力燃烧装置的操作费中，主要部分来自辅助燃料的消耗，在许多情况下，常用废气预热器来降低燃料消耗，即通过冷却净化气来预热废气，使得达到燃烧室温度只需少量燃料。当预热温度足够高时，如果废气中可燃物的燃烧热值足以达到反应温度而不需添加辅助燃料，则称为自供热操作。但是如果废气中可燃物的含量很低，这就表示要求选用更高的预热温度。这对常用的间壁式换热器而言，无论在结构上还是在材料上都难以做到。为此，借鉴多年来在冶金、化工和工业炉等领域中业已获得成功应用的蓄热炉经验，将其用于有机废气净化，即蓄热式热力氧化器。

典型的蓄热换热方法，一般至少要有两台换热器来实现加热和冷却周期的切换，才能使过程连续操作；当然也可用旋转蓄热式换热器同时连续地进行加热和冷却。常用的蓄热体有：陶瓷散堆填料（如矩鞍环填料）和陶瓷规整填料（如蜂窝填料）。操作温度一般为800～850℃，可处理浓度低、风量大的有机废气。

在有机废气净化的诸方法中，蓄热燃烧法应用较广，一方面，因为只要充分满足燃烧过程的必要条件，燃烧法可以使有害物质达到完全燃烧氧化而变为无害物质，即达到规定的排放要求；另一方面，燃烧法的经济性主要取决于过程热量的回收和利用程度，特别是在蓄热燃烧法的情况下，由于过程的热效率很高，通常只需补充少量辅助燃料；而当废气中有机物浓度达到一定值时，即可实现自供热操作，而不必添加辅助燃料。此外，蓄热燃烧法的操作维护十分简单、可靠，不需经常更换零部件和使用寿命较长。另外，有些净化方法在处理后，常常还要用蓄热燃烧法做最后处理才能达到排放要求。但其缺点是：容积较大，一次性投资费用较高。工艺流程如图 5-10 所示。

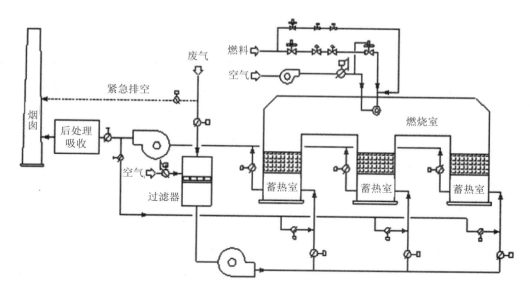

图 5-10 蓄热焚烧法净化有机废气工艺流程

常温空气由换向阀切换进入蓄热室后，在经过蓄热室（陶瓷球或蜂窝体等）时被加热，在极短时间内常温空气被加热到接近炉膛温度（一般比炉膛温度低 50～100℃），高温热空气进入炉膛后，抽引周围炉内的气体形成一股含氧量大大低于 21% 的稀薄贫氧高温气流，同时往稀薄高温空气附近注入燃料（燃油或燃气），这样燃料在贫氧（2%～20%）状态下实现燃烧；与此同时炉膛内燃烧后的烟气经过另一个蓄热室排入大气，炉膛内高温热烟气通过蓄热体时将热量储存在蓄热体内，然后以 150～200℃ 的低温烟气经过换向阀排出。工作温度不高的换向阀以一定的频率进行切换，使两个蓄热体处于蓄热与放热交替工作状态，常用的切换周期为 30～200 s。蓄热式高温空气燃烧技术的诞生使得工业炉炉膛内温度分布均匀化问题、炉膛内温度的自动控制手段问题、炉膛内强化传热问题、炉膛内火焰燃烧范围的扩展问题、炉膛内火焰燃烧机理的改变等问题有了新的解决措施。

由上所述，蓄热式空气燃烧技术的主要优势在于：①节能潜力巨大，平均节能 25% 以上。因而可以向大气环境少排放 CO_2 25% 以上，大大缓解了大气的温室效应。②扩大了火焰燃烧区域，火焰的边界几乎扩展到炉膛的边界，从而使得炉膛内温度均匀，这样一方面提高了产品质量，另一方面延长了炉膛寿命。③对于连续式炉来说，炉长方向的平均温度增加，加强了炉内传热，导致同样产量的工业炉其炉膛尺寸可以缩小 20% 以上，大大降低了设备的造价。④由于火焰不是在燃烧器中产生的，而是在炉膛空间内才开始逐渐燃烧，因而燃烧噪声低。⑤采用传统的节能燃烧技术，助燃空气预热温度越高，烟气中 NO_x 含量越大；而采用蓄热式高温空气燃烧技术，在助燃空气预热温度非常高的情况下，NO_x 含量却大大减少了。⑥炉膛内为贫氧燃烧，导致钢坯氧化烧损减少。⑦炉膛内为贫氧燃烧，有利于在炉膛内产生还原焰，能保证陶瓷烧成等工艺要求，以满足某些特殊工业炉的需要。

（4）催化燃烧法

催化燃烧是借助催化剂在低起燃温度下（200～300℃）进行无火焰燃烧，并将有机废气氧化分解为 CO_2 和 H_2O，其实质是活性氧参与的剧烈的氧化反应，催化活性组分将空气氧活化，当与反应物分子接触时发生能量传递，反应物分子被活化，从而加速氧化反应的进行。与一般的火焰燃烧相比，催化燃烧有着不可比拟的优越性，主要体现在：①起燃温度低，能量消耗少，甚至达到起燃温度后无须外界传热就能完成氧化反应。②使用范围广。③适应氧浓度范围大，净化效率高，无二次污染，且燃烧缓和，运转费用少，操作管理方便，可长周期运行，并可回收费热，降低处理成本，在经济上是合理可行的。

催化燃烧反应的核心是选择合适的催化剂。对催化燃烧催化剂的一般要求是：在一定的燃料/空气比下应具有低的起燃温度；在最低预热温度和最大传质条件下仍能保持完全转化率；燃烧反应是放热反应，释放出大量的热可使催化剂的表面达到 500～1 000℃ 的高温，而催化剂容易因熔融而降低活性，所以要求催化剂能耐高温。通常催化燃烧 VOCs 用的催化剂主要集中在贵金属催化剂和金属氧化物催化剂。

贵金属催化剂主要有 Rt、Pd、Ru、Rh、It、Au 等，但在催化燃烧工业应用中常用的是 Pt、Pd 和 Rh[①]。作为催化剂的贵金属常负载于载体上使得贵金属呈高分散状态，载体不仅起结构支撑作用，而且具有载体效应。复合金属氧化物主要有两大类：①钙钛矿型复合氧化物，通式为 ABO_3，其活性明显优于相应的单一金属氧化物。这种催化剂的耐热性好、活性高，结晶构造中的 A 为 La、Sr、Ce 等稀土元素，B 为 Co、Mn 等过渡金属。一般 A 为四面体型结构，B 为八面体型结构，这样 A 和 B 形成交替立体结构，易于取代而产生晶格缺陷，即催化活性中心位，表面晶格氧提供高活性的氧化中心，从而实现深度氧化反应。②尖晶石型复合氧化物。作为复合氧化物重要的一种结构类型，以 AB_2O_4 表示，尖晶石亦具有优良的深度氧化催化活性。载体在催化剂中起着重要的作用，催化燃烧反应多发生在催化剂表面，因此需要将催化剂的活性组分负载在载体上以获得大的比表面，不仅可以减少活性组分的用量，也可增加催化剂比表面，同时提高机械强度、热稳定性和活性。常用的载体主要有金属氧化物载体 Al_2O_3、TiO_2、SiO_2、ZrO_2、MgO、WO_3、Fe_2O_3 等；分子筛载体如 Y、HY、SY、SY-A、SAPO-5、ZSM-5、MCM-41 等类型，和孔内涂有 Al_2O_3 涂层的堇青石蜂窝陶瓷载体。

随着工业迅猛发展，有机废气的种类也日益繁多，因此，人们也在不断地研究开发催化燃烧的一些新技术、新工艺，以提高有机废气的处理效果。表 5-2 对一些催化燃烧的新技术进行了简单介绍[②]。

① 左满宏，吕宏安. 催化燃烧与催化剂材料在 VOCs 治理方面研究进展[J]. 天津化工，2007，21（4）：8-10.
② 汪涵，郭桂悦，周玉莹，等. 挥发性有机废气治理技术的现状与进展[J]. 化工进展，2009，28（10）：1833-1841.

表 5-2 催化燃烧技术种类、适用范围及处理效果

技术种类	适用范围	处理效果
固定床催化燃烧二噁英脱除技术	用于处理二噁英气体	在 240～260℃和 8 000/h 的空速下,二噁英的去除率达到 99%,二噁英降至 0.1ng/m³ 以下,废气中的多氯芳烃等完全分解,氮氧化物发生选择性反应,生成无害的氮气和水
冷凝-催化燃烧处理技术	用于处理富含水蒸气的恶臭气体	冷凝水中的被冷凝的有机组分可被分离回收,不凝气中的总烃在床层空速为 15 900～40 000/h、反应温度为 300～350℃的条件下,去除率达到了 90%以上
流向变换催化燃烧技术	浓度为 100～1 000 mg/m³ 的有机废气	将固定床催化反应器和蓄热换热床组合于一体,通过周期性地变换流向,把化学反应放热、材料蓄热和反应物的预热结合起来,大大提高了热能的利用效率,使得浓度在 100～1 000 mg/m³ 的有机废气可以自热催化燃烧,不用添加辅助燃料
吸附-流向变换催化燃烧耦合技术	处理浓度低于 100 mg/m³ 的有机废气	将吸附和流向变换催化燃烧技术耦合,通过吸附剂将有机废气浓缩、富集,脱附后获得。浓度较高的有机废气以后再进行催化燃烧,具有吸附效率高、无二次污染等特点
吸附-解吸-催化燃烧技术	处理浓度低于 100 mg/m³ 的有机废气	将固定床的吸附净化和催化燃烧相结合,集吸附浓缩、脱附再生和催化燃烧于一体,采用气流阻力很低并已工业化生产的蜂窝状活性炭为吸附材料。该技术治理效果好,节能效果显著,无二次污染,运行费用低,并实现了全过程的自动控制
微波催化燃烧技术	处理含有三氯乙烯的有机废气	净化率达到 98%,且解吸时间短,能量消耗低

虽然催化燃烧与非催化热力燃烧相比其氧化温度明显要低得多,使有害物质的转化操作更为经济。但其缺点是对所处理的有机废气有一定要求,即不能含有使催化剂中毒、抑制反应、堵塞或覆盖催化剂活性中心的物质;此外,催化剂的费用和经常需要更换也制约了其应用。其工艺流程图如图 5-11 所示。

蓄热式催化燃烧法净化效率高,二室可达 94%,三室可达 99%;阻力低,风机装机功率小,节能且运行费用;换热效率高(>90%),节能,有机废气 3 000 mg/m³ 以上浓度就可达热平衡,特别适合低浓度、大风量的废气的处理。

对蓄热焚烧法的分析我们可以看出,焚烧炉结构简单,紧凑,体积小;处理对象无选择性;控制简单,但其缺点也显而易见:为维持较高的燃烧温度,在处理较低浓度的废气时需要持续补充辅助燃料;如果废气中含有碱金属离子如钾、钠等,它则会在高温条件下与蓄热体(陶瓷材料)发生化学反应而降低蓄热体的蓄热能力。

和蓄热焚烧法相比,蓄热式催化燃烧法具有如下优点:①由于催化氧化需要的温度低,装置可以快速启动;②没有 NO_x 等二次污染物产生。

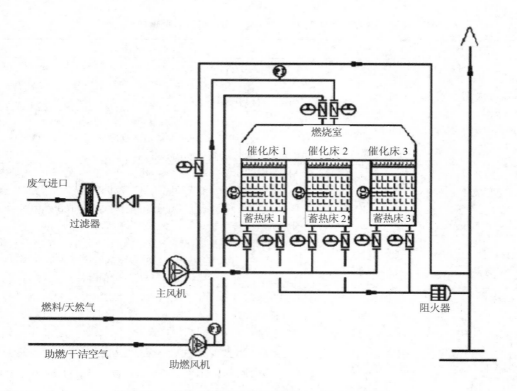

图 5-11 蓄热式催化燃烧法净化有机废气工艺流程

5.1.5 生物净化技术

对于生物法净化废气的机理研究至今缺乏统一的理论，荷兰学者 Ottengraf S P P 依据吸附操作的双膜理论提出的生物膜学说在世界范围内影响力较大，为多数学者所接受和认可。该法实质上是通过微生物的代谢活动将复杂的有机物转变为简单、无毒的无机物和其他细胞质。步骤如下：

①有机物首先由气膜扩散至液膜，跟水相进行接触，并溶解于其中；

②液膜和生物膜之间存在浓度差，在此推动力的作用下，有机物扩散至生物膜，进而被微生物捕获并加以吸收；

③微生物自身进行代谢活动，可以将进入的有机污染物当作营养物质和能量来源进行分解，经过复杂的生化反应，有机物最终变为无害的 CO_2 和 H_2O 等无机物。

因此该法针对水溶性好、生物降解能力强的 VOCs 具有较好的处理效果。表 5-3 给出了一些有机化合物被生物降解的难易程度。

表 5-3 部分有机化合物的生物降解难易程度

被生物降解的难易程度	化合物
极易	芳香化合物：甲苯、二甲苯
	含氧化合物：醇类、醋酸类、酮类
	含氮化合物：胺类、铵盐类
容易	脂肪族化合物：正己烷
	芳香族化合物：苯、苯乙烯
	含氧化合物：酚类
	含硫化合物：硫醇、二硫化碳、硫氰酸盐
中	脂肪族化合物：甲烷、正戊烷、环己烷
	含氧化合物：醚类
	含氯化合物：氯酚、二氯甲烷、三氯乙烷、四氯乙烯、三氯苯
较难	含氯化合物：二氯乙烯、三氯乙烯、醛类

目前生物净化方法主要有生物过滤法、生物吸收法和生物滴滤法等。

（1）生物过滤法

该法是最早被研究和使用的一项生物处理技术，最早是用来处理硫化氢等恶臭性气体，现在应用范围扩展到易于被生物降解的挥发性有机气体。在净化过程中，有机废气经预处理后进入生物过滤装置，如图 5-12 所示。装置中的填料是具有吸附性的滤料，多为木屑、堆肥、土壤和比表面积、孔隙率大的活性炭混合而成。填料上附着生长着丰富的微生物，通过它们的新陈代谢活动，各类有机废气会被分解为 CO_2、H_2O、NO_3^- 和 SO_4^-，从而达到有效净化的目的。生物过滤法只有一个反应器，液相、生物相都是不流动的，气液接触面积大，使用的滤池投资少而且运行费用低，对于苯系物和醛酮等挥发性物质有很好的去除效果。

以活性炭等新型介质作为滤料，生物过滤塔设计参数如表 5-4 所示[①]。

表 5-4 生物过滤塔设计参数

参数	参考值
表面气流速度	$10\sim100\ m^3/(m^2\cdot h)$
停留时间	$15\sim60s$
填料高度	$0.5\sim1.0\ m$
压力降	$500\sim1\ 000Pa$
相对湿含量	$30\%\sim60\%$
降解能力	$6\sim16g/(m^3\cdot h)$
酸碱度	$7\sim8$

① 郝吉明，马广大，王书肖. 大气污染控制工程[M]. 北京：高等教育出版社，2010：459-469.

（2）生物吸收法

该法反应工艺由废气吸收和微生物氧化反应两部分组成。有机废气先从反应器的下部进入，向上流动的过程中与填料层中的水相进行接触，实现质量传递过程；水夹带着被溶解的废气进入生物反应器，其中的悬浮液生长着大量微生物，利用它的代谢活动将污染物去除。该法的优点在于反应条件容易控制，但是需要额外添加养料，而且设备多、投资高。此外，生物反应器还需要增设曝气装置，并且控制温度、pH 等条件，确保微生物工作时的最佳状态。

为了防止活性污泥沉积和降解有机物，活性污泥反应器需要曝气设备，并控制有关条件，如温度、pH 值、碳、氮、磷之间比率，以确保微生物在最佳条件下发挥作用。通常生物洗涤塔中的气体流速为 1～3 m/s，喷淋密度为 10～30 m³/（m²·h），水/气比在（1∶1 000）～（1∶300），这表示，要净化 10 000 m³/h 的废气，则需循环水 10～33 m³/h。

（3）生物滴滤法

该法集生物吸收和生物过滤于一体。污染物的吸收和降解同时发生在一个反应器内，如图 5-12 所示。容器中的填料一般是碎石、陶瓷、聚丙烯小球、颗粒活性炭等比表面积大的物质，起到微生物生长载体的作用。事先将营养液喷洒到填料表面，流出塔底并回收利用。废气从反应器底部进入，流经填料。填料上微生物的生物膜可以充当生物滤池，对气相和液相中的物质进行氧化作用。

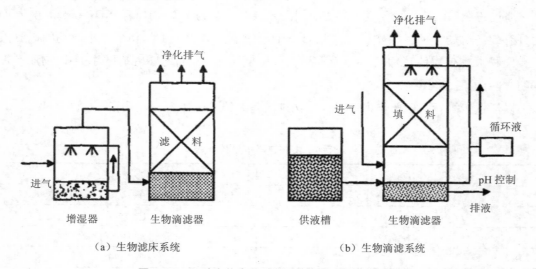

（a）生物滤床系统　　　　　　　　（b）生物滴滤系统

图 5-12　几种生物净化法处理有机废气的工艺流程

采用生物滴滤法可以通过更换回流液体去除微生物的代谢产物，具有很大的缓冲能力。特别适合降解之后产生酸性代谢产物的物质，如卤代烃和含 S、N 的有机物等。

生物滴滤法在设计时一般要求：

①进气流量、反应器体积及容积负荷。这些参数影响着有机废气的停留时间，从而间接影响填料系统内的传质过程和降解过程，故这部分参数确定最好先进行中试，做较长时间考察。

②循环液喷淋量和湿度。生物膜附着介质的含水率过高，会使得填料压差升高，不利于氧的输送；含水率过低，又会降低微生物活性，填料介质紧缩而使材质裂化，缩小了气体的停留时间，故这部分参数确定最好通过中试来确定。

③营养液配比。除了微量元素供给外，$C：N：P$ 的比值至少需要 $100：5：1$。

④系统 pH 值。最佳生物滤床操作 pH 值在 $7 \sim 8$。

（4）新型的生物处理技术

随着废气处理技术的深入研究，加之实际污染废气中，气体的溶解性及可生物降解性差异很大，一些新型的生物处理方法，如复合式生物反应器、二段式生物反应器和低 pH 值生物滤池等，渐渐受到人们的关注，并收到良好的效果。

复合式反应器中富含的微生物与真菌微生物相互协同，可以很好地去除废气中的亲水性和疏水性污染物。二段式生物滤池，第一段采用惰性填料进行酸性气体处理；第二段采用碎木块作填料，是一种传统的开放式滤池，用来处理其他的一些挥发性物质。低 pH 值生物滤池通过酸性条件下硫杆菌微生物的培养可以很好地解决 H_2S 等有机酸性气体。

与其他净化技术相比，生物法具有如下优势：可在常温、常压下操作，设备结构简单、投资低，操作简便、运行费用低，净化效率高、抗击能力强，只要控制适当的负荷和气液接触条件，尤其在处理低浓度 $1\ 000\ \text{mg/m}^3$ 以下、生物降解性好的 VOCs 时更显示其经济性。生物法的缺点：由于氧化分速度较慢，生物过滤需要很大的接触表面，过滤介质的适宜 pH 范围也难以控制；采用生物洗涤法时，对某些恶臭物质难以脱净，其净化处理效率有时存在较大的不确定性。三种生物法处理有机废气技术的对比如表 5-5 所示。

表 5-5　三种生物法处理有机废气技术的对比

技术种类	适用范围	优点	缺点
生物洗涤床	适宜于处理净化气量较小、浓度大、易溶且生物代谢速率较低的废气以及含颗粒物的废气	中等投资；相对小的占地面积；能适应各种负荷；技术非常成熟	运行费用昂贵；大量沉淀时性能下降；复杂的化学进料系统；不能去除大部分的 VOCs；需要有毒或危险的化学物质
生物过滤床	适宜于处理气量大、浓度低的废气	投资和运行费用低；低压降；有较强的抗冲击负荷能力	占地面积大；每隔 $1 \sim 2$ 年需要更换填料；有时湿度和 pH 值难以控制；颗粒物质会堵塞滤床
生物滴滤床	适宜于处理负荷较高以及污染物降解后会生成酸性物质或产碱的有害物质	简单，成本低；中等投资，运行费用低；低压降；去除效率高	建造和操作比生物过滤床复杂；针对不同成分、浓度及气量的气态污染需要不同的有效的生物净化系统

5.1.6 低温等离子体净化技术

低温等离子体（non-thermal plasma，NTP）是继固态、液态、气态之后的物质第四态，当外加电压达到气体的放电电压时，气体被击穿，产生包括电子、各种离子、原子和自由基在内的混合体。放电过程中虽然电子温度很高，但重粒子温度很低，整个体系呈现低温状态，所以称为低温等离子体。一般来说，等离子体中基本的粒子类型有六种：光子、电子、基态原子或分子、激发态原子或分子以及正离子和负离子。低温等离子体降解污染物是利用这些高能粒子与废气中的污染物作用，使污染物分子在极短的时间内发生分解，并发生后续的各种反应以达到降解污染物的目的。

采用等离子体法净化含有 VOCs 废气的作用机理，大致可概括为以下几点：

①空气分子或者是原子通过电子的获得或失去而被电离，即离子化；

②基于周围环境能量的提高，原子或分子的外层电子起变化，即迁移到靠近原子核的一个层上，同时产生光；

③在电场内，空气的组成部分转化为强氧化剂，如臭氧、水分变成自由基；

④在电场内，可以提高对化学反应起到关键作用的原子或分子的平移位能，即激活过气体组成部分比未激活的具有更强的反应能力，这些活化的空气组成部分与气体中可氧化的物质反应。

目前等离子体净化 VOCs 的技术主要有电子束法、脉冲电晕放电法、介质阻挡放电法、铁电填充床放电、稳定直流电晕放电和沿面放电等。在工业应用中较为广泛的还是脉冲电晕放电法和介质阻挡放电法。

当有机废气的净化率要求很高时，通常在用等离子体法处理后再连接一个催化反应器。按照废气所含有机物和湿度不同，可用铁、铜、锰、镉等氧化物催化剂，有时也可用贵金属催化剂（如 Pd、Pt 等）或者在处理含氟、氯烃有机物的情况下，采用混合催化剂系统。这种方法的流程如图 5-13 所示。在第一级中，气体分子在强交变电场中激发，然后进入环境温度下的催化反应器中，使其转化为 CO_2 和 H_2O，而无其他副产物。

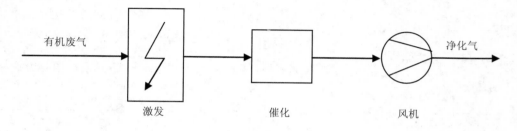

图 5-13　等离子体/催化法流程示意

与常规技术相比，低温等离子体用于废气的净化具有很多优势：①由于等离子体反应器几乎没有阻力，系统的动力消耗非常低；②装置简单，反应器为模块式结构，造价低，并且容易进行易地搬迁和安装；③由于不需要任何预热时间，所以该装置可以即时开启与关闭；④所占空间比现有的其他技术更小；⑤抗颗粒物干扰能力强，便于维护。因此，目前对低浓度 VOCs 废气的净化，特别是在脱臭方面有不少获得成功应用的例子。

低温等离子体治理技术的关键在于等离子体发生器的设计是否合理。作为一项新技术，目前人们对于其作用机理的研究还不够充分，针对不同化合物如何有针对性地进行等离子体发生器的设计，目前还没有形成规律性的认识。总体上该技术对有机化合物的净化效率还比较低，一般低于 70%，如果反应器设计不当，则净化效率会更低，因而限制了其实际应用。

5.1.7　光催化氧化技术

光催化氧化法是利用光催化剂（如 TiO_2）氧化吸附在催化剂表面的 VOCs 的一种方法。光催化的净化速率取决于所使用的催化剂的性能和光源的性能。目前使用的催化剂主要为 TiO_2 光催化剂。紫外光光源具有最好的净化效果（如 185 nm、254 nm、365 nm），对于苯系物的净化，短波紫外光（254 nm、185 nm）具有更好的光催化效果。

理论上，光催化氧化过程能够将污染物降解为 CO_2 和 H_2O 等无毒物质，但反应速率慢、光子效率低等缺点制约了其在实际中的应用。在某些条件下，对 VOCs 的降解过程中光催化氧化反应会产生醛、酮、酸和酯等中间产物，造成二次污染。同时存在催化剂失活、催化剂难以固定等缺点。为此，人们尝试采用电化学、O_3、超声和微波等耦合技术对光催化氧化过程进行强化，可以提高光催化过程的速率。光催化氧化技术对低浓度的 VOCs 处理有一定的处理效果，但目前在工业 VOCs 的净化中成功案例较少。

5.1.8　膜分离技术

膜分离是利用天然或人工合成的膜材料来分离污染物的过程。该法是一种新型的高效分离方法，适合处理高浓度的有机废气。有机废气首先进入压缩机压缩后冷凝，冷凝下来的有机物进行回收，余下的进入膜分离单元后分为两股：一股返回压缩机重新进行处理，一股处理后排出。

膜分离最早应用于汽油回收，是目前油气回收的主要技术之一。日本从 1988 年就开始有工程实例，且应用效果良好。近年来我国在油气回收方面也大量应用了膜分离技术，但在膜制造技术方面和国外相比还存在较大的差距。

5.2　VOCs 污染控制组合技术

由于工业 VOCs 废气成分及性质的复杂性和单一治理技术的局限性，在很多情况下，采用单一技术往往难以达到治理要求，且不经济。利用不同单元治理技术的优势，采用组合治理工艺不仅可以满足排放要求，同时可以降低净化设备的运行费用。

5.2.1　吸附浓缩+催化燃烧技术

工业上低浓度、大风量的 VOCs 的排放，直接进行催化燃烧和高温焚烧需要消耗大量的能量，设备的运行成本非常高。吸附浓缩-催化燃烧技术是将吸附技术和催化燃烧技术有机地结合起来的一种组合技术，适合于大风量、低浓度或浓度不稳定情况下的废气治理。国内防化研究院于 1990 年研制的固定床式有机废气浓缩-催化燃烧装置，是目前我国喷涂、印刷等行业大风量、低浓度有机废气治理的主流技术。

在该工艺中通常采用蜂窝状活性炭作为吸附剂，蜂窝状活性炭床层阻力低，动力学性能好。目前也有采用薄床层的颗粒活性炭和活性炭纤维毡作为吸附剂，采取频繁吸附/脱附的方式对吸附剂进行再生。吸附了 VOCs 的床层采用小气量的热气流进行吹扫再生，再生后的高温、高浓度 VOCs 进入催化燃烧器进行催化氧化。增浓以后的废气在催化燃烧器中可以维持自行燃烧状态，在平稳运行的条件下催化燃烧器不需进行外加热。催化燃烧后产生的高温烟气经过调温后可以直接用于吸附床的再生，或者利用其加热新鲜空气后用于吸附床的再生。该工艺的特点是将大风量、低浓度的 VOCs 转化为小风量、高浓度的 VOCs，然后再进行催化燃烧净化。

经过多年的运行实践，该组合技术也存在一些明显的缺陷：①采用活性炭材料作为吸附剂的安全性较差。由于活性炭中含有一些金属成分，会对吸附在活性炭表面上的有机物产生催化氧化作用。当再生热气流的温度达到 100℃ 以上时，由于催化氧化作用的增强而造成热量蓄积，吸附床容易着火；②采用热气流吹扫再生活性炭，因为再生温度低，当脱附周期完成后部分高沸点化合物不能彻底脱附，会在活性炭床层中积累而使其吸附能力下降。由于存在安全性问题，通常的再生温度不能超过 120℃。因此对于沸点高于 120℃ 的有机物，如三甲苯等则不能利用该工艺进行净化；③通常活性炭具有很强的吸水能力，当废气湿度较高时（超过 60%），对有机物的净化效率较低。

疏水型分子筛吸附剂的特点是安全性好，可以在高温下进行脱附再生（可以达到 220℃，称为不可燃吸附剂），对于大部分有机化合物都可以进行处理，因此近年来在日本、我国台湾地区和西方国家低浓度 VOCs 的吸附浓缩工艺中几乎全部使用疏水型沸石取代了活性炭。分子筛的吸附能力通常低于活性炭，当采用固定床时其吸附效率要低于活性炭床层。日本于 20 世纪 90 年代开发了旋转式的吸附浓缩装置，边吸附、边脱附，其吸附效率要高于固定床吸附装置，成为目前国外低浓度 VOCs 治理的主流技术。

5.2.2　吸附浓缩+冷凝回收技术

对于低浓度的 VOCs 废气，当需要对有机物进行回收时可以使用吸附浓缩-冷凝回收工艺。吸附装置可以是固定床，也可以是沸石转轮。采用热气流对吸附床进行再生，再生后的高温、高浓度废气通过冷凝器将其中的有机物冷凝回收，冷凝后的尾气再返回吸附器进行吸附净化。

在该工艺中，当有机物沸点较低，可以在较低温度下对吸附剂进行再生时，可以使用蜂窝活性炭、颗粒活性炭和活性炭纤维作为吸附剂，采用固定床吸附。对于混合废气或高沸点的废气，通常应使用蜂窝分子筛作为吸附剂，采用转轮吸附装置。该工艺主要用于低浓度、大风量、回收价值较高的有机物的净化。

5.2.3　活性炭纤维吸附回收+沸石转轮吸附浓缩技术

当利用水蒸气进行再生时，活性炭纤维吸附装置具有吸附和再生速度快、回收溶剂品质高等优点，在溶剂回收领域已经得到了大量应用。但由于活性炭纤维毡的阻力大，通常使用薄床层进行吸附和频繁再生，使得其单级吸附效率较低，经过单级吸附以后废气排放通常达不到排放标准的要求。对于经过一级活性炭纤维吸附装置吸附净化后的空气可以再采用沸石转轮进行吸附浓缩，浓缩后的空气再返回工艺废气后进入活性炭纤维吸附装置。此组合工艺既可使排放达标，又可以最大限度地回收废气中的有机物，在化工、电子等领域的废气治理中得到了应用。

该组合工艺主要适用于较高浓度的有机废气的净化（通常高于 2 000 mg/m^3）沸石转轮的优势在于处理低浓度的废气（如低于 1 000 mg/m^3），对于较高浓度的废气，如果直接使用沸石转轮吸附浓缩，其浓缩倍数较低，效率也较低。

采用以上组合工艺则可发挥活性炭纤维吸附装置和沸石转轮浓缩装置两者的优势，具有最低的运行成本和最高的净化效率。

5.2.4　等离子体+光催化复合净化技术

等离子体-光催化复合净化技术是近年来出现的一种先进的组合空气净化技术。欧美和日本等国对低温等离子体催化技术的研究开展得比较早，主要把该技术应用于脱硫脱硝、消除挥发性有机化合物、净化汽车尾气等方面。国内外大量研究表明[1]，等离子体-催化协同作用能大大增强有机化合物的净化效果。如在常压下用等离子体/TiO$_2$催化体系去除苯，

---

[1] 栾志强，郝郑平，王喜芹. 工业固定源 VOCs 治理技术分析评估[J]. 环境科学，2011，32（12）：3476-3486.

在仅有氧气等离子体没有 TiO$_2$ 催化剂时，40%的苯分解；在 TiO$_2$/O$_2$ 等离子体下，脱除率低于 70%；在 O$_2$ 等离子体中，TiO$_2$ 负载于 γ-Al$_2$O$_3$ 上时甲苯的转化率达到 80%以上。

5.3　VOCs 污染控制技术综合评估

5.3.1　不同技术处理 VOCs 气体的流量、浓度及种类分布[①]

如图 5-14 所示，除冷凝和膜分离外，多数技术所应用的气体流量范围差异并不明显，冷凝和膜分离主要应用于流量小于 3 000 m³/h 的 VOCs 气体处理，这主要是由于冷凝器和膜分离组件的工作原理限制了其应用于大流量气体处理。而催化燃烧、吸附、生物处理等 VOCs 处理技术的流量应用范围较广，从流量 1 000～50 000 m³/h 均有较多工程案例。

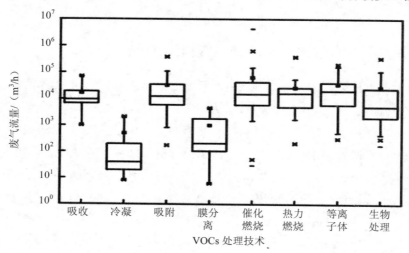

图 5-14　基于不同技术的工程案例所处理 VOCs 气体流量分布

从图 5-15 可以看出，不同技术所应用的 VOCs 气体浓度范围差异较大。等离子体、吸收主要应用于总挥发性有机物（TVOC，表示气相 VOCs 浓度）浓度小于 500 mg/m³ 的低浓度气体，生物处理主要应用于 500～2 000 mg/m³ 的中低浓度气体，催化燃烧和热力燃烧主要应用于 TVOC 2 000～10 000 mg/m³ 的高浓度气体，冷凝和膜分离则主要应用于 TVOC 大于 10 000 mg/m³ 的气体。吸附虽然在 TVOC 浓度为 500～10 000 mg/m³ 时都有较多的工程案例，但一般认为，吸附在处理 VOCs 体积分数小于 0.1%（TVOC 2 000～4 000 mg/m³）的气体时，VOCs 回收的难度加大、处理成本会相应增高，且 TVOC 过高也不宜直接用吸附技术进行 VOCs 回收处理。

---

① 席劲瑛，王灿，武俊良. 工业源挥发性有机物（VOCs）排放特征与控制技术[J]. 北京：中国环境出版社，2014.

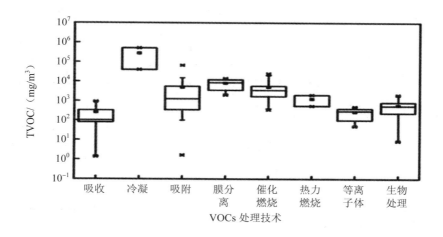

图 5-15 基于不同技术的工程案例所处理 VOCs 气体 TVOC 分布

依据官能团不同将 VOCs 分为苯系物、卤代烃、醇、醛、醚、酮、酚、酸、酯、胺、烷烃、烯烃 12 类。从表 5-6 可以看出，某些技术对于 VOCs 种类表现出一定的普适性和广泛性，如催化燃烧、热力燃烧和吸附等。而另外一些技术则对 VOCs 种类表现出一定的偏好，例如生物处理较少应用于卤代烃和烷烃处理，吸收和冷凝较少应用于烷烃、烯烃处理，而膜分离的应用案例主要为烷烃和烯烃处理。技术应用于 VOCs 种类的偏好可以用技术本身的原理和特点进行解释。例如，烷烃和卤代烃类 VOCs 生物降解性一般比苯系物要差，而许多烷烃和烯烃的沸点较低，也不适合用冷凝法处理。

表 5-6 基于不同技术的工程案例所处理 VOCs 种类统计

VOCs 种类	典型物质	不同 VOCs 处理技术应用案例数							
		吸收	冷凝	吸附	膜分离	催化燃烧	热力燃烧	等离子体	生物处理
苯系物	苯、甲苯、乙苯、二甲苯	◐	○	●		●	●	○	●
卤代烃	二氯甲烷、三氯甲烷、氯乙烯	○	◐	◐		◐	○	○	
醇	甲醇、乙醇、乙二醇、正丁醇、异丙醇、甲硫醇	○	○	◐		●	◐	○	◐
醛	甲醛、乙醛、丙烯醛	○		○		●	◐	○	◐
醚	乙醚、丁醚、二甲醚、甲硫醚		◐	○		●	◐	○	◐
酮	丙酮、丁酮	○	◐	●		◐	◐	○	○
酚	苯酚	○		○		○	◐		◐
酸	乙酸、丙烯酸		◐	○		◐			○
酯	乙酸乙酯、乙酸丙酯	○	○	◐		◐	◐		○
胺	二乙胺、一甲胺、三甲胺	○		○		○			○
烷烃	丙烷、正丁烷、环己烷、己烷			○	○	●	◐		
烯烃	丙烯、乙烯、苯乙烯			◐	○	●			

注：空白表示没有案例，○表示案例数<5，◐表示案例数在 5～15，●表示案例数>15。

按照国民经济分类方法，对 VOCs 处理工程所应用的行业进行归类。其中，化学原料及化学制品制造业又被分为若干个子行业，分析结果如表 5-7 所示。由表可知，吸附、催化燃烧、热力燃烧、生物处理在 VOCs 处理方面所应用的行业最广泛。其中，吸附技术在化工、医药应用较广，而催化燃烧和热力燃烧法在化工、石油行业应用较广泛，而生物处理则主要应用于废物处理、食品等行业恶臭气体处理（除 VOCs 外，还含有硫化氢、氨等污染物）。其他技术中，吸收和冷凝主要应用于医药和化工行业，膜分离主要应用于化工（合成材料）行业，等离子体主要应用于食品等行业。

表 5-7 不同 VOCs 处理技术的行业应用情况

行业（子行业）		不同 VOCs 处理技术应用案例数							
		吸收	冷凝	吸附	膜分离	催化燃烧	热力燃烧	等离子体	生物处理
化学原料与化学制品制造	合成材料制造	○	○	◑	◑	●	○	○	◑
	基本化学原料制造			○		●	○		
	专用化学产品制造			◑		○	○		
	涂料制造			◑		○			
	日用化学品制造			○					○
	其他	○		●	○	○	○		○
医药制造		●	◑	◑		◑	◑	○	◑
石油加工与炼焦				○	○	◑			◑

注：空白表示没有案例，○表示案例数＜5，◑表示案例数在 5～15，●表示案例数＞15。

常见 VOCs 控制技术适用条件见表 5-8。

表 5-8 常见的 VOCs 控制技术适用条件

控制技术	能源回收率/%	VOC 去除率/%	适用浓度/（mg/m^3）	适用风量/（CMM）	温度范围/℃
直接焚烧	50～70	95～99	1 000	30～14 000	650～10 000
催化焚烧	70	90～98	50～1 000	30～3 000	300～400
蓄热式焚烧	65～97	95～99	100～1 000	小于 7 000	800～1 000
蓄热式催化焚烧	93	95～99	50～1 000	—	300～400
固定床活性炭吸附	—	90～95	100～5 000	5～1 700	38～49
流化床吸附	—	大于 95	300	50～1 500	常温
转轮浓缩+焚烧	65	90～95	1～600	2 300	常温～300
湿式洗涤	—	—	1 000～5 000	60～3 000	常温以上
生物处理	—	70～80	10～200	50～1 000	20～40
冷凝回收	—	50～95	大于 5 000	10～16 000	露点以下

5.3.2　影响 VOCs 控制技术选择的主要因素分析

针对特定的含 VOCs 废气的治理，在进行治理方案选择时，应从技术上和经济上进行综合考虑以选择适宜的治理技术。在技术上应考虑如下的一些因素：废气性质（废气中有机物的组成、VOCs 含量、废气流量、温度、压力等）；VOCs 的去除效率；设备运行安全；可用建设面积；必要的附属设施（如水、电、蒸气的供给等）；与生产工艺（排污工艺）的协同性等。在经济上主要考虑设备与工程投资、运行费用和技术经济使用期等。

在选择治理技术时，首先要考虑的是废气中 VOCs 的浓度的高低。不同治理技术的适用浓度范围如图 5-16 所示。

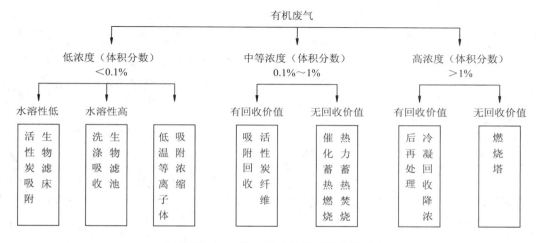

图 5-16　不同治理技术的适用浓度范围

对于高浓度（体积分数）的 VOCs（通常＞1%），一般需要进行有机物的回收。通常首先采用冷凝技术将废气中大部分的有机物进行回收，降浓以后再采用其他技术进行处理。如化纤生产中 CS_2 废气的治理，采用深冷水冷凝可以将 CS_2 浓度（体积分数）降低到 0.1% 以下，再采用活性炭纤维吸附工艺对剩余的 CS_2 进行吸附回收。在有的情况下，虽然废气中 VOCs 的浓度很高，但并无回收价值或者回收成本太高，通常采用直接焚烧处理，如炼油厂尾气的处理等。

对于低浓度（体积分数）的 VOCs（通常＜0.1%），通常情况下没有回收价值或者回收不经济。目前有很多的治理技术可以选择，如吸附浓缩技术、生物技术、低温等离子体技术、吸收技术等。吸附浓缩技术（固定床或沸石转轮吸附）近年来在低浓度 VOCs 的治理中得到了广泛应用。生物技术（生物滴滤、生物过滤和生物洗涤）近年来也得到了较快的发展，主要用于低浓度含 VOCs 异味的治理，对于水溶性高的有机物采用生物滴滤技术处理，对于水溶性低的有机物采用生物过滤和生物洗涤技术处理。随着生物技术的不断发展和完善，近年来在普通有机物如三苯废气治理中也得到了一定的应用。低温等离子体破坏技术由于运行费用较低，虽然净化效率较低，但对于低浓度废气也可以达到一定的治理效果。在吸收技术中，由于存在安全性差和吸收液处理困难等缺点，采用有机溶剂为吸收剂的治理工艺目前已经较少使用。采用水洗涤吸收目前主要用于废气的前处理，如去除漆雾和大分子高沸点的有机物；有时也用于废气的后处理，如采用低温等离子体处理后有机物的水溶性提高，再采用水洗涤进行吸收。

对于中等浓度（体积分数）的 VOCs（通常 0.1%～1%），当无回收价值时，一般采用催化燃烧和高温焚烧技术进行治理。当废气中的有机物具有回收价值时，通常选用活性炭和活性炭纤维吸附工艺对废气中的有机物进行回收。

在选择治理技术时，除了废气中有机物的浓度以外，对废气的温度和湿度等参数也必须进行综合考虑。对于高温废气，即使有机物浓度较低，采用燃烧技术也是最为经济的。吸附技术、生物技术和等离子体技术只适用于常温废气的处理。当废气的湿度较高时，由于活性炭和活性炭纤维对有机物的吸附效果会明显降低，废气的湿度对吸附技术的影响很大。

5.3.3 VOCs 控制技术处理效果

不同控制技术的 VOCs 去除率如图 5-17 所示。由图可知，除等离子体外，其他 VOCs 处理技术的平均去除率均在 90%以上，在废气处理过程中实际去除率均较高。由于所处理的 VOCs 的浓度、种类都各不相同，很难简单地从不同技术的 VOCs 去除率分布对不同技术的特点和处理效果进行直接评价。

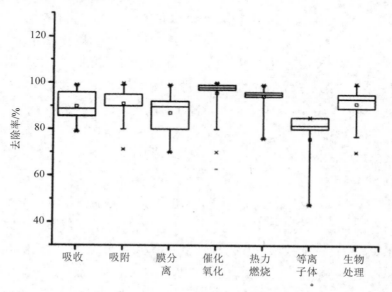

图 5-17　不同治理技术的适用浓度范围[①]

① 席劲瑛，王灿，武俊良. 工业源挥发性有机物（VOCs）排放特征与控制技术[J]. 北京：中国环境出版社，2014.

VOCs 浓度是影响处理效果的一个重要因素。在处理低浓度（＜500 mg/m³）气体时，生物处理、吸收和等离子体控制技术的 VOCs 去除率均高于 80%。处理中等浓度（500～2000 mg/m³）气体时，催化燃烧和生物控制技术的 VOCs 去除率均高于 80%。而对于高浓度（2 000～10 000 mg/m³）和超高浓度（＞10 000 mg/m³）气体，吸附、膜分离、催化氧化和热力焚烧的处理效率均较高。

5.3.4　VOCs 控制技术经济性

经济性是影响控制技术应用的重要因素，也是技术评价的一个重要指标。VOCs 控制技术的经济性一般用相应 VOCs 控制工程的建设费用、运行费用、总费用等指标进行评价，由于使用同类技术的工程之间存在许多差异，因此相应的费用指标往往存在一个变化范围。

①建设费用：指用于 VOCs 处理设备和配套设施（如气体收集管路系统）的购置、建设、安装和调试费用（万元）。

②运行费用：指 VOCs 处理工程建成后，日常运行、维护所需要的各种水、电、气、材料、人工等费用（万元）。

③总费用：总费用（万元）=建设费用（万元）+VOCs 处理工程生命周期内总运行费用（万元）。

④单位体积气体处理费用：单位体积气体处理费用（元/m³）=总费用（元）/处理总气体体积（m³）。

⑤单位 VOCs 去除费用：单位 VOCs 去除费用（元/t）=总费用（元）/去除 VOCs 量（t）。

不同 VOCs 控制技术的经济性指标如表 5-9 所示。

表 5-9　不同 VOCs 控制技术建设与运行费用[①]

VOCs 控制技术	建设费用/[万元/（1 000 m³/h）]	运行费用/[元/（1 000 m³/h）]
吸收	13～42	1～4
吸附	10～42	4～8（不算回收 VOCs 收益）
膜分离	100～600	0.4～1.5（不算膜更换）
催化氧化	8～60	0.4～5
热力燃烧	5～30	0.4～3
等离子体	2～25	1～3
生物处理	2～20	0.6～2

① 席劲瑛，王灿，武俊良. 工业源挥发性有机物（VOCs）排放特征与控制技术[J]. 北京：中国环境出版社，2014.

5.3.5　VOCs 控制技术其他特性

除了处理气体特性、处理效果和经济性外，还可以从 VOCs 控制技术的关键设备的复杂程度、占地面积、常见问题、二次污染等方面对不同技术的特征进行比较，如表 5-10 所示。

表 5-10　不同 VOCs 控制技术其他指标比较

VOCs 控制技术	核心设备	复杂程度	占地面积	常见问题	二次污染
吸收	吸收塔	简单	中等	吸收液消耗	废吸收液
冷凝	冷凝器	简单	小	处理气量小	不凝气
吸附	吸附床	较复杂，有脱附与溶剂回收系统	中等	高沸点组分难脱附	废脱附液、废吸附剂
膜分离	膜组件	简单	小	膜通量低、不耐高温	少
催化氧化	催化床	较复杂、有换热、点火、电加热等单元	中等	催化剂中毒	有毒副产物
热力燃烧	燃烧室	较复杂，有换热、点火、燃料投加等单元	中等	燃烧温度不稳定	有毒副产物
等离子体	等离子体管	较复杂，有电源设备	中等	离子管结痂、电源不稳定	少
生物处理	填料床	简单	大	填料床堵塞	少

5.3.6　VOCs 控制技术适用性汇总

综上所述，对不同 VOCs 控制技术的适用性（包括适宜处理的 VOCs 种类、VOCs 浓度范围、气体流量范围、适用行业、废气类型、废气温度、处理效率、二次污染、建设运行费用等重要信息）进行汇总[①]，如表 5-11 所示。

---

① 席劲瑛，王灿，武俊良．工业源挥发性有机物（VOCs）排放特征与控制技术[J]．北京：中国环境出版社，2014.

表5-11　不同VOCs控制技术的适用性汇总

VOCs控制技术	适用VOCs种类	适用VOCs浓度/(mg/m³)	单套装置适用气体流量/(m³/h)	适宜处理废气种类	适宜温度范围/℃	二次污染	建设费用/[万元/(1000 m³/h)]	运行费用/[万元/(1000 m³/h)]	优点	缺点
吸收	苯类及大部分VOCs	<1000	1000~100000	易溶于吸收液的气体	—	废液	13~42	1~4	处理效果好	废液需进一步处理
冷凝	大部分VOCs	>20000	<3000	浓度高的废气和含有大量水蒸气的高温废气	—	无	—	—	可回收VOCs	流速不能过快,处理不彻底
吸附	苯类、酮类等大部分VOCs	1000~120000	1000~150000	浓度较高,成分较为单一的气体	<45	废弃吸附剂	10~42	4~8(不算回收VOCs收益)	处理效果好	吸附剂费用高
膜分离	烯烃、烷烃类等	>5000	<3000	高浓度废气,水分含量不宜太高	<60	无	100~600	0.4~1.5(不算膜更换)	可用于VOCs回收	不适用于高温废气或大流量废气
催化氧化	绝大部分VOCs	2000~8000(上限浓度低于有机物爆炸极限下限的25%)	1000~100000	中高浓度有机废气、气体中不含硫、卤素、重金属等	<500	未完全氧化产物	8~60	0.4~5	适用VOCs种类多,处理效果好	不适用于低浓度VOCs净化处理,催化剂中毒
热力燃烧	绝大部分VOCs	2000~8000(上限浓度低于有机物爆炸极限下限的25%)	1000~100000	高浓度有机废气	≥0	未完全氧化产物	5~30	0.4~3	适用VOCs种类多,处理效果好	不适用于低浓度VOCs净化处理,可能有毒副产物
等离子体	大部分VOCs	<500	1000~20000	大风量低浓度有机废气	<80	臭氧	2~25	1~3	适用多种VOCs	离子管或电极板极易受污染
生物处理	苯类等大部分VOCs	<2000	1000~100000	中低浓度、含可生物降解VOCs废气	10~45	渗出液	2~20	0.6~2	处理费用低	占地面积大

第 6 章　标准实施中相关问题解答

6.1　关于排气筒高度和排放速率

6.1.1　本标准对排气筒高度的规定

本标准对排气筒高度的规定包括：

①排气筒高度原则上不应低于 15 m。

②排气筒高度应高出周围 200 m 半径范围内的建筑物 5 m 以上。

本标准与《大气污染物综合排放标准》（GB 16297—1996）中的相关规定基本一致，其中排气筒高度是指排气筒（或其主体建筑构造）所在的地平面至排气筒出口计的高度，地平面是建筑施工时的"0"标高位置，可以近似理解为排气筒所在的建筑物外墙地面。

本标准规定排气筒应高出周围 200 m 半径范围内的建筑物 5 m 以上，且不仅仅针对住宅楼等，而是针对所有建筑物，明显更严格。

6.1.2　本标准对最高容许排放速率的规定

本标准对最高容许排放速率的规定如下：

①附录一中表 1 列出了不同排气筒高度相对应的 VOCs 最高容许排放速率限值，排气筒高度分别为 15 m、20 m、30 m、40 m、50 m 5 个等级。

②排气筒高度低于表 1 所列的最低高度 15 m，在外推法计算的最高容许排放速率限值基础上再严格 50%执行，同时排气筒中 VOCs 排放浓度应按表 2 "厂界 VOCs 监控点浓度限值"的 5 倍执行。

附录一表 1 中 VOCs 最高容许排放浓度限值一般是厂界 VOCs 监控点浓度限值的 10 倍以上，有的甚至 1 000 倍以上，硝基苯类最高为 1 200 倍。当排气筒高度低于 15 m 时，尽管排放速率可能相对容易达标，但排放浓度达标的难度很大，这可以有效避免企业低空排放。

③排气筒高度处于附录一中表 1 所列的两个排气筒高度之间时，其最高容许排放速率标准值按内插法计算结果执行。

④排气筒高度高于附录一中表 1 所列的最高高度 50 m，执行排气筒高度为 50 m 所对应的最高容许排放速率。

⑤在满足上述条件的前提下，排气筒还应高出周围 200 m 半径范围内的建筑物 5 m 以上，不能达到该项要求的，最高容许排放速率应在规定的排放速率限值基础上再严格 50%执行，即在附录一中表 1 中规定的限值或采用内插法、外推法确定的限值基础上再严格 50%。

⑥排放速率以企业为单位核算，企业内部有多根排放同一种污染物的排气筒时，若两根排气筒距离小于其几何高度之和，应合并视为一根等效排气筒。若有三根以上的近距离排气筒，且排放同一种污染物，应以前两根的等效排气筒，依次与第三、第四根排气筒取等效值。

6.1.3　举例说明如何采用内插法计算最高容许排放速率限值

排气筒高度处于本标准列出的两个值之间，其执行的最高容许排放速率用内插法，按式（6-1）进行计算：

$$Q = Q_a + (Q_{a+1} - Q_a)(h - h_a)/(h_{a+1} - h_a) \tag{6-1}$$

式中：Q——排气筒最高容许排放速率，kg/h；

Q_a——对应于排气筒 h_a 的排放速率，kg/h；

Q_{a+1}——对应于排气筒 h_{a+1} 的排放速率，kg/h；

h——排气筒的几何高度，m；

h_a——比某排气筒低的表列高度中的最大值，m；

h_{a+1}——比某排气筒高的表列高度中的最小值，m。

举例：某排气筒高度为 24 m，排放的污染物是非甲烷总烃，求其应执行的最高容许排放速率限值。

排气筒高度 24 m（$h=24$ m），介于表 1 中的排气筒 20 m（$h_a=20$ m）和 30 m（$h_{a+1}=30$ m）之间，排气筒高度 20 m 和 30 m 所对应的最高容许排放速率限值分别是 14kg/h（$Q_a=14$kg/h）和 38kg/h（$Q_{a+1}=38$kg/h）。24 m 高排气筒应执行的最高容许排放速率限值如下：

$$Q = Q_a + (Q_{a+1} - Q_a)(h - h_a)/(h_{a+1} - h_a)$$
$$=14+（38-14）×（24-20）/（30-20）$$
$$=14+9.6$$
$$=23.6（kg/h）$$

提示：假如该排气筒周边有一栋 20 m 的厂房，与排气筒的距离为 150 m，不符合"排气筒高度应高出周围 200 m 半径范围内的建筑物 5 m 以上"的要求，最高容许排放速率限值应再严格 50%，即为 11.8kg/h。

6.1.4　举例说明如何采用外推法计算最高容许排放速率限值

某排气筒高度低于本标准表列排气筒高度的最低值时，用外推法按式（6-2）计算其排放速率：

$$Q = Q_b \times (h/h_b)^2 \tag{6-2}$$

式中：Q——某排气筒最高容许排放速率，kg/h；

　　　Q_b——表列排气筒最低高度对应的最高容许排放速率，kg/h；

　　　h——某排气筒的几何高度，m；

　　　h_b——表列排气筒的最低几何高度，m。

举例：某排气筒高度为 10 m，排放的污染物是非甲烷总烃，求其应执行的最高容许排放速率限值。

排气筒高度 10 m（h=10 m），低于附录一表 1 中的排气筒 15 m（h_b=15 m），排气筒高度，15 m 所对应的最高容许排放速率限值是 7.2kg/h（Q_b=7.2kg/h）。10 m 高排气筒应执行的最高容许排放速率限值如下：

$$\begin{aligned} Q &= Q_b \times (h/h_b)^2 \\ &= 7.2 \times (10/15)^2 \\ &= 3.2 \ (kg/h) \end{aligned}$$

由于排气筒高度低于本标准所列的最低排气筒高度（15 m），其最高容许排放速率限值应再严格 50%，即为 1.6kg/h。

6.1.5　等效排气筒高度计算方法

当排气筒 1 和排气筒 2 均排放同一种污染物，其距离小于该两根排气筒的几何高度之和时，应以一根等效排气筒代表该两根排气筒。等效排气筒的有关参数计算方法如下。

等效排气筒污染物排放速率，按式（6-3）进行计算：

$$Q = Q_1 + Q_2 \tag{6-3}$$

式中：Q——等效排气筒污染物排放速率，kg/h；

　　　Q_1、Q_2——排气筒 1 和排气筒 2 的污染物排放速率，kg/h。

等效排气筒高度，按式（6-4）计算：

$$h = \sqrt{\frac{1}{2}\left(h_1^2 + h_2^2\right)} \tag{6-4}$$

式中：h——等效排气筒高度，m；

　　　h_1、h_2——排气筒 1 和排气筒 2 的高度，m。

　　等效排气筒的位置，应位于排气筒 1 和排气筒 2 的连线上，若以排气筒 1 为原点，则等效排气筒距原点的距离按式（6-5）计算：

$$x = a\left(Q - Q_1\right)/Q = aQ_2/Q \tag{6-5}$$

式中：x——等效排气筒距排气筒 1 的距离，m；

　　　a——排气筒 1 至排气筒 2 的距离，m；

　　　Q、Q_1、Q_2——同式（6-4）。

　　提示：等效排气筒确定最高容许排放速率可以防止企业多设低矮排气筒，进而造成排气筒附近地面浓度高，危害人体健康。

　　按照《大气污染物综合排放标准》（GB 16297—1996）中有关等效排气筒的规定，当两个排气筒排放同一种污染物时（不论其是否由同一生产工艺过程产生），若其距离小于两个排气筒的几何高度之和，应合并视为一根等效排气筒，两个排气筒的污染物排放速率之和就是等效排气筒的排放速率。相对于单独的排气筒而言，等效排气筒的排放速率达标难度增大；反之，如果两个排气筒的距离大于它们的几何高度之和，则不能视为等效排气筒，判断排放速率是否达标时需要单独核算各排气筒的污染物排放速率，并与标准限值进行比较，与等效排气筒相比更容易达标。

6.2　关于排气筒排放浓度

　　本标准规定：对臭气浓度不制定不同排气筒高度下的排放浓度限值，一律执行 1 500。其他恶臭污染物排放控制和监测应符合 GB 14554—93 的要求。

　　恶臭污染物是指一切刺激嗅觉器官引起人们不愉快及损害生活环境的气体物质，《恶臭污染物排放标准》（GB 14554—93）与江苏省地方标准《化学工业挥发性有机物排放标准》（DB 32/3151—2016）都有针对恶臭污染物的排放控制要求。

　　《恶臭污染物排放标准》（GB 14554—93）规定了 8 种恶臭污染物的厂界浓度限值（相当于无组织排放监控点浓度限值）和不同排气筒高度的一次最大排放限值（相当于最高容许排放速率），这 8 种污染物是氨、三甲胺、硫化氢、甲硫醇、甲硫醚、二甲二硫醚、二硫化碳、苯乙烯。

　　《恶臭污染物排放标准》（GB 14554—93）类似于恶臭综合排放标准，《化学工业挥发性有机物排放标准》（DB 32/3151—2016）属于地方标准，它们都优先于《大气污染物综合排放标准》（GB 16297—1996），但当两者有冲突时，原则上应从严执行。

6.3　关于监测

6.3.1　本标准对采样期间工况的要求

本标准规定：实施监督性监测期间的工况应与实际运行工况相同，排污单位人员和实施监测人员都不应任意改变当时的运行工况。

企业排污状况与生产负荷密切相关，在对污染源进行监督性监测时，采样期间的工况应与当时正常生产即日常实际运行时的工况相同。受市场等诸多因素的影响，企业的实际生产规模也经常发生变化，因此监测采样时不强制要求必须达到设计生产能力的 75%，但是排污单位人员和实施监测人员都不得任意改变正常的运行工况。

为保证监测数据的代表性，在现场监测时，应有专人记录生产和处理设施的运行工况，即通过监控各生产环节的主要原材料的消耗量、成品量，并按设计的主要原辅材料用量、产品产量来核算生产负荷，给出工程或设备运行负荷的数据或参数，并通过收集近期企业台账，行业统计资料等方式来判断采样工况是否为日常实际运行工况。

6.3.2　本标准对大气在线监测的要求

本标准规定：单一排气筒中非甲烷总烃排放速率≥2.0 kg/h 或者初始非甲烷总烃排放量≥10 kg/h 时，应安装连续自动监测设备，并满足国家或地方固定源非甲烷总烃在线监测系统技术规范。

本标准使用"非甲烷总烃（NMHC）"作为排气筒和厂界挥发性有机物排放的综合性控制指标，判断单一排气筒中非甲烷总烃排放速率≥2.0kg/h 或者初始非甲烷总烃排放量≥10kg/h，可以通过利用已有资料（环评文件和环保竣工验收技术报告）、实际监测和物料衡算法，应尽可能通过采样监测来核算初始排放量。

对大气污染物在线监测设备安装和运行状况的监督检查应根据《污染源自动监控管理办法》（国家环境保护总局令第 28 号）、《环境监测管理办法》（国家环境保护总局令第 39 号）、《污染源在线自动监控（监测）系统数据传输标准》（HJ/T 212—2005）、《环境污染源自动监控信息传输交换技术规范》（HJ/T 352—2007）、《污染源在线自动监控（监测）数据采集传输仪技术要求》（HJ 477—2009）等技术规范，定期对自动监测数据进行比对、校验和审核。

6.3.3　本标准对无组织排放监控点设置的要求

与排气筒监测不同，无组织排放监测实际上监测的是环境空气中的污染物浓度。本标准规定了厂界 VOCs 监控点浓度限值，监控点的设置和监测应执行《大气污染物无组织排放监测技术导则》(HJ/T 55—2000)、《环境空气质量手工监测技术规范》(HJ/T 194 —2005)。

无组织监控点设在无组织排放源下风向的单位周界外 10 m 范围内的浓度最高点，若预计无组织排放的最高落地浓度点超出 10 m 范围，则可将控制点移至该预计浓度最高点；监控点最多可以设 4 个，参照点只设 1 个。在计算时，以最多 4 个监控点中的浓度最高点的监测值剔除参照值，作为"无组织监控点浓度限值"。而厂界挥发性有机物监控点监测，一般采用连续 1 小时采样计算平均值；若浓度偏低，可适当延长采样时间；若分析方法灵敏度高，仅需用短时间采集样品时，应实行等时间间隔采样，采集 4 个样品计平均值。

与排气筒有组织排放监测类似，无组织排放监测时，也要处于正常生产和排放状态，监测期间的工况应与实际运行工况相同。

6.4　关于污染控制要求

（1）产生挥发性有机物的生产工艺和装置应设立局部或整体气体收集系统和净化处理装置实现达标排放。

易产生 VOCs 的操作应在密闭空间或设备中进行，工艺中所有易散发 VOCs 的设备、容器等须加盖，并保证容器含有 VOCs 时应维持密闭，设置移动式吸风抽风收集系统或其他等小装置，保证污染物由密闭排气系统导入污染控制设备，净化处理后达标排放。

密闭排气系统是将工艺设备排出或逸散的 VOCs 捕集并输送至污染控制设备或排放管道，以便使输送的气体不直接与大气环境接触的系统。

（2）企业应按照《江苏省化学工业挥发性有机物无组织排放控制技术指南》《江苏省化工行业废气治理技术规范》等，控制储存和装卸过程、工艺操作过程、废水集输处理和固废（液）贮存过程、生产设备密封点泄漏、开停工及检维修等非正常工况产生的含 VOCs 废气排放。

（3）易产生挥发性有机物泄漏的企业应按照《石化企业泄漏检测与修复工作指南》《江苏省泄漏检测与维修（LDAR）实施技术指南（试行）》等落实泄漏检测与修复工作。

附录一：江苏省化学工业挥发性有机物排放标准

化学工业挥发性有机物排放标准

Emission standard of volatile organic compounds for chemical industry
DB 32/3151—2016

前　言

　　为贯彻《中华人民共和国环境保护法》《中华人民共和国大气污染防治法》《江苏省大气污染防治条例》等法律法规，控制化学工业挥发性有机物排放，改善环境空气质量，保护人体健康和生态环境，促进化学工业的技术进步和可持续发展，制定本标准。

　　本标准规定了化学工业企业或生产设施的挥发性有机物排放控制、监测及监督实施要求。

　　本标准是化学工业企业或生产设施挥发性有机物排放控制的基本要求。本标准未规定的大气污染物、水污染物、环境噪声适用相应的国家或地方污染物排放标准，产生固体废物的鉴别、处理和处置适用国家或地方固体废物污染控制标准。

　　本标准为首次发布。

　　本标准实施后，国家或本省另行发布的相关标准严于本标准时，应执行其相关标准。环境影响评价文件或排污许可证要求严于本标准时，按照批复的环境影响评价文件或排污许可证执行。

　　本标准按照 GB/T 1.1—2009 给出的规则起草。

　　本标准附录 A、B 为规范性附录，附录 C 为资料性附录。

　　本标准由江苏省环境保护厅组织制定。

　　本标准起草单位为江苏省环境科学研究院。

　　本标准主要起草人：王志良、李建军、胡志军、何忠、王竹槽、徐明、杨振亚、王彧、王小平、李国平。

本标准由江苏省人民政府 2016 年 12 月 9 日批准。

本标准自 2017 年 2 月 1 日起实施。

本标准由江苏省环境保护厅解释。

1 适用范围

本标准规定了化学工业企业（2614 有机化学原料制造、2625 有机肥料及微生物肥料制造、263 农药制造、264 涂料/油墨/颜料及类似产品制造、266 专用化学产品制造、268 日用化学产品制造、271 化学药品原料药制造、272 化学药品制剂制造、275 兽用药品制造、276 生物药品制造）或生产设施的挥发性有机物排放控制、监测及监督实施要求。

本标准适用于现有化学工业企业或生产设施的挥发性有机物排放控制，以及新、改、扩建项目的环境影响评价、环境保护设施设计、竣工环境保护验收及其投产后的挥发性有机物排放控制。

本标准适用于法律允许的污染物排放行为。新设立污染源的选址和特殊保护区域内现有污染源的管理，按照《中华人民共和国水污染防治法》《中华人民共和国大气污染防治法》《中华人民共和国海洋环境保护法》《中华人民共和国固体废物污染环境防治法》《中华人民共和国环境影响评价法》《江苏省大气污染防治条例》等法律、法规和规章的相关规定执行。

2 规范性引用文件

本标准内容引用了下列文件或其中的条款。凡是不注明日期的引用文件，其有效版本适用于本标准。

GB/T 4754　国民经济行业分类

GB 14554　恶臭污染物排放标准

GB/T 14675　空气质量恶臭的测定　三点比较式臭袋法

GB/T 15501　空气质量硝基苯类（一硝基和二硝基化合物）的测定　锌还原-盐酸萘乙二胺分光光度法

GB/T 15502　空气质量苯胺类的测定　盐酸萘乙二胺分光光度法

GB/T 15516　空气质量甲醛的测定　乙酰丙酮分光光度法

GB/T 16157　固定污染源排气中颗粒物测定与气态污染物采样方法

HJ/T 32　固定污染源排气中酚类化合物的测定　4-氨基安替比林分光光度法

HJ/T 33　固定污染源排气中甲醇的测定　气相色谱法

HJ/T 34　固定污染源排气中氯乙烯的测定　气相色谱法

HJ/T 35　固定污染源排气中乙醛的测定　气相色谱法

HJ/T 36　固定污染源排气中丙烯醛的测定　气相色谱法

HJ/T 37　固定污染源排气中丙烯腈的测定　气相色谱法

HJ/T 38　固定污染源排气中非甲烷总烃的测定　气相色谱法

HJ/T 39　固定污染源排气中氯苯类的测定　气相色谱法

HJ/T 55　大气污染物无组织排放监测技术导则

HJ/T 66　大气固定污染源氯苯类化合物的测定　气相色谱法

HJ/T 68　大气固定污染源苯胺类的测定　气相色谱法

HJ/T 194　环境空气质量手工监测技术规范

HJ/T 373　固定污染源监测质量保证与质量控制技术规范（试行）

HJ/T 397　固定源废气监测技术规范

HJ 583　环境空气苯系物的测定　固体吸附/热脱附-气相色谱法

HJ 584　环境空气苯系物的测定　活性炭吸附/二硫化碳解吸-气相色谱法

HJ 638　环境空气酚类化合物的测定　高效液相色谱法

HJ 644　环境空气挥发性有机物的测定　吸附管采样-热脱附/气相色谱-质谱法

HJ 645　环境空气挥发性卤代烃的测定　活性炭吸附-二硫化碳解吸/气相色谱法

HJ 683　环境空气醛、酮类化合物的测定　高效液相色谱法

HJ 732　固定污染源废气挥发性有机物的采样气袋法

HJ 734　固定污染源废气挥发性有机物的测定　固相吸附-热脱附/气相色谱-质谱法

HJ 738　环境空气硝基苯类化合物的测定　气相色谱法

HJ 739　环境空气硝基苯类化合物的测定　气相色谱-质谱法

HJ 759　环境空气挥发性有机物的测定　罐采样/气相色谱-质谱法

HJ 801　环境空气和废气酰胺类化合物的测定　液相色谱法

《污染源自动监控管理办法》（国家环境保护总局令　第 28 号）

《环境监测管理办法》（国家环境保护总局令　第 39 号）

《江苏省泄漏检测与维修（LDAR）实施技术指南（试行）》（苏环办〔2013〕318 号）

《江苏省化工行业废气治理技术规范》（苏环办〔2014〕3 号）

《石化企业泄漏检测与修复工作指南》（环办〔2015〕104 号）

《江苏省化学工业挥发性有机物无组织排放控制技术指南》（苏环办〔2016〕95 号）

3　术语与定义

下列术语和定义适用于本标准。

3.1　化学工业　chemical industry

根据 GB/T 4754，本标准所指化学工业包括：2614 有机化学原料制造、2625 有机肥料

及微生物肥料制造、263 农药制造、264 涂料/油墨/颜料及类似产品制造、266 专用化学产品制造、268 日用化学产品制造、271 化学药品原料药制造、272 化学药品制剂制造、275 兽用药品制造、276 生物药品制造。

3.2 标准状态 standard state

温度为 273.15 K，压力为 101 325 Pa 时的状态，简称"标态"。本标准规定的各项标准值，均以标准状态下的干气体为基准。

3.3 现有企业 existing facility

本标准实施之日前已建成投产或环境影响评价文件已通过审批的化学工业企业或生产设施。

3.4 新建企业 new facility

自本标准实施之日起环境影响评价文件通过审批的新建、改建和扩建化学工业建设项目。

3.5 挥发性有机物 volatile organic compounds（VOCs）

参与大气光化学反应的有机化合物，或者根据规定的方法测量或核算确定的有机化合物。

3.6 非甲烷总烃 non-methane hydrocarbon（NMHC）

采用规定的监测方法，检测器有明显响应的除甲烷外的碳氢化合物及衍生物的总量（以碳计）。本标准使用"非甲烷总烃"（NMHC）作为排气筒和厂界挥发性有机物排放的综合性控制指标。

3.7 臭气浓度 odor concentration

恶臭气体（包括异味）用无臭空气进行稀释，稀释到刚好无臭时，所需稀释倍数。

3.8 排气筒高度 emission height of stack

自排气筒（或其主体建筑构造）所在的地平面至排气筒出口计的高度，单位为 m。

3.9 初始排放量 initial emission quantity

单位时间内（以小时计），挥发性有机物未经净化处理的排放量，单位为 kg/h。

3.10 最高允许排放浓度 maximum acceptable emission concentration

排气筒中挥发性有机物任何一小时浓度平均值不得超过的限值，单位为 mg/m^3。

3.11 最高允许排放速率 maximum acceptable emission rate

一定高度的排气筒任何一小时所排放污染物的质量不得超过的限值，单位为 kg/h。

3.12 厂界 enterprise boundary

生产企业的法定边界。若无法定边界，则指实际占地边界。

3.13 厂界挥发性有机物监控点 boundary VOCs reference point

按照 HJ/T 55 确定的厂界监控点，根据挥发性有机物的排放、扩散规律，当受条件限制，无法按上述要求布设监测采样点时，也可将监测采样点设于工厂厂界内侧靠近厂界的位置。

3.14 厂界挥发性有机物监控点浓度限值 concentration limit at boundary VOCs reference point

标准状态下厂界挥发性有机物监控点的挥发性有机物浓度在任何一小时的平均值不得超过的值，单位为 mg/m³。

4 排放控制要求

4.1 有组织排放限值

4.1.1 现有企业自 2019 年 2 月 1 日起执行表 1 规定的挥发性有机物及臭气浓度排放限值。

4.1.2 新建企业自本标准实施之日起执行表 1 规定的挥发性有机物及臭气浓度排放限值。

表 1 挥发性有机物及臭气浓度排放限值

序号	污染物项目	最高容许排放浓度 d/（mg/m³）	与排气筒高度对应的最高容许排放速率 e（kg/h）				
			15 m	20 m	30 m	40 m	50 m
1	氯甲烷 a	20	1.1	2.2	5.6	10	16
2	二氯甲烷 a	50	0.54	1.1	2.9	5.2	8.1
3	三氯甲烷 a	20	0.54	1.1	2.9	5.2	8.1
4	1,2-二氯乙烷 a	7.0	0.54	1.1	2.9	5.2	8.1
5	环氧乙烷 a	5.0	0.15	0.29	0.77	1.4	2.2
6	1,2-环氧丙烷 a	5.0	0.43	0.86	2.3	4.2	6.5
7	环氧氯丙烷 a	5.0	0.54	1.1	2.9	5.2	8.1
8	氯乙烯	10	0.54	1.1	2.9	5.2	8.1
9	三氯乙烯 a	30	0.72	1.5	3.8	7.0	11
10	1,3-丁二烯 a	5.0	0.36	0.72	1.9	3.5	5.4
11	苯	6.0	0.36	0.72	1.9	3.5	5.4
12	甲苯	25	2.2	4.3	12	21	32
13	二甲苯	40	0.72	1.5	3.8	7.0	11
14	氯苯类	20	0.36	0.72	1.9	3.5	5.4
15	酚类	20	0.07	0.14	0.38	0.70	1.1
16	苯乙烯	20	0.54	1.1	2.9	5.2	8.1
17	硝基苯类	12	0.04	0.07	0.19	0.35	0.54
18	苯胺类	20	0.36	0.72	1.9	3.5	5.4
19	甲醇	60	3.6	7.2	19	35	54
20	正丁醇 a	40	0.36	0.72	1.9	3.5	5.4
21	丙酮	40	1.3	2.5	6.7	12	19
22	甲醛	10	0.18	0.36	1.0	1.7	2.7
23	乙醛	20	0.04	0.07	0.19	0.35	0.54
24	丙烯腈	5.0	0.18	0.36	1.0	1.7	2.7

序号	污染物项目	最高容许排放浓度 d/（mg/m³）	与排气筒高度对应的最高容许排放速率 e（kg/h）				
			15 m	20 m	30 m	40 m	50 m
25	丙烯醛	10	0.36	0.72	1.9	3.5	5.4
26	丙烯酸 a	20	0.9	1.8	4.8	8.7	14
27	丙烯酸酯类 a、b	20	0.11	0.22	0.58	1.0	1.6
28	丙烯酰胺	5.0	0.15	0.29	0.77	1.4	2.2
29	乙酸乙烯酯 a	20	0.54	1.1	2.9	5.2	8.1
30	乙酸酯类 c	50	1.1	2.2	5.6	10	16
31	乙腈 a	30	1.1	2.2	5.6	10	16
32	吡啶 a	4.0	0.29	0.58	1.5	2.8	4.3
33	N,N-二甲基甲酰胺	30	0.54	1.1	2.9	5.2	8.1
34	非甲烷总烃	80	7.2	14	38	70	108
35	臭气浓度	1 500（无量纲）	—	—	—	—	—

注：a 待国家污染物监测方法标准发布后实施。
　　b 丙烯酸酯类排放限值指丙烯酸甲酯、丙烯酸乙酯、丙烯酸丁酯的排放限值的数学加和。
　　c 乙酸酯类排放限值指乙酸乙酯、乙酸丁酯的排放限值的数学加和。
　　d 当排气筒高度<15 m时，最高容许排放浓度按表2厂界挥发性有机物监控点浓度限值5倍执行。
　　e 当排气筒高度>50 m时，执行排气筒高度为50 m所对应的最高容许排放速率。

4.2　厂界挥发性有机物监控点浓度限值

4.2.1　现有企业自2019年2月1日起执行表2规定的厂界挥发性有机物监控点浓度限值和臭气浓度限值。

4.2.2　新建企业自本标准实施之日起执行表2规定的厂界挥发性有机物监控点浓度限值和臭气浓度限值。

表2　厂界挥发性有机物监控点浓度限值和臭气浓度限值

序号	污染物项目	厂界监控点浓度限值（mg/m³）	序号	污染物项目	厂界监控点浓度限值（mg/m³）
1	氯甲烷	1.2	19	甲醇	1.0
2	二氯甲烷	4.0	20	正丁醇 a	0.50
3	三氯甲烷	0.40	21	丙酮	0.80
4	1,2-二氯乙烷	0.14	22	甲醛	0.05
5	环氧乙烷 a	0.04	23	乙醛	0.01
6	1,2-环氧丙烷 a	0.10	24	丙烯腈	0.15
7	环氧氯丙烷 a	0.02	25	丙烯醛	0.10
8	氯乙烯	0.30	26	丙烯酸 a	0.25
9	三氯乙烯	0.60	27	丙烯酸酯类 a、b	1.0
10	1,3-丁二烯	0.10	28	丙烯酰胺	0.10
11	苯	0.12	29	乙酸酯类 c	4.0
12	甲苯	0.60	30	乙酸乙烯酯	0.20

序号	污染物项目	厂界监控点浓度限值（mg/m³）	序号	污染物项目	厂界监控点浓度限值（mg/m³）
13	二甲苯	0.30	31	乙腈 a	0.60
14	氯苯类	0.20	32	吡啶 a	0.08
15	酚类	0.02	33	N,N-二甲基甲酰胺	0.40
16	苯乙烯	0.50	34	非甲烷总烃	4.0
17	硝基苯类	0.01	35	臭气浓度	20（无量纲）
18	苯胺类	0.20	—	—	—

注：a 待国家污染物监测方法标准发布后实施。

　　b 丙烯酸酯类排放限值指丙烯酸甲酯、丙烯酸乙酯、丙烯酸丁酯的排放限值的数学加和。

　　c 乙酸酯类排放限值指乙酸乙酯、乙酸丁酯的排放限值的数学加和。

4.3 排气筒高度与排放速率

4.3.1 排气筒高度原则上不应低于 15 m，若低于 15 m，其最高容许排放速率标准值按附件 A 外推法计算结果再严格 50%执行。

4.3.2 排气筒高度处于表 1 所列的两个排气筒高度之间时，其最高容许排放速率标准值按附件 A 内插法计算结果执行。

4.3.3 企业内部有多根排放同一种污染物的排气筒时，若两根排气筒距离小于其几何高度之和，应合并视为一根等效排气筒。若有三根以上的近距离排气筒，且排放同一种污染物，应以前两根的等效排气筒，依次与第三、第四根排气筒取等效值。等效排气筒有关参数计算方法参见附件 B。

4.3.4 排气筒高度除须遵守表列排放速率标准值外，还应高出周围 200 m 半径范围内的建筑物 5 m 以上，不能达到该项要求的排气筒，应按其高度对应的表列排放速率标准值严格 50%执行或根据 4.3.2 和 4.3.3 条确定排放速率标准值再严格 50%执行。

4.4 污染控制要求

4.4.1 现有企业自 2019 年 2 月 1 日起，新建企业自本标准实施之日起，执行本节的工艺控制要求。

4.4.2 企业应按照《江苏省化学工业挥发性有机物无组织排放控制技术指南》《江苏省化工行业废气治理技术规范》等，控制储存和装卸过程、工艺操作过程、废水集输处理和固废（液）贮存过程、生产设备密封点泄漏、开停工及检维修等非正常工况产生的含 VOCs 废气排放。

4.4.3 产生挥发性有机物的生产工艺和装置应设立局部或整体气体收集系统和净化处理装置实现达标排放。

4.4.4 易产生挥发性有机物泄漏的企业应按照《石化企业泄漏检测与修复工作指南》《江苏省泄漏检测与维修（LDAR）实施技术指南（试行）》等落实泄漏检测与修复工作。

4.4.5 企业应按照附件 C 建立污染物排放控制台账，并保存相关记录。VOCs 废气处理装置应设置运行或排放等有效监控系统，并按照附件 C 的要求保存记录，至少三年。

4.4.6 挥发性有机物排放集中的区域，或大气环境容量较小、容易发生严重大气环境污染问题而需要采取特别保护措施的区域，应根据批复的环境影响评价文件或者环境保护主管部门的要求在其边界设置监控点。

5 监测要求

5.1 一般要求

5.1.1 按照有关法律和《环境监测管理办法》等规定，污染物责任主体应建立监测制度，制定监测方案，对污染物排放状况开展自行监测。必要时，根据环境保护主管部门的要求，对周边环境质量的影响开展自行监测，保存原始监测记录，并公布监测结果。

5.1.2 污染源排气筒应按照环境监测管理规定和技术规范的要求，设计、建设、维护永久性采样口、采样测试平台和排污口标志。

5.1.3 新建项目应在污染物处理设施的进、出口均设置采样孔和采样平台；现有项目如污染物处理设施进口能够满足相关工艺及生产安全要求，则应在进口处设置采样孔。若排气筒采用多筒集合式排放，应在合并排气筒前的各分管上设置采样孔。

5.1.4 实施监督性监测期间的工况应与实际运行工况相同，排污单位人员和实施监测人员都不应任意改变当时的运行工况。

5.2 排气筒监测

5.2.1 排气筒中挥发性有机物的监测采样按 GB/T 16157、HJ/T 373、HJ/T 397 或 HJ 732 的规定执行。

5.2.2 排气筒中挥发性有机物排放限值是指任何 1 小时浓度平均值不得超过的限值。可以连续 1 小时的采样获得平均值；或者在 1 小时内等时间间隔采集 4 个样品，计算平均值。对于间歇式排放且排放时间小于 1 小时，则应在排放时段内实行连续采样，或在排放时段内以等时间间隔采集 2～4 个样品并计算平均值。

5.2.3 排气筒中臭气浓度监测按 GB 14554 的规定执行。

5.3 厂界监测

5.3.1 厂界挥发性有机物监控点监测按 HJ/T 55、HJ/T 194 的规定执行。

5.3.2 厂界挥发性有机物监控点监测，一般采用连续 1 小时采样计算平均值；若浓度偏低，可适当延长采样时间；若分析方法灵敏度高，仅需用短时间采集样品时，应实行等时间间隔采样，采集 4 个样品计平均值。

5.3.3 厂界臭气浓度监测按 GB 14554 的规定执行。

5.4 在线监测

5.4.1 污染源应根据安装污染物排放自动监控设备的要求，按有关法律和《污染源自动监控管理办法》中相关要求及其他国家和江苏省的相关法律和规定执行。

5.4.2 单一排气筒中非甲烷总烃排放速率≥2.0 kg/h 或者初始非甲烷总烃排放量≥10 kg/h 时，应安装连续自动监测设备，并满足国家或地方固定源非甲烷总烃在线监测系统技术规范。在线监测设备的管理和使用，按照环境保护和计量监督的有关法规执行。

5.5 测定方法

挥发性有机物及臭气浓度的分析测定按表 3 所列方法标准执行或采取其他等效监测方法。

表 3 挥发性有机物及臭气浓度测定方法标准

序号	污染物项目	标准名称	标准编号
1	氯甲烷	环境空气挥发性有机物的测定 罐采样/气相色谱-质谱法	HJ 759
2	二氯甲烷	环境空气挥发性有机物的测定 吸附管采样-热脱附/气相色谱-质谱法	HJ 644
	三氯甲烷	环境空气挥发性卤代烃的测定 活性炭吸附/二硫化碳解吸/气相色谱法	HJ 645
	1,2-二氯乙烷	环境空气挥发性有机物的测定 罐采样/气相色谱-质谱法	HJ 759
3	氯乙烯	固定污染源排气中氯乙烯的测定 气相色谱法	HJ/T 34
		环境空气挥发性有机物的测定 罐采样/气相色谱-质谱法	HJ 759
4	三氯乙烯	环境空气挥发性有机物的测定 吸附管采样-热脱附/气相色谱-质谱法	HJ 644
		环境空气挥发性卤代烃的测定 活性炭吸附/二硫化碳解吸/气相色谱法	HJ 645
		环境空气挥发性有机物的测定 罐采样/气相色谱-质谱法	HJ 759
5	1,3-丁二烯	环境空气挥发性有机物的测定 罐采样/气相色谱-质谱法	HJ 759
6	苯	环境空气苯系物的测定 固体吸附/热脱附-气相色谱法	HJ 583
	甲苯	环境空气苯系物的测定 活性炭吸附/二硫化碳解吸-气相色谱法	HJ 584
	二甲苯	环境空气挥发性有机物的测定 吸附管采样-热脱附/气相色谱-质谱法	HJ 644
		固定污染源废气挥发性有机物的测定 固相吸附-热脱附/气相色谱-质谱法	HJ 734
		环境空气挥发性有机物的测定 罐采样/气相色谱-质谱法	HJ 759
7	苯乙烯	固定污染源废气挥发性有机物的采样气袋法	HJ 732
		固定污染源废气挥发性有机物的测定 固相吸附-热脱附/气相色谱-质谱法	HJ 734
		环境空气苯系物的测定 固体吸附/热脱附-气相色谱法	HJ 583
		环境空气苯系物的测定 活性炭吸附/二硫化碳解吸-气相色谱法	HJ 584
		环境空气挥发性有机物的测定 罐采样/气相色谱-质谱法	HJ 759
8	氯苯类	固定污染源排气中氯苯类的测定 气相色谱法	HJ/T 39
		大气固定污染源氯苯类化合物的测定 气相色谱法	HJ/T 66
9	酚类	固定污染源排气中酚类化合物的测定 4-氨基安替比林分光光度法	HJ/T 32
		环境空气酚类化合物的测定 高效液相色谱法	HJ 638
10	硝基苯类	空气质量硝基苯类（一硝基和二硝基类化合物）的测定 锌还原-盐酸萘乙二胺分光光度法	GB/T 15 501
		环境空气硝基苯类化合物的测定 气相色谱法	HJ 738
		环境空气硝基苯类化合物的测定 气相色谱-质谱法	HJ 739

序号	污染物项目	标准名称	标准编号
11	苯胺类	大气固定污染源苯胺类的测定　气相色谱法	HJ/T 68
		空气质量苯胺类的测定　盐酸萘乙二胺分光光度法	GB/T 15502
12	甲醇	固定污染源排气中甲醇的测定　气相色谱法	HJ/T 33
13	丙酮	固定污染源废气挥发性有机物的采样气袋法	HJ 732
		固定污染源废气挥发性有机物的测定　固相吸附-热脱附/气相色谱-质谱法	HJ 734
		环境空气醛、酮类化合物的测定　高效液相色谱法	HJ 683
		环境空气挥发性有机物的测定　罐采样/气相色谱-质谱法	HJ 759
14	甲醛	空气质量甲醛的测定　乙酰丙酮分光光度法	GB/T 15516
		环境空气醛、酮类化合物的测定　高效液相色谱法	HJ 683
15	乙醛	固定污染源排气中乙醛的测定　气相色谱法	HJ/T 35
		环境空气醛、酮类化合物的测定　高效液相色谱法	HJ 683
16	乙酸乙酯	固定污染源废气挥发性有机物的测定　固相吸附-热脱附/气相色谱-质谱法	HJ 734
		环境空气挥发性有机物的测定　罐采样/气相色谱-质谱法	HJ 759
17	乙酸丁酯	固定污染源废气挥发性有机物的测定　固相吸附-热脱附/气相色谱-质谱法	HJ 734
18	乙酸乙烯酯	环境空气挥发性有机物的测定　罐采样/气相色谱-质谱法	HJ 759
19	丙烯腈	固定污染源排气中丙烯腈的测定　气相色谱法	HJ/T 37
20	丙烯醛	固定污染源排气中丙烯醛的测定　气相色谱法	HJ/T 36
		环境空气醛、酮类化合物的测定　高效液相色谱法	HJ 683
		环境空气挥发性有机物的测定　罐采样/气相色谱-质谱法	HJ 759
21	丙烯酰胺	环境空气和废气酰胺类化合物的测定　液相色谱法	HJ 801
22	N,N-二甲基甲酰胺	环境空气和废气酰胺类化合物的测定　液相色谱法	HJ 801
23	非甲烷总烃	固定污染源排气中非甲烷总烃的测定　气相色谱法	HJ/T 38
24	臭气浓度	空气质量恶臭的测定　三点比较式臭袋法	GB/T 14675

注：本标准实施之日后，国家再行发布的适用的挥发性有机物分析方法也应执行。

6　实施与监督

6.1　本标准由县级以上人民政府环境保护行政主管部门负责监督实施。

6.2　企业应向环境保护主管部门申报拥有的污染物排放设施、处理设施和在正常运行条件下排放污染物的种类、数量、浓度，并提供防治大气污染方面的有关技术资料。

6.3　在任何情况下，企业均应遵守本标准规定的挥发性有机物排放控制要求，采取必要的措施保证污染防治设施正常运行。各级环保部门在对企业进行监督性检查时，现场即时采样或监测获得的结果，作为判定排污行为是否符合排放标准以及实施相关环境保护管理措施的依据。

附 录 A

（规范性附录）

确定排气筒最高容许排放速率的内插法和外推法

A.1 排气筒高度处于本标准列出的两个值之间，其执行的最高容许排放速率用内插法，按式（A.1）进行计算：

$$Q = Q_a + (Q_{a+1} - Q_a)(h - h_a)/(h_{a+1} - h_a) \qquad （A.1）$$

式中：Q——排气筒最高容许排放速率，kg/h；

$\quad$ Q_a——对应于排气筒 h_a 的排放速率，kg/h；

$\quad$ Q_{a+1}——对应于排气筒 h_{a+1} 的排放速率，kg/h；

$\quad$ h——排气筒的几何高度，m；

$\quad$ h_a——比某排气筒低的表列高度中的最大值，m；

$\quad$ h_{a+1}——比某排气筒高的表列高度中的最小值，m。

A.2 某排气筒高度低于本标准表列排气筒高度的最低值时，用外推法按式（A.2）计算其排放速率：

$$Q = Q_b \times (h / h_b)^2 \qquad （A.2）$$

式中：Q——某排气筒最高容许排放速率，kg/h；

$\quad$ Q_b——表列排气筒最低高度对应的最高容许排放速率，kg/h；

$\quad$ h——某排气筒的几何高度，m；

$\quad$ h_b——表列排气筒的最低几何高度，m。

附　录　B

（规范性附录）

等效排气筒有关参数计算方法

B.1　当排气筒 1 和排气筒 2 均排放同一种污染物，其距离小于该两根排气筒的几何高度之和时，应以一根等效排气筒代表该两根排气筒。等效排气筒的有关参数计算方法如下。

B.2　等效排气筒污染物排放速率，按式（B.1）进行计算：

$$Q = Q_1 + Q_2 \qquad\qquad （B.1）$$

式中：Q——等效排气筒污染物排放速率，kg/h；

　　　Q_1、Q_2——排气筒 1 和排气筒 2 的污染物排放速率，kg/h。

B.3　等效排气筒高度，按式（B.2）计算：

$$h = \sqrt{\frac{1}{2}\left(h_1^2 + h_2^2\right)} \qquad\qquad （B.2）$$

式中：h——等效排气筒高度，m；

　　　h_1、h_2——排气筒 1 和排气筒 2 的高度，m。

B.4　等效排气筒的位置，应位于排气筒 1 和排气筒 2 的连线上，若以排气筒 1 为原点，则等效排气筒距原点的距离按式（B.3）计算：

$$x = a\left(Q - Q_1\right)/Q = aQ_2/Q \qquad\qquad （B.3）$$

式中：x——等效排气筒距排气筒 1 的距离，m；

　　　a——排气筒 1 至排气筒 2 的距离，m；

　　　Q、Q_1、Q_2——同 B.2。

附　录　C

（资料性附录）

企业建立 VOCs 排放和控制台账的基本要求

C.1　所有含 VOCs 的物料需建立完整的购买、使用记录，记录中必须包含物料的名称、VOCs、含量、物料进出量、计量单位、作业时间以及记录人等。

C.2　含有 VOCs 物料使用的统计年报应该包括上年库存、本年度购入总量、本年度销售产品总量、本年度库存总量、产品和物料的 VOCs 含量、VOCs 排放量（随废溶剂、废弃物、废水或其他方式输出生产工艺的量）、污染物控制设施处理效率、排放监测等数据。

C.3　记录含 VOCs 物料的存储方式、存储场所。如果存储方式是储罐，则应该记录储罐的周转次数（按照年用量除以储罐额定容量计算）。

C.4　针对末端污染物控制设施的操作参数，除每日记录进出口风量外，还应该保留以下记录：

（1）洗涤吸收装置，应记录保养维护事项，并每日记录各洗涤槽洗涤循环水量、pH值、废水排放流量。

（2）冷凝装置，应每月记录冷凝液量及每日记录冷凝排气出口温度。

（3）吸附装置，应记录吸附剂种类、更换/再生周期、更换量，并每日记录操作温度。

（4）热力燃烧装置，应每日记录燃烧温度和烟气停留时间。

（5）催化燃烧装置，应记录催化剂种类、催化剂床更换日期，并每日记录催化剂床进、出口气体温度和停留时间。

（6）生物处理装置，应记录保养维护事项，以确保该设施的状态适合生物生长代谢，并每日记录处理气体风量、进口温度及出口相对湿度。

（7）其他污染物控制设施，应记录保养维护事项，并每日记录主要操作参数。

附录二：江苏省化工行业废气污染防治技术规范

江苏省化工行业废气污染防治技术规范

苏环办〔2014〕3 号

前言

为贯彻落实《国务院关于印发大气污染防治行动计划的通知》（国发〔2013〕37 号）和《关于印发"重点区域大气污染防治'十二五'规划"的通知》（环发〔2012〕130 号）、省政府《关于实施蓝天工程改善大气环境的意见》（苏政发〔2010〕87 号）、《省政府办公厅关于印发全省开展第三轮化工生产企业专项整治方案的通知》（苏政办发〔2012〕121 号）和《关于印发开展挥发性有机物污染防治工作指导意见的通知》（苏大气办〔2012〕2 号），进一步规范江苏省化工行业废气治理工作，防治化工行业废气污染，保障生态安全和人体健康，推动我省化工行业可持续发展，制订本规范。

本规范规定了江苏省化工行业大气污染防治技术及监督管理要求。

本规范为指导性文件，供江苏省化工园区（集中区）及化工企业在环评、设计、建设、生产、管理和科研工作中参照采用。

1 适用范围

本规范规定了我省化工行业大气污染防治技术及监督管理要求。

本规范适用于我省化工行业所有废气产生和排放企业，可作为环境影响评价、工程咨询、设计、施工、验收及建成后运行与管理的依据。

2 规范性引用文件

本规范内容引用了下列文件中的条款。凡是不注日期的引用文件，其有效版本适用于本规范。

《中华人民共和国大气污染防治法》（中华人民共和国主席令〔2000〕第 32 号）

GB 16297—1996　大气污染物综合排放标准

GB 14554—93　恶臭污染物排放标准

GB 9078—1996　工业炉窑大气污染物排放标准

GB 15 562.1—1995　环境保护图形标志-排放口（源）

GB 50051—2002　烟囱设计规范

GB 50234－2002　通风与空调工程施工质量验收规范

HG 20640-97（A）、HG 20640-97（B）　塑料设备

HJ 2000—2010　大气污染治理工程技术导则

HJ 2027—2013　催化燃烧法工业有机废气治理工程技术规范

HJ 2026—2013　吸附法工业有机废气治理工程技术规范

HJ/T 387—2007　工业废气吸收处理装置

HJ/T 397—2007　固定源废气监测技术规范

《制药工业污染防治技术政策》（环境保护部公告〔2012〕第 18 号）

《挥发性有机物（VOCs）污染防治技术政策》（环境保护部公告〔2013〕第 31 号）

《国务院关于印发大气污染防治行动计划的通知》（国发〔2013〕37 号）

其他相关的法律、法规和规章。

3　术语和定义

下列术语和定义适用于本指南。

3.1　LDAR（泄漏检测与修复）技术

通过采用固定或移动检测设备，定期检测企业各类反应釜、原料输送管道、泵、压缩机、阀门、法兰等易产生挥发性有机物泄漏点，并及时修复超过一定浓度的泄漏点，控制物料泄漏对环境造成污染的过程。

3.2　清洁生产

指不断采取改进设计、使用清洁的能源和原料、采用先进的工艺技术与设备、改善管理、综合利用等措施，从源头削减污染，提高资源利用效率，减轻或者消除对人体健康和环境的危害。

3.3　气相平衡管技术

利用罐体进、出料过程中内压变化特点，通过气相平衡管使呼吸尾气形成闭路循环，以消除原料储罐、计量罐呼吸尾气无组织排放。

3.4　无组织废气

指大气污染物不经过排气筒的无规则排放。低矮排气筒的排放属有组织排放，但在一

定条件下也可造成与无组织排放相同的后果，应作为无组织废气进行治理。

3.5 二次污染

污染物在净化处理过程中及排入环境后，在物理、化学或生物作用下生成新的污染物（二次污染物），对环境产生的再次污染。

3.6 废气治理设施

指采用冷凝、吸附、吸收、燃烧、过滤、生化等方式处理大气污染物的冷凝器、吸附装置、吸收塔、焚烧炉、除尘器、生物处理等设施。

3.7 过程控制

以节约资源、降低能耗、减轻污染为目标，对整个工业原材料储运、工艺生产过程、环保净化设施运行等进行全方位的管理控制，从而使大气污染物的产生和排放降到最低程度的一种综合性的控制措施。

3.8 末端治理

指污染物排放前针对大气污染物采取一系列成熟可靠、行之有效的治理措施，对其进行物理、化学或生物过程的处理，以降低其对环境的污染和破坏程度。

4 总体要求

4.1 化工行业废气治理应遵循"源头控制、循环利用、综合治理、稳定达标、总量控制、持续改进"的原则。

4.2 重点从源头控制废气污染物产生，推广先进实用技术，普及自动控制技术，提高资源综合利用效率，减少污染产生和排放。

4.3 废气治理设施应纳入生产系统进行管理，净化工艺合理可行，能有效控制大气污染物排放。

4.4 大气污染物排放应符合国家、地方或行业相关大气污染物排放标准，同时满足地方环保监管要求，避免对周边敏感目标产生不良影响。

4.5 废气治理工艺及改造方案需委托有环境工程（废气）专项设计资质单位设计，并委托有资质单位进行施工，工程完成后需保留完整的技术资料。

4.6 废气治理设施在设计、安装、调试、运行和维修过程中应始终贯彻"安全第一、预防为主"的原则，遵守安全技术规程和相关设备安全性要求的规定。

5 过程控制技术规范

5.1 生产工艺及设备控制

5.1.1 根据国家发改委《产业结构调整指导目录（2011 年本）》、工信部《部分工业行业淘汰落后生产工艺装备和产品指导目录（2010 年本）》，以及《江苏省工业和信息产业结构调整指导目录（2012 年本）》的规定，坚决淘汰落后和国家及地方明令禁止的工艺和设备。企业应使用低毒、低臭、低挥发性的物料代替高毒、恶臭、易挥发性物料。企业应采用连续化、自动化、密闭化生产工艺替代间歇式、敞开式生产工艺，减少物料与外界接触频率。

5.1.2 采用先进输送设备。采用屏蔽泵、隔膜泵、磁力泵等物料泵替换现有水喷射真空泵输送液态物料。因特殊原因使用压缩空气、真空抽吸等方式输送易燃及有毒、有害化工物料，应对放空尾气进行统一收集、处理。优先采用无油润滑往复式真空泵、罗茨真空泵、液环泵等真空设备，有机物浓度较高的真空泵前、后需安装多级冷凝回收装置。如因工艺需要采用喷射真空泵或水环真空泵，应采用反应釜式或水槽式真空泵，循环液配备冷却系统。

5.1.3 优化进出料方式。反应釜应采用底部给料或使用浸入管给料，顶部添加液体应采用导管贴壁给料，投料和出料均应设密封装置或设置密闭区域，不能实现密闭的应采用负压排气并收集至尾气处理系统处理。

5.1.4 提高冷凝回收效率。溶剂在蒸馏过程中应采用多级梯度冷凝方式，提高有机溶剂的回收效率，优先采用螺旋缠绕管式或板式冷凝器等效率较高的换热设备，对于低沸点溶剂采用$-10℃$以下冷冻介质等进行深度冷凝，冷凝后的不凝性尾气收集后需进一步净化处理。

5.1.5 采用先进离心、压滤设备。除特殊工艺要求外，企业应采用全自动密闭离心机、多功能一体式压滤机、暗流式板框压滤机等替换敞开式离心机，母液槽尾气含有易燃及有毒、有害的组分的须密闭收集、处理。

5.1.6 采用先进干燥设备。企业应采用密闭式干燥设备或闪蒸干燥机、喷雾干燥机等先进干燥设备。活性、酸性、阳离子染料和增白剂等水溶性染料的制备，应原浆直接干燥，或通过膜过滤提高染料纯度及含固量后直接干燥。干燥过程中产生的挥发性溶剂需冷凝回收有效成分后接入废气处理系统，存在恶臭污染的应进行有效治理。

5.1.7 规范液体物料储存。化学品（含油品）贮罐应配备回收系统或废气收集、处理系统。沸点较低的有机物料储罐需设置保温并配置氮封装置，装卸过程采用平衡管技术；体积较大的贮罐应采用高效密封的内（外）浮顶罐；大型贮罐须采用高效密封的浮顶罐及氮封装置。大、小呼吸尾气须收集、处理后排放。挥发性酸、碱液储槽装卸过程放空尾气须采用降膜或填料塔吸收，呼吸放空尾气应采用多级水封吸收处理。

5.1.8 石化、基础化工以及化纤企业的设备与管线组件、工艺排气、废气燃烧塔（火炬）、废水处理、化学品（含油品）贮存等应建立泄漏检测与修复（LDAR）体系，对压缩机、泵、阀门、法兰等易泄漏设备及管线组件定期检测、及时修复。

5.2 废气收集技术规范

5.2.1 废气收集应遵循"应收尽收、分质收集"的原则。废气收集系统应根据气体性质、流量等因素综合设计，确保废气收集效果。

5.2.2 对产生逸散粉尘或有害气体的设备，应采取密闭、隔离和负压操作措施。对反应釜、冷凝器等高浓度低流量尾气需合理控制管道系统负压，减少物料损耗。

5.2.3 污染气体应尽可能利用生产设备本身的集气系统进行收集，逸散的污染气体采用集气（尘）罩收集时应尽可能包围或靠近污染源，减少吸气范围，便于捕集和控制污染物。吸气方向应尽可能与污染气流运动方向一致，避免或减弱集气（尘）罩周围紊流、横向气流等对抽吸气气流的干扰与影响，集气（尘）罩应力求结构简单，便于安装和维护管理。

5.2.4 废水收集系统和处理设施单元（原水池、调节池、厌氧池、曝气池、污泥间等）产生的废气应密闭收集，并采取有效措施处理后排放。

5.2.5 含有易挥发有机物料或异味明显的固废（危废）贮存场所需封闭设计，废气经收集处理后排放。

5.3 废气输送技术规范

5.3.1 集气（尘）罩收集的污染气体应通过管道输送至净化装置。管道布置应结合生产工艺，力求简单、紧凑、管线短、占地空间少。

5.3.2 管道布置宜明装，并沿墙或柱集中成行或列，平行敷设。管道与梁、柱、墙、设备及管道之间应按相关规范设计间隔距离，满足施工、运行、检修和热胀冷缩的要求。

5.3.3 管道宜垂直或倾斜敷设。倾斜敷设时，与水平面的倾角应大于 45°，管道敷设应便于放气、放水、疏水和防止积灰。对于湿度较大、易结露的废气，管道须设置排液口，必要时增设保温措施或加热装置。

5.3.4 集气罩、管道、阀门材料应根据输送介质的温度和性质确定，所选材料的类型和规格应符合相关设计规范和产品技术要求。

5.3.5 管道系统宜设计成负压，如必须正压时，其正压段不宜穿过房间室内，必须穿过房间时应采取措施防止介质泄漏事故发生。

5.3.6 含尘气体管道的气流应有足够的流速防止积尘，对易产生积尘的管道，应设置清灰孔或采取清灰措施。除尘管道中易受冲刷部位应采取防磨措施。

5.3.7 输送易燃易爆污染气体的管道，应采取防止静电的接地措施，且相邻管道法兰间应跨接接地导线。

5.3.8 输送动力风机应符合国家和行业相应产品标准，其选型应满足所处理介质的要求。输送有爆炸和易燃气体的应选防爆型风机。输送有腐蚀性气体的应选择防腐风机；在高温场合工作或输送高温气体的应选择高温风机；输送浓度较大的含尘气体应选用排尘风机等。

6 末端治理技术

6.1 设计单位应根据废气的产生量、污染物的组分和性质、温度、压力等因素进行综合分析后选择成熟可靠的废气治理工艺路线。

6.2 对于 HCl、NH₃、HF、HBr 等水溶性较好、浓度较高气体，应采用多级降膜吸收进行预处理；氮氧化物废气优先采用还原吸收工艺；对 H₂S、Cl₂、三乙胺、SO₂ 等水溶性稍差的气体可直接采取多级碱洗或酸洗。对低浓度的酸性废气、碱性废气应采取碱液和稀酸液喷淋进行吸收处理。

6.3 对于高浓度有机废气，应先采用冷凝（深冷）回收技术、变压吸附回收技术等对废气中的有机化合物回收利用，然后辅助其他治理技术以实现达标排放。用冷冻盐水进行冷却须加装温度控制系统，

6.4 对于中等浓度有机废气，应采用吸附技术回收有机溶剂或热力焚烧技术净化后达标排放。采用吸附技术回收有机溶剂时，需采取措施确保进入吸附床的废气温度宜控制在 40℃以下，废气中颗粒物浓度低于 5 mg/m³，有机废物入口浓度不得超过相应爆炸下限的 50%，并在管道系统的适当位置安装阻火装置。采用热力焚烧技术净化时，需综合考虑热量回收，并对入口尾气进行预处理，确保有机废物入口浓度不得超过相应爆炸下限的 25%，颗粒物浓度应低于 50 mg/m³，并于热力燃烧室前设置阻火器。

6.5 对于低浓度有机废气，有回收价值时，应采用吸附技术；无回收价值时，宜采用吸附浓缩燃烧技术、蓄热式热力焚烧技术、生物净化技术或低温等离子体等技术。

6.6 恶臭气体可采用微生物净化技术、低温等离子技术、吸附或吸收技术、热力焚烧技术等净化后达标排放，同时不对周边敏感保护目标产生影响。

6.7 连续生产的化工（含石化）企业原则上应对可燃性有机废气采取回收利用或焚烧方式处理，大型石化企业鼓励采用废气、废液一体化焚烧处理，间歇生产的化工企业宜采用焚烧、吸附或组合工艺处理。

6.8 粉尘类废气应采用布袋除尘、静电除尘或以布袋除尘为核心的组合工艺处理，其中环境风险较大的杀虫剂、除草剂类农药生产企业应满足行业特殊规范和相关管理要求。工业锅炉和工业炉窑废气应采取清洁能源和高效净化工艺，并满足主要污染物减排要求。

6.9 热力焚烧或催化燃烧过程中产生的含硫、氮、氯等二次污染物，以及吸附、吸收、冷凝、生物等治理工艺过程中所产生的含有机物的废水应处理后达标排放。

6.10 不可再生或不具备再生价值的过滤材料、吸附剂、催化剂、废蓄热体等净化材料，应按照国家固废管理的相关规定进行处理处置。

6.11 当废气中含有腐蚀性气体或焚烧后产生腐蚀性气体时，风机、集气罩、管道、阀门和粉尘过滤器等应满足相关防腐要求，焚烧炉内壁和换热器主体装置应选用防腐等级不低于 316L 的不锈钢材料。

6.12 提高废气处理的自动化程度。喷淋处理设施可采用液位自控仪、pH 自控仪和 ORP 自控仪等，加药槽配备液位报警装置，加药方式宜采用自动加药；热力燃烧装置应定期记

录运行温度、气量、压力等参数；浓缩吸附+催化氧化应记录温度、运行周期及再生记录；对不可生物降解、污染物总量较大、恶臭强烈、毒性较高的污染物等特征因子可设置在线监测系统，必要时与园区监控系统联网。

6.13　排气筒高度应按规范要求设置，末端治理设施的进、出口要设置采样口并配备便于采样的设施（包括人梯和平台）。严格控制企业排气筒数量，同类废气排气筒宜合并。

7　管理要求

7.1　地方行政部门管理要求

7.1.1　企业在污染治理提标改造、重大隐患整改、自动控制技术改造、产品结构优化调整等过程中所涉及的环评问题，地方各级环保局等管理部门应优化现有审核流程，可采用备案制。

7.1.2　化工园区（集中区）应设立专门的环保监管机构，采取分片包干、专人负责等形式全面监管企业的环境行为。同时加大对园区企业环保巡查力度，及时处理区域内废气污染扰民信访案件；加强园区企业环保设备和处理设施的定期检查和抽查，及时发现问题，并责令整改，防患于未然。

7.1.3　加强监控设备的建设及管理，监督重点污染企业完善自动监控设备，加快区域内在线监测系统以及应急监测体系的建设。

7.1.4　对企业生产事故造成的废气污染事件，要及时上报和通报，督促各企业做好环境应急预案，落实应急装备和防控设施，定期组织开展应急演练；定期组织开展辖区内废气污染治理设施运营管理及操作人员岗位培训工作，努力防止废气的事故性排放，提高应急响应能力。

7.1.5　园区须建立废气污染防治长效管理体系，建设大气环境在线监控平台。完善废气管理体系，建立废气重点监管企业名单，制定落后工艺、设备、产品淘汰或替代计划以及企业工艺装备改造计划和废气治理计划、实施方案、治理绩效档案、减排目标。加强废气治理的宣传、督查力度，实行一厂一策，一厂一治理的措施。

7.2　企业管理要求

7.2.1　建立健全与废气治理设施相关的各项规章制度，以及运行、维护和操作规程；应记录原辅材料类别、使用量、产品产量和废气处理设施运行状况、废溶剂、废吸附剂回收台账等信息，建立废气治理绩效评估和核算档案。

7.2.2　组织开展专业技术人员岗位培训，建立岗位责任、操作技术规程、运行信息公开、事故预防和应急管理制度，建立和落实定期维修制度，制定合理的检修计划，落实维修资金，定期储备易损设备、配件和通用材料，确保废气治理设施的正常运行。

7.2.3　提高废气治理设施自动化监控水平，吸收喷淋塔、活性炭（碳纤维）吸附塔、焚烧炉等废气治理设施需安装在线监控设备，必要时将相关信息数据上传当地环境保护主管部门。

7.2.4　企业不得违规擅自拆除、闲置、关闭污染防治设施，要确保污染防治设施稳定运行、达标排放。事故状态或设备维修等原因造成废气治理设施停止运行时，企业应立即采取紧急措施并及时停止生产，同时报告当地环境保护行政主管部门。

7.2.5　企业应配备发生废气泄漏时的应急处置和防护材料、装备，并定期检查，定期开展应急演练。

附录三：江苏省化学工业挥发性有机物无组织排放控制技术指南

江苏省化学工业挥发性有机物无组织排放控制技术指南

苏环办〔2016〕95 号

前言

为贯彻《中华人民共和国环境保护法》《中华人民共和国大气污染防治法》《江苏省环境保护条例》《江苏省大气污染防治条例》等法律和法规，落实《江苏省大气污染防治行动计划实施方案》（苏政发〔2014〕1 号）、《江苏省重点行业挥发性有机物污染整治方案》（苏环办〔2015〕19 号）等方案，执行《大气污染物综合排放标准》（GB 16297）、《恶臭污染物排放标准》（GB 14554）、《石油炼制工业污染物排放标准》（GB 31570）、《石油化学工业污染物排放标准》（GB 31571）等相关标准，积极推进我省化学工业挥发性有机物无组织排放污染防治工作，保护环境和人体健康，制订本技术指南。

1 适用范围

本指南规定了我省化学工业企业挥发性有机物无组织排放控制技术要求，其他易产生挥发性有机物无组织排放的工业企业可参照执行。

本指南适用于我省化学工业企业挥发性有机物无组织排放控制工程，可作为建设项目环境影响评价、环境保护设施设计与施工、建设项目竣工环境保护验收及建成后运行与管理的技术依据。

2 规范性引用文件

本指南内容引用了下列文件或其中的条款。凡是不注明日期的引用文件，其最新有效版本（包括修改单）适用于本指南。

　　GB/T 4754　　国民经济行业分类

　　GB/T 8017　　石油产品蒸气压的测定　雷德法

　　GB 12801　　生产过程安全卫生要求总则

　　GB 14554　　恶臭污染物排放标准

　　GB 16297　　大气污染物综合排放标准

　　GB 31570　　石油炼制工业污染物排放标准

　　GB 31571　　石油化学工业污染物排放标准

　　GB 50016　　建筑设计防火规范

　　GB 50019　　采暖通风与空气调节设计规范

　　GB 50160　　石油化工企业设计防火规范

　　GB 50489　　化工企业总图运输设计规范

　　HG 20546.2　　化工装置设备布置设计工程规定

　　HJ/T 387　　工业废气吸收处理装置

　　HJ 2000　　大气污染治理工程技术导则

　　HJ 2026　　吸附法工业有机废气治理工程技术规范

　　HJ 2027　　催化燃烧法工业有机废气治理工程技术规范

　　《国家重点行业清洁生产技术导向目录》（国经贸资源〔2000〕137 号、国经贸资源〔2003〕21 号、国家发展改革委公告〔2006〕86 号）

　　《聚氯乙烯等 17 个重点行业清洁生产技术推行方案》（工信部节〔2010〕104 号）

　　《大气污染防治重点工业行业清洁生产技术推行方案》（工信部节〔2014〕273 号）

　　《关于石化和化学工业节能减排的指导意见》（工信部节〔2013〕514 号）

　　《关于加强工业节能减排先进适用技术遴选、评估与推广工作的通知》（工信部联节〔2012〕434 号）

　　《挥发性有机物（VOCs）污染防治技术政策》（环境保护部公告〔2013〕第 31 号）

　　《关于印发〈开展挥发性有机物污染防治工作指导意见〉的通知》（苏大气办〔2012〕2 号）

　　《关于开展〈化工行业挥发性有机物污染现状调查和整治试点工作〉的通知》（苏环办〔2012〕183 号）

　　《关于印发〈江苏省泄漏检测与修复（LDAR）实施技术指南（试行）〉的通知》（苏环办〔2013〕318 号）

　　《关于印发〈江苏省大气污染防治行动计划实施方案〉的通知》（苏政发〔2014〕1 号）

　　《关于印发〈江苏省重点工业行业清洁生产改造实施计划〉的通知》（苏经信节能〔2014〕

733 号）

《关于印发〈江苏省化工行业大气污染防治技术规范〉的通知》（苏环办〔2014〕3 号）

《关于印发〈江苏省重点行业挥发性有机物污染控制指南〉的通知》（苏环办〔2014〕128 号）

《关于印发〈江苏省重点行业挥发性有机物污染整治方案〉的通知》（苏环办〔2015〕19 号）

《关于开展〈石化、化工行业泄露检测与修复（LDAR）技术示范与试点工作〉的通知》（苏环办〔2015〕157 号）

环境保护部发布的石油和化学工业相关清洁生产标准

其他相关的法律、法规和技术规范

3　术语和定义

下列术语和定义适用于本技术指南。

3.1　化学工业　chemical industry

根据 GB/T 4754，本技术指南所指化学工业包括精炼石油产品制造（251）、有机化学原料制造（2614）、有机肥料及微生物肥料制造（2625）、农药制造（263）、涂料、油墨、颜料及类似产品制造（264）、合成材料制造（265）、专用化学产品制造（266）、日用化学产品制造（268）、医药制造业（27）、化学纤维制造业（28）等行业。

3.2　清洁生产　cleaner production

指不断采取改进设计、使用清洁的能源和原料、采用先进的工艺技术与设备、改善管理、综合利用等措施，从源头削减污染，提高资源利用效率，减少或者避免生产过程中污染物的产生和排放，以减轻或者消除对人类健康和环境的危害。

3.3　挥发性有机物　volatile organic compounds（VOCs）

指 25℃时饱和蒸气压在 0.1 mmHg 及以上或熔点低于室温而沸点在 260℃以下的挥发性有机化合物的总称，但不包括甲烷。

3.4　挥发性有机液体　volatile organic liquid

任何能向大气释放挥发性有机物的符合以下任一条件的有机液体：（1）20℃时，挥发性有机液体的真实蒸气压大于 0.3kPa；（2）20℃时，混合物中，真实蒸气压大于 0.3kPa 的纯有机化合物的总浓度等于或高于 20%（重量比）。

3.5　真实蒸气压　true vapor pressure

有机液体气化率为零时的蒸气压，又称泡点蒸气压，根据 GB/T 8017 测定雷德蒸气压换算得到。

3.6 无组织排放 fugitive emission

指挥发性有机物不经过排气筒的无规则排放。低矮排气筒的排放属有组织排放，但在一定条件下也可造成与无组织排放相同的后果。

3.7 挥发性有机液体储罐 volatile organic liquid tank

指用于储存挥发性有机液体原料、中间产品、成品的密封容器，通常可分为固定顶罐（立罐和卧罐）、外浮顶罐、内浮顶罐和压力罐等。

3.8 挥发性有机液体装卸 volatile organic liquids stevedoring

指挥发性有机液体从储罐向汽车、火车和船舱装车或从汽车、火车和船舱向储罐卸车的过程。

3.9 生产工艺单元 process unit

指通过管线连接在一起，对原料进行加工生产产品的设备的集合。通常包括：化学反应单元、产品分离、产品精制单元、产品干燥单元、物料回收单元，以及原料、中间产品、最终产品储存单元等。

3.10 生产过程物料转移 material transfer in production process

指生产原料和产品在储罐区/仓库与生产车间或运输车辆之间转移，以及中间产品在生产工艺单元之间转移。

3.11 泄漏检测与修复技术 leak detection and repair（LDAR）

指通过采用固定或移动检测设备，定期检测企业各类反应釜、原料输送管道、泵、压缩机、阀门、法兰等易产生挥发性有机物泄漏点，并及时修复超过一定浓度的泄漏点，控制物料泄漏对环境造成污染的过程。

3.12 废水集输系统 wastewater collection and transportation system

指用于废水收集、储存、输送设施的总和，包括地漏、管道、沟、渠、连接井、集水池等。

3.13 废水处理系统 wastewater treatment system

指采用物理、化学和生物等原理和方法对含高浓度污染物废水进行净化处理，去除废水中污染物，达到防治水环境污染、改善和保持水环境质量、实现废水资源化目的。

3.14 固废（液）贮存系统 solid wastes storage site

指按规定设计、建造或改建的用于临时存放固废（液）的设施或场所。

3.15 非正常工况 malfunction/upsets

指化工生产设施生产工艺参数不是有计划地超出装置设计弹性变化的工况，包括装置开停工和检维修等。

3.16 气相平衡技术 vapor balancing technology

指利用罐体进、出料过程中内压变化特点，通过气相平衡管使呼吸尾气形成闭路循环，以消除原料储罐、计量罐呼吸尾气无组织排放。

3.17 蒸气收集系统 vapor collection system

指装载操作时用以收集被置换出之挥发性有机气体的设备。

3.18 废气治理设施 installation for controlling gaseouswaste

指采用冷凝、吸附、吸收、燃烧、过滤、生化等方式处理大气污染物的冷凝器、吸附装置、吸收塔、焚烧炉、除尘器、生物处理等设施。

4 总体要求

4.1 化工企业应根据 GB 50016、GB 50019、GB 50160、GB 50489、HG 20546.2 等规定进行总图布置，在确保安全前提下，将易产生 VOCs 的重点污染源远离敏感点布置，使用功能或检修要求相似的设备适当集中布置，厂房设计采用多层，充分利用层高位差进行物料转移，有高差要求的设备应保持合理的高差。

4.2 企业应大力推行清洁生产及节能减排技术改造，提升工艺装备水平，严格控制挥发性有机液体储存和装卸过程挥发损失、工艺单元操作过程损耗、废水集输处理和固废（液）贮存系统逸散、生产设备密封点泄漏、开停工及检维修等非正常工况排污，实现 VOCs 无组织排放全过程控制。

4.3 企业应采用连续化、自动化、密闭性生产工艺，对于不能实现密闭的单元，根据生产工艺、操作方式以及废气性质、处理和处置方式，设置不同的废气收集系统，做到"能收则收"。各个废气收集系统均应实现压力损失平衡以及较高的收集效率，另外要综合考虑防腐、防火防爆、耐高温、结露、堵塞等因素。

4.4 化学工业 VOCs 无组织排放应符合国家、地方或行业相关大气污染物排放标准，同时满足地方环保监管要求，避免对周边区域大气环境质量产生不良影响。

4.5 化学工业 VOCs 无组织排放控制设施在设计、安装、调试、运行和维护过程中应始终贯彻"安全第一、预防为主"的原则，严格遵守相关安全技术标准、规范和规程。

5 技术指南

5.1 储存和装卸废气控制

5.1.1 在符合安全等相关规范前提下，挥发性有机液体应采用压力罐、高效密封的浮顶罐、安装回收或处理设施的拱顶罐，避免采用桶装挥发性有机液体；储罐应配有呼吸阀、液位计、高液位报警仪以及防雷、防静电等设施。

5.1.2 储存真实蒸气压≥76.5kPa 的挥发性有机液体应采用压力储罐，鼓励储存异味较强的挥发性有机液体（如胺类）亦采用压力储罐。

5.1.3 储存真实蒸气压≥5.2kPa 但＜27.6kPa 的设计容量≥150 m³ 的挥发性有机液体储罐，

以及储存真实蒸气压≥27.6kPa 但＜76.5kPa 的设计容量≥75 m³ 的挥发性有机液体储罐，应符合以下规定之一：①采用内浮顶罐，内浮顶罐的浮盘与罐壁之间应采用液体镶嵌式、机械式鞋形、双封式等高效密封方式。②采用外浮顶罐，外浮顶罐的浮盘与罐壁之间采用双封式密封，且初级密封采用液体镶嵌式、机械式鞋形等高效密封方式。③采用拱顶罐，安装蒸气平衡系统，或呼吸尾气密闭处理。

5.1.4　储存低沸点（沸点低于 140℃）挥发性有机液体的储罐，须满足以下条件：①罐顶应保持气密状态，不得有破洞、裂缝或开口；②应设置惰性气体（氮气）保护系统；③应设置温控系统，通过储罐外表面喷涂浅色涂料、灌顶装设喷淋冷却水系统、储罐进气冷却等措施来实现。

5.1.5　储存过程中产生的罐顶小呼吸尾气需设置蒸气收集系统（冷凝、洗涤、吸收、吸附等），若难以实现回收利用的，须有效收集至废气治理设施或采取其他等效措施。

5.1.6　浮顶罐浮盘上的开口、缝隙密封设施，以及浮盘与罐壁之间的密封设施在工作状态下应保持密闭。若检测到密闭设施不能密闭，在不关闭工艺单元的条件下，在 15 日内进行维修技术上不可行，则可延迟维修，但不应晚于最近一个停工期。对浮盘的检查至少每6 个月进行一次，每次检查应记录浮盘密封设施的状态，记录应保存 1 年以上。

5.1.7　装卸单位应设置具有安全警示标志标识的挥发性有机液体装卸作业区，建立健全装卸过程中的操作制度，运输挥发性有机液体的车船应按装卸单位的有关规定停放在指定装卸作业区。

5.1.8　装卸挥发性有机液体时，应采取全密闭、浸没式液下装载等工艺，严禁喷溅式装载，液体宜从罐体底部进入，或将鹤管伸入罐体底部，鹤管口至罐底距离不得大于200 mm；在注入口未浸没前，初始流速不应大于 1 m/s，当注入口浸没鹤管口后，可适当提高流速。

5.1.9　装卸挥发性有机液体时，应采取装有气相平衡管的密封循环系统，使大呼吸尾气形成闭路循环，消除装卸和转罐的无组织排放，若难以实现的，需设置蒸气收集系统或将大呼吸尾气有效收集至废气治理设施。

5.2　进出料废气控制

5.2.1　挥发性有机液体物料应优先采用无泄漏泵或高位槽（计量槽）投加，避免真空抽料，进料方式应采用底部给料或使用浸入管给料，顶部添加液体宜采用导管贴壁给料。

5.2.2　采用高位槽/中间罐投加物料时，应配置蒸气平衡管，使投料尾气形成闭路循环，消除投料过程无组织排放，若难以实现的，将投料尾气有效收集至废气治理设施。高位槽/中间罐储存和装卸尾气控制参照储罐相关技术要求。

5.2.3　易产生 VOCs 的固体物料应采用固体粉料自动投料系统、螺旋推进式投料系统等密闭投料装置，若难以实现密闭投料的，须将投料口密闭隔离，采用负压排气将投料尾气有效收集至废气治理设施。

5.2.4 反应釜投料所产生的置换尾气（放空尾气）、出渣（釜残等）产生的放料尾气均应有效收集至废气治理设施，反应釜清洗产生的废液须采用管道密闭收集并输送至废水集输系统或密闭废液储槽，储槽放空尾气密闭收集。

5.2.5 挥发性有机液体应尽量避免采用桶装，如因运输和贮存等特殊要求必须采用桶装，采用桶装物料投料和转移物料时，应设置有效的无组织废气收集系统。

5.3 物料转移废气控制

5.3.1 挥发性有机液体原料、中间产品、成品等转料优先利用高位差或采用无泄漏物料泵，避免采用真空转料。

5.3.2 因工艺需要必须采用真空设备，如无特殊原因（腐蚀、结晶、安全隐患等）应采用无油立式真空泵、往复式真空泵等机械真空泵替代水喷射真空泵、水环式真空泵，机械真空泵前后需安装冷凝回收装置，真空尾气须有效收集至废气治理设施。

5.3.3 因工艺需要必须采用氮气或压缩空气压料等方式输送液体物料时，输送排气须有效收集至废气治理设施。

5.4 反应过程废气控制

5.4.1 常压带温反应釜上应配备冷凝或深冷回流装置回收，减少反应过程中挥发性有机物料的损耗，不凝性废气须有效收集至废气治理设施。

5.4.2 反应釜放空尾气、带压反应泄压排放废气及其他置换气须有效收集至废气治理设施。

5.5 固液分离过程废气控制

5.5.1 企业应采用全自动密闭离心机、下卸料式密闭离心机、吊袋式离心机、多功能一体式压滤机、高效板式密闭压滤机、隔膜式压滤机、全密闭压滤罐等封闭性好的固液分离设备替换三足式离心机、敞口抽滤槽、明流式板框压滤机。

5.5.2 含 VOCs 浓度较高的分离母液须密闭收集，母液储槽放空尾气有效收集至废气治理设施。

5.5.3 因工艺、产品物料属性等原因造成无法采用上述固液分离设备时，需对相关生产区域进行密闭隔离，采用负压排气将无组织废气收集至废气治理设施。

5.6 干燥过程废气控制

5.6.1 企业应采用耙式干燥、单锥干燥、双锥干燥、真空烘箱等先进干燥设备，干燥过程中产生的真空尾气应优先冷凝回收物料，冷凝不凝气须有效收集至废气治理设施。

5.6.2 采用喷雾干燥、气流干燥机等常压干燥时，干燥过程中产生的无组织废气有效收集至废气治理设施。

5.6.3 干燥过程应采用密闭进出料装置，若难以实现密闭的，应将进出料口密闭隔离，采用负压排气将进出料尾气有效收集至废气治理设施。

5.6.4　采用厢式干燥机时，则需对相关生产区域进行密闭隔离，采用负压排气将无组织废气收集至废气治理设施。

5.7　溶剂回收废气控制

5.7.1　溶剂在蒸馏/精馏过程中应采用多级梯度冷凝方式，冷凝器应优先采用螺旋绕管式或板式冷凝器等高效换热设备代替列管式冷凝器，并有足够的换热面积和热交换时间。

5.7.2　对于高沸点溶剂（沸点高于 140℃）采用水冷或 5℃冷冻水冷，对于低沸点溶剂（沸点低于 140℃），需再采用−10～−15℃冷冻盐水进行深度冷凝。

5.7.3　对于常压蒸馏/精馏釜，冷凝后不凝气和冷凝液接收罐放空尾气须有效收集至废气治理设施。对于减压蒸馏/精馏釜，真空泵尾气和冷凝液接收罐放空尾气须有效收集至废气治理设施。

5.7.4　蒸馏/精馏釜出渣（蒸/精馏残渣）产生的废气应有效收集至废气治理设施处理，蒸馏/精馏釜清洗产生的废液须采用管道密闭收集并输送至废水集输系统或密闭废液储槽，储槽放空尾气密闭收集。

5.8　真空尾气控制

5.8.1　企业应优先采用无油立式真空泵、往复式真空泵、罗茨真空泵等密封性较好的真空设备替代水喷射（蒸气喷射）泵和水环泵，减压蒸馏、抽滤、干燥等过程所产生的真空尾气中 VOCs 浓度较高时，应在真空泵进出口设置气体冷凝装置，有效回收物料。

5.8.2　因工艺需要采用水喷射或水环真空泵时，应采用反应釜式、储槽式、塔式等封闭性好的真空泵，且循环液配备冷却系统（循环液盘管冷却或加装换热器），水循环槽（罐）须加盖密封并将无组织废气有效收集至废气治理设施。

5.8.3　各类真空泵进、出口在安装过程应采用不同类型防腐软接头，降低真空泵工作过程振动对设备管道、结构所造成不良影响。

5.9　工艺取样和灌装（包装）废气控制

5.9.1　企业应优先采用双阀取样器、真空取样器等密闭取样装置，严禁观察孔人工取样，若难以实现密闭取样的，取样口应密闭隔离，采用负压排气将取样废气有效收集至废气治理设施。

5.9.2　挥发性有机液体产品灌装和易产生 VOCs 固体产品包装时应设置密封装置或密封区域，不能实现密闭的应采用负压排气将灌装废气有效收集至废气治理设施；对成品储罐区灌装挥发性有机液体的参照挥发性有机液体装卸相关规定。

5.10　废水集输和处理系统废气控制

5.10.1　企业应优先采用管道等密闭性废水集输系统代替地漏、沟、渠等敞开式收集方式，必要时加装压力释放阀或呼吸阀调节压力波动，释压排放气须有效收集。连接井、车间废水暂存池等产生的逸散废气应加盖密闭负压收集至废气末端治理设施处理。

5.10.2 废水处理系统尽可能采用密闭装置化处理技术，处理单元（调节池、厌氧池、吹脱塔、气浮池等）易产生 VOCs 废气应加盖密闭负压收集至废气治理设施。

5.10.3 板框压滤机处理污泥时，宜采用暗流式板框压滤机，并对相关生产区域进行密闭隔离，采用负压排气将无组织废气收集至废气治理设施。压滤后污泥优先采用密闭输送系统输送至污泥暂存库，污泥贮存过程产生的废气参照固废（液）贮存系统逸散废气控制相关要求。

5.10.4 废水处理系统使用的浮油罐、罐中罐和缓冲罐等各类储罐可参照挥发性有机液体储存相关技术规范。

5.11 固废（液）贮存系统废气控制

5.11.1 废液废渣（如蒸馏/精馏残渣、釜残等）应用带有液体灌注孔的密封容器（塑胶或钢制成的桶或罐）装盛，固态废物（如废水处理污泥等）应用密封塑料袋或带盖的容器装盛。

5.11.2 含 VOCs 的原料桶、包装罐、塑料袋，废液废渣密封罐以及固废密封塑料袋等应储存于符合环保、设计、安全等相关规范的密闭贮存系统中，采用负压排气将贮存过程产生的废气有效收集至废气治理设施。

5.12 设备泄漏检测与修复

5.12.1 炼油和石油化学工业企业应全面推行 LDAR 技术，建立 LDAR 管理制度，细化工作程序、检测方法、检测频率、泄漏浓度限值、修复要求等关键要素，全面分析泄漏点信息，对易泄漏环节制定针对性改进措施，控制和减少 VOCs 泄漏排放。

5.12.2 泵、搅拌器、压缩机、泄压设备、采样系统、放空阀（放空管）、阀门、法兰及其他连接件、仪表、气体回收装置和密闭排放装置等易产生 VOCs 泄漏点数量超过 2 000 个的化工企业，应逐步应用 LDAR 技术，对易泄漏点进行定期检测并及时修复泄漏点，严格控制跑、冒、滴、漏和无组织泄漏排放。

5.12.3 企业应根据物料特性选用符合要求的优质管道、法兰、垫片、紧固件，应通过加装盲板、丝堵、管帽、双阀等措施减少设备和管线排放口、采样口等泄漏的可能性。

5.12.4 动设备选择密封介质和密封件时，要充分兼顾润滑、散热。使用水作为密封介质时，要加强水质和流速的检测。输送有毒、强腐蚀介质时，要选用密封油作为密封介质，同时要充分考虑针对密封介质侧大量高温热油泄漏时的收集、降温等防护措施，对于易汽化介质要采用双端面或串联干气密封。

5.13 开停工、检维修等非正常工况废气控制

5.13.1 化工装置应制定开停车、检维修等非正常工况的操作规程和无组织废气污染控制措施，新建装置鼓励同步设计、施工与装置开停工、检维修过程中物料回收、密闭吹扫等相配套的设备、管线和辅助设施。

5.13.2 生产装置停工退料吹扫过程应优先采用密闭吹扫工艺，吹扫气分类收集后接入回收或废气治理设施。

5.13.3　生产装置停工检维修阶段，应采取密闭、隔离、负压排气或其他等效措施防止设备拆解过程中残余挥发性有机物料造成环境污染。

5.13.4　生产装置开工进料时，应将置换出来的含 VOCs 废气排入末端治理设施进行净化处理。开工初始阶段产生的易挥发性不合格产品应收集进入中间储罐等装置，储罐放空尾气须有效收集至废气治理设施。

6　管理要求

6.1.1　化工企业应将 VOCs 的无组织排放污染防治纳入日常生产管理体系，建立健全 VOCs 污染防治设施运行台账，对于炼油和石油化学工业企业制定"泄漏检测与修复"、监测和治理等方面的管理制度，制定突发性 VOCs 泄漏防范和处置措施，纳入企业应急预案。

6.1.2　化工企业应加强对无组织排放废气集中收集和处理，严格控制工艺操作过程中逃逸性有机气体直接排放，通过实施工艺和设备改进、物料储存和装卸方式改进、废水集输处理及固废（液）贮存系统密闭性改造等措施，从源头减少 VOCs 的泄漏排放。

6.1.3　化工企业应进一步增强企业职工的责任意识和环保意识，生产过程中坚决执行各项环保法律法规和排放标准，严格操作规程，减少化学物质"跑、冒、滴、漏"现象的发生；对立项时间较早的建设项目要积极进行技术改造，对落后的生产工艺和生产设备要及时淘汰，通过"以新带老"，实现减排增效的目标。

6.1.4　化工企业应在厂界安装特征污染物环境监测设施，并与当地环境保护主管部门联网，明确 VOCs 无组织排放位置、排放种类、排放规律、排放量估算方法、厂界监测数据及达标排放情况等基本信息，应按相关要求向社会公开，接受社会监督。

表 1　化学工业企业 VOCs 产污环节、排放点位及存在共性问题一览表

产污环节	排放点位	共性问题
挥发性有机液体储存与装卸	密封储罐呼吸口	①挥发性有机液体储罐罐型选择不合理； ②高沸点挥发性有机液体储罐呼吸尾气（小呼吸）未有效收集； ③低沸点挥发性有机液体储罐呼吸尾气（小呼吸）仅采取呼吸阀放空，未设置温控和氮封系统； ④挥发性有机液体装卸过程未设置气相平衡管或密闭循环系统，装卸尾气（大呼吸）未有效收集
	非密封储槽、储罐	未安装呼吸阀或呼吸气直接排放
进出料	高位槽/中间罐	①储罐向高位槽/中间罐进料时放空尾气和储存过程呼吸尾气未有效收集； ②高位槽/中间罐向反应釜进料过程时，进料尾气通过反应釜放空口直排
	物料泵投料	储罐通过正压泵向反应釜进料时，置换尾气通过反应釜放空口直排或排入废气管道

产污环节	排放点位	共性问题
进出料	真空抽料	①桶装液体物料采用真空抽吸进料时，物料桶排口跑冒滴漏严重； ②真空抽料产生的 VOCs 量大，且抽料尾气未有效收集
	反应釜放空口	①高位槽/中间罐、泵投料等进料尾气通过反应釜放空口直排或排入废气管道
	反应釜放料口	①反应釜放料尾气（放釜残等）未有效收集； ②反应釜放料口设置吸风罩或局部密闭对放料尾气进行收集，但捕集效率不高； ③反应釜清洗产生的废液通过敞开式地沟、渠等排入车间污水暂存池，无组织排放严重
物料转移	重力转料	重力转料产生的转料置换尾气通过反应釜放空口直排
	正压泵、空压机	正压转料产生的转料置换尾气通过反应釜放空口直排
	真空转料	真空抽料产生的 VOCs 量大，通过真空系统直排或者未有效收集
反应过程	反应釜放空口	反应过程产生的尾气通过反应釜放空口直排
	冷凝器出口	设置冷凝回流装置的冷凝不凝气通过冷凝器出口直排
溶剂回收	蒸馏/精馏塔	常压蒸馏/精馏时，冷凝不凝气通过冷凝器出口直排
	真空抽气	减压蒸馏/精馏时，产生大量真空尾气，未有效回收物料，真空尾气通过真空系统直排
	接收罐	冷凝液接收罐呼吸口直排
	蒸馏/精馏釜放料口	①蒸馏/精馏残渣放料过程物料温度较高，放料尾气未经有效收集，无组织排放严重； ②蒸馏/精馏釜清洗产生的废液通过敞开式地沟、渠等排入车间污水暂存池，无组织排放严重
固液分离	过滤/压滤	①敞口抽滤槽、明流式板框压滤机等设备使用频率较高，过滤/压滤母液（有机相）敞口排放，或采用敞口容器收集，无组织排放严重； ②过滤/压滤相关生产区域设置吸风罩或局部密闭对放料尾气进行收集，但捕集效率不高，仍存在一定无组织排放
	离心	①敞口式三足式离心机使用频率较高，过滤/压滤母液（有机相）敞口排放，或采用敞口容器收集，无组织排放严重； ②离心相关生产区域设置吸风罩或局部密闭对放料尾气进行收集，但捕集效率不高，仍存在一定无组织排放
	出料	出料口未密闭收集，无组织排放严重
干燥	干燥设备	①双锥干燥、真空烘箱等减压干燥过程中产生的真空尾气未有效收集； ②气流干燥机等常压干燥过程中产生的粉尘和 VOCs 未有效收集； ③采用热风烘箱干燥时，未密闭收集，无组织排放严重
	出料	出料口未密闭收集，无组织排放严重

产污环节	排放点位	共性问题
真空系统	真空泵	①厢式水环水/喷射真空泵使用频率较高，循环槽尾气为收集； ②进料、转料、溶剂回收、干燥、固液分离等过程产生的真空尾气未有效收集
取样和灌装	取样口	①观察孔敞开式取样，取样尾气未有效收集； ②挥发性有机液体产品灌装至产品桶过程产生的灌装尾气未有效收集
	灌装口	
设备泄漏	泵、搅拌器、压缩机、泄压设备、采样系统、放空阀（管）、阀门、法兰及其他连接件等	物料泵、法兰、放空管、泄压阀、真空泵等跑冒滴漏严重
废水集输和处理系统	集输系统	①采用地漏、沟、渠等敞开式收集方式收集车间废水； ②连接井、车间废水暂存池等产生的逸散废气未有效收集
	调节池、厌氧池、吹脱塔、气浮池等	未加盖收集
	污泥压滤机	明流式板框压滤机使用频率较高，过滤母液敞口排放，相关生产区域未密闭隔离，无组织排放严重
固废（液）贮存系统	固废（液）堆场	①含挥发性有机液体的原料桶露天堆放，无组织排放严重； ②盛装反应釜、蒸馏/精馏釜等残渣（废液）的包装容器未妥善密封； ③废水处理污泥以及其他固态废物无规则堆放； ④固废（液）贮存间散逸废气未有效收集

附录四：常见挥发性有机物性质

表 1 常见挥发性有机物性质

序号	中文名称 英文名称 CAS号	化学式 分子量	熔沸点	饱和蒸气压	嗅阈值	理化性质	毒理毒性
1	氯甲烷 Chloromethane 74-87-3	CH_3Cl 50.49	熔点：-97.7℃ 沸点：-23.7℃	506.62kPa (20℃)	21 mg/m³	无色可燃的有毒气体，具有醚样的微甜气味；微溶于水，易溶于有机溶剂；相对密度（空气=1）1.78；相对密度（水=1）0.92；爆炸极限 8.1%~17.2%（V/V）；危险特性：易燃烧，易爆炸，无腐蚀性	毒性：属低毒类 急性毒性：LC_{50} 5 300 mg/m³，4 小时（大鼠吸入）
2	二氯甲烷 Dichloromethane 75-09-2	CH_2Cl_2 84.94	熔点：-96.7℃ 沸点：39.8℃	30.55kPa (10℃)	150×10⁻⁶ (V/V)	无色透明液体，有芳香气味，微溶于水，溶于乙醇、乙醚；相对密度（空气=1）2.93；相对密度（水=1）1.33；性质稳定；遇明火高温可燃，受热分解能发出剧毒的光气	毒性：属中等毒类 急性毒性：LD_{50} 1 600～2 000 mg/kg（大鼠经口）；LC_{50} 56.2g/m³，8 小时（小鼠吸入）
3	三氯甲烷 Trichloromethane 67-66-3	$CHCl_3$ 119.39	熔点：-63.5℃ 沸点：61.2℃	21.28kPa (20℃)	200×10⁻⁶ (V/V)	无色透明重质液体，极易挥发，有特殊气味，不溶于水，溶于醇、醚、苯；相对密度（水=1）1.50；相对密度（空气=1）4.12；危险特性：与明火或灼热的物体接触时能产生剧毒的光气	毒性：属中等毒类 急性毒性：LD_{50} 908 mg/kg（大鼠经口）；LC_{50} 47 702 mg/m³，4 小时（大鼠吸入）

序号	中文名称 英文名称 CAS号	化学式 分子量	熔沸点	饱和蒸气压	嗅阈值	理化性质	毒理毒性
4	1,2-二氯乙烷 1,2-Dichloroethane 107-06-2	$C_2H_4Cl_2$ 98.97	熔点：-35.7℃ 沸点：83.5℃	13.33kPa (29.4℃)	26×10^{-6} (V/V)	无色或浅黄色透明液体，有类似氯仿的气味，微溶于水，可混溶于醇、醚、氯仿；相对密度（水=1）1.26；相对密度（空气=1）3.35；爆炸极限5.6%~16.0%(V/V)；危险特性：易燃，其蒸气与空气可形成爆炸性混合物	属中等毒类 毒性：急性毒性：LD_{50} 670 mg/kg（大鼠经口）；LC_{50} 4 050 mg/m³（大鼠吸入）7小时
5	环氧乙烷 Ethyleneoxide 75-21-8	C_2H_4O 44.05	熔点：-112.2℃ 沸点：10.4℃	145.91kPa (20℃)	420×10^{-6} (V/V)	无色气体，易溶于水、多数有机溶剂；相对密度（空气=1）1.52；不稳定，易燃烧；爆炸极限3%~100%(V/V)；危险特性：其蒸气能与空气形成爆炸性混合物	属高毒类 毒性：急性毒性：LD_{50} 330 mg/kg（大鼠经口）；LC_{50} 2 631.6 mg/m³×4小时（大鼠吸入）
6	1,2-环氧丙烷 1,2-Epoxypropane 75-56-9	C_3H_6O 58.08	熔点：-104.4℃ 沸点：33.9℃	75.86kPa (25℃)	47 mg/m³	无色易燃液体，有类似乙醚的气味，溶于水、乙醇、乙醚等多数有机溶剂；相对密度（水=1）0.83；爆炸极限2.8%~37.0%(V/V)；危险特性：高热或与氧化剂接触，有引起燃烧爆炸的危险	属中等毒性类 毒性：急性毒性：LD_{50} 1 245 mg/kg（兔经皮）；LC_{50} 4 127 mg/m³，4 小时（小鼠吸入）
7	环氧氯丙烷 3-Chloro-1,2-epoxypropane 106-89-8	C_3H_5ClO 92.52	熔点：-25.6℃ 沸点：117.9℃	1.8kPa (20℃)	10×10^{-6} (V/V)	无色油状液体，有氯仿刺激气味，微溶于水，可混溶于醇、醚、四氯化碳、苯；相对密度（水=1）1.18 (20℃)；相对密度（空气=1）3.29；爆炸极限5.23%~17.86%(V/V)；危险特性：其蒸气与空气可形成爆炸性混合物，高温能引起分解爆炸和燃烧	属高毒类 毒性：急性毒性：LD_{50} 90 mg/kg（大鼠经口）；238 mg/kg（兔经口）；1 500 mg/kg（兔经皮）；LC_{50} 500×10^{-6} (V/V)，4 小时（大鼠吸入）；人吸入 20×10^{-6} (V/V)

序号	中文名称 英文名称 CAS 号	化学式 分子量	熔沸点	饱和蒸气压	嗅阈值	理化性质	毒理毒性
8	氯乙烯 Chloroethylene 75-01-4	C_2H_3Cl 62.5	熔点：−159.8℃ 沸点：13.4℃	346.53kPa（25℃）	$82×10^{-6}$（V/V）	无色具有醚样增气味的气体，微溶于水，溶于乙醇、乙醚、丙酮等多数有机溶剂；相对密度（水=1）0.91；相对密度（空气=1）2.15；爆炸极限 4%～22%（V/V）；危险特性：易燃，与空气混合能形成爆炸性混合物	毒性：属高毒类 急性毒性：LD_{50} 500 mg/kg（大鼠经口）
9	三氯乙烯 Trichloroethylene 79-01-6	C_2HCl_3 131.39	熔点：−87.1℃ 沸点：87.1℃	13.33kPa（32℃）	$250×10^{-6}$（V/V）	无色透明液体，有似氯仿的气味，不溶于水、溶于乙醇、乙醚，可混溶于多数有机溶剂；相对密度（水=1）1.46；相对密度（空气=1）4.53；爆炸极限 8%～10.5%（V/V）；危险特性：遇明火、高热能引起燃烧爆炸。与强氧化剂接触可发生化学反应	毒性：属中等毒类 急性毒性：LD_{50}2 402 mg/kg（小鼠经口）；LC_{50}45 292 mg/m³，4 小时（小鼠吸入）；137 752 mg/m³，1 小时（大鼠吸入）
10	1,3-丁二烯 1,3-butadiene 106-99-0	C_4H_6 54.09	熔点：−108.9℃ 沸点：−4.5℃	245.27kPa（21℃）	0.38 mg/m³	无色无臭气体，溶于丙酮、苯、乙酸、乙酸等多数有机溶剂；相对密度（水=1）0.62；相对密度（空气=1）1.84；爆炸极限 2%～11.5%（V/V）；危险特性：易燃，与空气混合能形成爆炸性混合物。接触热、火星、火焰或强氧化剂易燃烧爆炸	毒性：属低毒类 急性毒性：LD_{50}5 480 mg/kg（大鼠经口）；LC_{50} 285 000 mg/m³，4 小时（大鼠吸入）
11	苯 Benzene 71-43-2	C_6H_6 78.11	熔点：5.5℃ 沸点：80.1℃	13.33kPa（26.1℃）	$61×10^{-6}$（V/V）	无色透明液体，有强烈芳香味，不溶于水，溶于乙醇、醚、丙酮等多数有机溶剂；相对密度（水=1）0.88；相对密度（空气=1）2.77；爆炸极限 1.2%～8%（V/V）；危险特性：易燃，其蒸气与空气可形成易燃烧爆炸性混合物。遇明火、高热极易燃烧爆炸。与氧化剂能发生强烈反应	毒性：属中等毒类 急性毒性：LD_{50}3 306 mg/kg（大鼠经口）；LC_{50}48 mg/kg（小鼠经皮）

序号	中文名称 英文名称 CAS号	化学式 分子量	熔沸点	饱和蒸气压	嗅阈值	理化性质	毒理毒性
12	甲苯 Toluene 108-88-3	C_7H_8 92.14	熔点：-94.4℃ 沸点：110.6℃	4.89kPa（30℃）	$1.6×10^{-6}$（V/V）	无色透明液体、有类似苯的芳香气味，不溶于水，可混溶于苯、醇、醚等多数有机溶剂；相对密度（水=1）0.87；（空气=1）3.14；爆炸极限1.2%~7.0%（V/V）；危险特性：易燃，其蒸气与空气可形成爆炸性混合物。遇明火、高温极易燃烧爆炸。与氧化剂能发生强烈反应	毒性：属低毒类 急性毒性：LD_{50} 5 000 mg/kg（大鼠经口）；LC_{50} 12 124 mg/kg（兔经皮）
13	邻二甲苯 o-Xylene 95-47-6	C_8H_{10} 106.17	熔点：-25.5℃ 沸点：144.4℃	1.33kPa（32℃）	$5.4×10^{-6}$（V/V）	无色透明液体、有类似甲苯的气味，不溶于水，可混溶于乙醇、乙醚、氯仿等多数有机溶剂；相对密度（水=1）0.88；（空气=1）3.66；爆炸极限1%~7%（V/V）；危险特性：易燃，其蒸气与空气可形成爆炸性混合物。遇明火、高温能引起燃烧爆炸。与氧化剂能发生强烈反应	毒性：属中等毒类 急性毒性：LD_{50} 1 364 mg/kg（小鼠静脉）
14	间二甲苯 m-Xylene 108-38-3	C_8H_{10} 106.17	熔点：-47.9℃ 沸点：139℃	1.33kPa（28.3℃）	$0.62×10^{-6}$（V/V）	无色透明液体、有类似甲苯的气味，不溶于水，可混溶于乙醇、乙醚、氯仿等多数有机溶剂；相对密度（水=1）0.86；（空气=1）3.66；爆炸极限1.1%~7.0%（V/V）；危险特性：易燃，其蒸气与空气可形成爆炸性混合物。遇明火、高温能引起燃烧爆炸。与氧化剂能发生强烈反应	毒性：属低毒类 急性毒性：LD_{50} 5 000 mg/kg（大鼠经口）；14 100 mg/kg（兔经皮）

序号	中文名称 英文名称 CAS 号	化学式 分子量	熔沸点	饱和蒸气压	嗅阈值	理化性质	毒理毒性
15	对二甲苯 p-Xylene 106-42-3	C_8H_{10} 106.17	熔点：13.3℃；沸点：138.4℃	1.16kPa （25℃）	2.1×10^{-6} （V/V）	无色透明液体，有类似甲苯的气味，不溶于水，可混溶于乙醇、乙醚，氯仿等多数有机溶剂；相对密度（水=1）0.86；相对密度（空气=1）3.66；爆炸极限1.1%～7.0%（V/V）；危险特性：易燃，其蒸气与空气可形成爆炸性混合物	毒性：属低毒类 急性毒性：LD_{50} 5 000 mg/kg（大鼠经口）；LC_{50} 19 747 mg/kg，4 小时（大鼠吸入）
16	氯苯 Chlorobenzene 108-90-7	C_6H_5Cl 112.56	熔点：-45.2℃；沸点：132.2℃	1.33kPa （20℃）	1.3×10^{-6} （V/V）	无色透明液体，具有不愉快的苦杏仁味，不溶于水，溶于乙醇、乙醚、苯等多数有机溶剂；相对密度（水=1）1.10；相对密度（空气=1）3.9；爆炸极限1.3%～9.6%（V/V）；危险特性：易燃，遇明火、高热或氧化剂接触，有引起燃烧爆炸的危险	毒性：属中等毒类 急性毒性：LD_{50} 2 290 mg/kg（小鼠经口）；1 445 mg/kg（大鼠经口）
17	苯酚 Phenol 108-95-2	C_6H_6O 94.11	熔点：40.6℃；沸点：181.9℃	0.13kPa （40.1℃）	0.06×10^{-6} （V/V）	白色结晶，有特殊气味，可混溶于乙醇、醚，氯仿、甘油；相对密度（水=1）1.07；相对密度（空气=1）3.24；爆炸极限1.7%～8.6%（V/V）；危险特性：遇明火、高热或与氧化剂接触有引起燃烧爆炸的危险	毒性：属高毒类 急性毒性：LD_{50} 317 mg/kg（大鼠经口）；850 mg/kg（兔经皮）；LC_{50} 316 mg/m³（大鼠吸入）；人经口 1 000 mg/kg，致死剂量
18	苯乙烯 Phenylethylene 100-42-5	C_8H_8 104.14	熔点：-30.6℃；沸点：146℃	1.33kPa （30.8℃）	0.047×10^{-6} （V/V）	无色透明油状液体，不溶于水，溶于乙醇、醚等多数有机溶剂；相对密度（水=1）0.91；相对密度（空气=1）3.6；爆炸极限1.1%～6.1%（V/V）；危险特性：其蒸气与空气可形成爆炸性混合物。遇明火、高热或与氧化剂接触，有引起燃烧爆炸的危险	毒性：属低毒类 急性毒性：LD_{50} 5 000 mg/kg（大鼠经口）；LC_{50} 24 000 mg/m³（大鼠吸入）

序号	中文名称 英文名称 CAS号	化学式 分子量	熔点 沸点	饱和蒸气压	嗅阈值	理化性质	毒理毒性
19	硝基苯 Nitrobenzene 98-95-3	$C_6H_5NO_2$ 123.11	熔点：5.7℃ 沸点：210.9℃	0.13kPa（44.4℃）	0.37×10^{-6} (V/V)	淡黄色透明油状液体，有苦杏仁味，不溶于水、溶于乙醇、乙醚、苯等多数有机溶剂；相对密度（水=1）1.20；相对密度（空气=1）4.25；爆炸极限1.8%~40%（V/V）危险特性：遇明火、高热或与氧化剂接触，有引起燃烧爆炸的危险。与硝酸反应强烈，有引起燃烧爆炸剧烈	毒性：属高毒类 急性毒性：LD_{50} 489 mg/kg（大鼠经口）；2 100 mg/kg（大鼠经皮，最小致死剂量）；狗静脉 150 mg/kg，最小致死剂量
20	苯胺 Aminobenzene 62-53-3	C_6H_7N 93.12	熔点：-6.2℃ 沸点：184.4℃	2.00kPa（77℃）	2.4×10^{-6} (V/V)	无色或微黄色油状液体，有强烈气味，微溶于水、溶于乙醇、乙醚、苯；相对密度（水=1）1.02；相对密度（空气=1）3.22；爆炸极限1.2%~11%（V/V）危险特性：遇高热、明火或与氧化剂接触，有引起燃烧的危险	毒性：属高毒类 急性毒性：LD_{50} 442 mg/kg（兔经皮）；820 mg/kg（大鼠经口）；LC_{50} 175×10^{-6} (V/V)，7小时（小鼠吸入）
21	甲醇 Methanol 67-56-1	CH_4O 32.04	熔点：-97.8℃ 沸点：64.8℃	13.33kPa（21.2℃）	160×10^{-6} (V/V)	无色澄清液体，有刺激性气味，溶于水，可混溶于乙醇、醚等多数有机溶剂；相对密度（水=1）0.79；相对密度（空气=1）1.11；爆炸极限5.5%~44%（V/V）危险特性：易燃，其蒸气与空气可形成爆炸性混合物。遇明火、高热能引起燃烧爆炸	毒性：属低毒类 急性毒性：LD_{50} 5 628 mg/kg（大鼠经口）；15 800 mg/kg（兔经皮）；LC_{50} 82 776 mg/kg，4小时（大鼠吸入）
22	正丁醇 butyl alcohol 71-36-3	$C_4H_{10}O$ 74.12	熔点：-88.9℃ 沸点：117.5℃	0.82kPa（25℃）	1.2×10^{-6} (V/V)	无色透明液体，具有特殊气味，微溶于水、溶于乙醇、醚多数有机溶剂（水=1）0.81；相对密度（空气=1）2.55；爆炸极限1.4%~11.2%（V/V）危险特性：易燃，其蒸气与空气可形成爆炸性混合物。遇明火、高热能引起燃烧爆炸	毒性：属中等毒类 急性毒性：LD_{50} 4 360 mg/kg（兔经皮）；3 400 mg/kg（鼠经口）；LC_{50} 24 240 mg/m³，4小时（大鼠吸入）

序号	中文名称 英文名称 CAS号	化学式 分子量	熔沸点	饱和蒸气压	嗅阈值	理化性质	毒理毒性
23	丙酮 Acetone 67-64-1	C$_3$H$_6$O 58.08	熔点：-94.6℃ 沸点：56.5℃	53.32kPa (39.5℃)	62×10^{-6} (V/V)	无色透明易流动液体，有芳香气味，极易挥发，与水混溶，可混溶于乙醇、乙醚、氯仿、油类、烃类等多数有机溶剂；相对密度（水=1）0.80；相对密度（空气=1）2.00；爆炸极限2.5%～13%（V/V）危险特性：其蒸气与空气可形成爆炸性混合物。遇明火、高热极易燃烧爆炸。与氧化剂能发生强烈反应	毒性：属低毒类 急性毒性：LD$_{50}$5 800 mg/kg（大鼠经口）；20 000 mg/kg（兔经皮）；人吸入12 000×10^{-6}(V/V)×4小时，最小中毒浓度
24	甲醛 Formaldehyde 50-00-0	CH$_3$O 32.04	熔点：-92℃ 沸点：-19.4℃	13.33kPa (-57.3℃)	1×10^{-6} (V/V)	无色，具有刺激和窒息性的气体，商品为其水溶液，易溶于水，溶于乙醇等多数有机溶剂；相对密度（水=1）1.07；相对密度（空气=1）0.82；爆炸极限7%～73%（V/V）；危险特性：其蒸气与空气形成爆炸性混合物，遇明火、高热能引起燃烧爆炸	毒性：属中等毒类 急性毒性：LD$_{50}$ 800 mg/kg（兔经口），2 700 mg/kg（兔经皮）；LC$_{50}$ 590 mg/m^3（大鼠吸入）
25	乙醛 Acetaldehyde 75-07-0	C$_2$H$_4$O 44.05	熔点：-123.5℃ 沸点：20.8℃	98.64kPa (20℃)	0.21×10^{-6} (V/V)	无色液体，有强烈的刺激臭味，溶于水，可混溶于乙醇、乙醚；相对密度（空气=1）1.52；相对密度（水=1）0.78；爆炸极限4.0%～57.0%（V/V）；危险特性：极易燃，甚至在低温下的蒸气也能与空气形成爆炸性混合物，遇火星、高温、氧化剂、易燃物、氨、硫化氢、卤素、强碱、胺类、醇、酮、酐、酚等有燃烧爆炸的危险	毒性：属中等毒类 急性毒性：LD$_{50}$1 930 mg/kg（大鼠经口）；LC$_{50}$ 37 000 mg/m^3（大鼠吸入），1/2小时（大鼠吸入）

序号	中文名称 英文名称 CAS号	化学式 分子量	熔沸点	饱和蒸气压	嗅阈值	理化性质	毒理毒性
26	丙烯腈 Acrylonitrile 107-13-1	C_3H_3N 53.06	熔点：-83.6℃ 沸点：77.3℃	13.33kPa (22.8℃)	21.4×10^{-6} (V/V)	无色液体，有桃仁气味，微溶于水，易溶于多数有机溶剂；相对密度（空气=1）1.83；爆炸极限 3.1%～17%（V/V）；危险特性：易燃，其蒸气与空气可形成爆炸性混合物。遇明火、高热易燃烧，并放出有毒气体。与氧化剂、强酸、强碱、胺类、溴反应剧烈	毒性：属高毒类；急性毒性：LD_{50} 78 mg/kg（大鼠经口）；250 mg/kg（兔经皮）
27	丙烯醛 Allylaldehyde 107-02-8	C_3H_4O 56.06	熔点：-87.7℃ 沸点：52.5℃	28.53kPa (20℃)	0.21×10^{-6} (V/V)	无色或浅黄色液体，有恶臭，溶于水，易溶于乙醇、丙酮等多数有机溶剂；相对密度（水=1）0.84；相对密度（空气=1）1.94；爆炸极限 2.8%～31%（V/V）；危险特性：其蒸气与空气可形成爆炸性混合物爆炸。高热极易燃烧爆炸	毒性：属高毒类；急性毒性：LD_{50} 46 mg/kg（兔经皮）；562 mg/kg（鼠经口）；LC_{50} 300 mg/m³，1/2小时（大鼠吸入）
28	丙烯酸 Acrylic acid 79-10-7	$C_3H_4O_2$ 72.06	熔点：14℃ 沸点：141℃	1.33kPa (39.9℃)	0.092×10^{-6} (V/V)	无色液体，有刺激性气味，与水混溶，混溶于乙醇、乙醚；相对密度（水=1）1.05；相对密度（空气=1）2.45；爆炸极限 2.0%～8.0%（V/V）；危险特性：其蒸气与空气可形成爆炸性混合物，遇明火、高热能引起燃烧爆炸	毒性：属中等毒类；急性毒性：LD_{50} 2 520 mg/kg（大鼠经口）；LC_{50} 5 300 mg/m³，2小时（小鼠吸入）
29	丙烯酸甲酯 Methyl acrylate 96-33-3	$C_4H_6O_2$ 86.09	熔点：-75℃ 沸点：80.0℃	13.38kPa (28℃)	$0.004\ 9\times10^{-6}$ (V/V)	无色透明液体，有类似大蒜的气味，微溶于水；相对密度（空气=1）2.97；爆炸极限 1.2%～25.0%（V/V）；危险特性：易燃，其蒸气与空气可形成爆炸性混合物。遇明火、高热能引起起燃烧。与氧化剂能发生强烈反应	毒性：属高毒类；急性毒性：LD_{50} 277 mg/kg（大鼠经口）；1 243 mg/kg（兔经皮）；LC_{50} 4 752 mg/m³，4小时（大鼠吸入）

序号	中文名称 英文名称 CAS号	化学式 分子量	熔沸点	饱和蒸气压	嗅阈值	理化性质	毒理毒性
30	丙烯酸乙酯 Ethyl acrylate 140-88-5	C₅H₈O₂ 100.11	熔点：<72℃ 沸点：99.8℃	3.90kPa（20℃）	0.000 47×10⁻⁶（V/V）	无色液体，有辛辣的刺激气味。溶于水、乙醇；相对密度（水=1）0.94；爆炸极限1.4%～14.0%（空气=1）3.45；危险特性：易燃，遇明火、高热及强氧化剂易引起燃烧	毒性：属中等毒类 急性毒性：LD₅₀ 800 mg/kg（大鼠经口）、1 834 mg/kg（兔经皮）；LC₅₀ 8 916 mg/m³，（4小时大鼠吸入）
31	丙烯酸丁酯 Butyl Acrylate 141-32-2	C₇H₁₂O₂ 128.17	熔点：-64.6℃ 沸点：145.7℃	1.33kPa（35.5℃）	0.001 2×10⁻⁶（V/V）	无色透明液体，不溶于水，可混溶于乙醇、乙醚；相对密度（水=1）0.89；相对密度（空气=1）4.42；爆炸极限1.9%～8.0%（V/V）；危险特性：易燃，遇明火、高热或与氧化剂接触，有引起燃烧爆炸的危险	毒性：属中等毒类 急性毒性：LD₅₀ 900 mg/kg（大鼠经口）；LC₅₀ 14 305 mg/m³，4小时（大鼠吸入）
32	丙烯酰胺 Acrylamide 79-06-1	C₃H₅NO 71.08	熔点：84.5℃ 沸点：125℃	0.21kPa（84.5℃）	—	白色结晶固体，无气味，溶于水、乙醇、乙醚、丙酮，不溶于苯；相对密度（水=1）1.12；相对密度（空气=1）2.45；爆炸极限2%～11%（V/V）；危险特性：遇高热、明火或与氧化剂接触，有引起燃烧的危险	毒性：属高毒类 急性毒性：LD₅₀ 150～180 mg/kg（大鼠经口）
33	乙酸乙酯 Ethyl acetate 141-78-6	C₄H₈O₂ 88.10	熔点：-83.6℃ 沸点：77.2℃	13.33kPa（27℃）	270 mg/m³	无色澄清液体，有芳香气味，易挥发，微溶于水，溶于醇、酮、醚、氯仿等多数有机溶剂；相对密度（水=1）0.90；相对密度（空气=1）3.04；爆炸极限2.2%～11.2%（V/V）；危险特性：易燃，其蒸气与空气可形成爆炸性混合物	毒性：属低毒类 急性毒性：LD₅₀ 5 620 mg/kg（兔经口）；LC₅₀ 5 760 mg/m³（大鼠吸入）

序号	中文名称 英文名称 CAS 号	化学式 分子量	熔沸点	饱和蒸气压	嗅阈值	理化性质	毒理毒性
34	乙酸丁酯 Butyl acetate 123-86-4	$C_6H_{12}O_2$ 116.16	熔点：-73.5℃ 沸点：126.1℃	2.00kPa (25℃)	0.016×10⁻⁶ (V/V)	无色透明液体，有果子香味；微溶于水，溶于乙醇、醚等多数有机溶剂；相对密度（空气=1）0.88；相对密度（空气=1）4.1；爆炸极限1.4%~8.0%（V/V）；危险特性：易燃，其蒸气与空气可形成爆炸性混合物。遇明火、高热能引起燃烧爆炸	毒性：属低毒类 急性毒性：LD₅₀13 100 mg/kg（大鼠经口）；LC₅₀9 480 mg/kg（大鼠经口）
35	乙酸乙烯酯 Vinyl acetate 108-05-4	$C_4H_6O_2$ 86.09	熔点：-93.2℃ 沸点：71.8~73℃	13.3kPa (21.5℃)	0.005×10⁻⁶ (V/V)	无色液体，具有甜的醚味，溶于醇、醇，微溶于水，氯仿、苯、丙酮；相对密度（空气=1）0.93；相对密度（空气=1）3.0；爆炸极限2.6%~13.4%（V/V）；危险特性：易燃，其蒸气与空气可形成爆炸性混合物，遇明火、高热能引起燃烧爆炸	毒性：属中等毒类 急性毒性：LD₅₀2 900 mg/kg（大鼠经口）；2 500 mg/kg（兔经皮）；LC₅₀14 080 mg/m³，4小时（大鼠吸入）
36	乙腈 Acetonitrile 75-05-8	C_2H_3N 41.05	熔点：-45.7℃ 沸点：81.1℃	13.33kPa (27℃)	68 mg/m³	无色液体，有刺激性味，沸点81.1℃。与水混溶，溶于醇等多数有机溶剂；相对密度（水=1）0.79；爆炸极限3%~16%（V/V）；危险特性：易燃，其蒸气与空气可形成爆炸性混合物，遇明火、高热有引进燃烧爆炸的危险	毒性：属中等毒类 急性毒性：LD₅₀2 730 mg/kg（大鼠经口）；1 250 mg/kg（兔经皮）；LC₅₀12 663 mg/m³，8小时（大鼠吸入）
37	吡啶 Pyridine 110-86-1	C_5H_5N 79.1	熔点：-42℃ 沸点：115.5℃	1.33 kPa (13.2℃)	0.66×10⁻⁶ (V/V)	无色微黄色液体，有恶臭，溶于水、醇、醚等多数有机溶剂；相对密度（空气=1）2.73；相对密度（水=1）0.98；爆炸极限1.8%~12.4%（V/V）；危险特性：其蒸气与空气可形成爆炸性混合物，遇明火、高热能引起燃烧爆炸。与氧化剂能发生强烈反应	毒性：属中等毒类 急性毒性：LD₅₀1 580 mg/kg（大鼠经口）；1 121 mg/kg（兔经皮）

序号	中文名称 英文名称 CAS号	化学式 分子量	熔沸点	饱和蒸气压	嗅阈值	理化性质	毒理毒性
38	N,N-二甲基甲酰胺 N,N-Dimethylformamide 68-12-2	C₃H₇NO 73.1	熔点：-61℃ 沸点：152.8℃	3.46kPa (60℃)	300×10⁻⁶ (V/V)	无色液体，有微弱的特殊臭味，与水混溶，可混溶于多数有机溶剂；相对密度（水=1）0.94；相对密度（空气=1）2.51；爆炸极限 2.2%～15.2%（V/V）；危险特性：易燃，遇高热、明火或与氧化剂接触，有引起燃烧爆炸的危险	毒性：属高毒类 急性毒性：LD₅₀ 400 mg/kg（大鼠经口）；4 720 mg/kg（兔经皮）；LC₅₀ 9 400 mg/m³，2 小时（小鼠吸入）
39	1,1,2,2-四氯乙烷 acetylene tetrachloride 79-34-5	C₂H₂Cl₄ 167.86	熔点：-43.8℃ 沸点：146.4	1.33kPa (32℃)	—	无色重质液体，有氯仿样的气味；微溶于水，溶于乙醇、乙醚等；相对密度（水=1）1.60；相对密度（空气=1）受高热、高温可燃。危险特性：遇明火、高热可燃。热分解产生有毒的腐蚀性有毒气体。与碱金属能发生剧烈反应	毒性：属中等毒类 急性毒性：LD₅₀ 800 mg/kg（大鼠经口）；LC₅₀ 500 mg/m³，2 小时（小鼠吸入）
40	1,3-二氯丙烯 1,2-Dichloropropane 78-87-5	C₃H₆Cl₂ 112.99	熔点：-80℃ 沸点：96.8℃	5.33kPa (19.4℃)	—	无色液体，有氯仿的气味，不溶于水，溶于多数有机溶剂；相对密度（水=1）1.16；相对密度（空气=1）3.9；爆炸极限 5.3%～14.5%（V/V）；危险特性：其蒸气与空气可形成爆炸性混合物，遇明火、高热能引起燃烧爆炸。与氧化剂能发生强烈反应	毒性：属中等毒类 急性毒性：LD₅₀2 196 mg/kg（大鼠经口）；8 750 mg/kg（兔经皮）；小鼠吸入 4.6g/m³×3～4 小时，致死；小鼠经口 860 mg/kg，致死
41	氯乙醛 Chloroacetaldehyde； 107-20-0	C₂H₃ClO 78.50	熔点：-16.3℃ (40%) 沸点：90～100℃ (40%)	13.3kPa (45℃,40%)	—	40%的水溶液为无色透明的油状液体，有刺激气味；溶于水、乙醇、乙醚、氯仿等多数有机溶剂；相对密度（水=1）1.19 (40%)；危险特性：易燃，遇明火、高热或与氧化剂接触，有引起燃烧爆炸的危险	毒性：属高毒类 急性毒性：LD₅₀50～400 mg/kg（小鼠经口）

序号	中文名称 英文名称 CAS号	化学式 分子量	熔沸点	饱和蒸气压	嗅阈值	理化性质	毒理毒性
42	2-硝基甲苯 2-nitrotoluene 88-72-2	$C_7H_7NO_2$ 137.14	熔点：-4.1℃ 沸点：222.3℃	0.13kPa (50℃)	—	微黄色液体；不溶于水，可混溶于醇、醚；相对密度（水=1）1.16；相对密度（空气=1）4.72；危险特性：易燃，遇明火、高热或与氧化剂接触，有引起燃烧爆炸的危险。受高热分解放出有毒的气体	毒性：属中等毒类；急性毒性：LD_{50} 891 mg/kg（大鼠经口）
43	联苯 Diphenyl 92-52-4	$C_{12}H_{10}$ 154.21	熔点：69.71℃ 沸点：254.25℃	0.66kPa (101.8℃)	—	无色或淡黄色、片状晶体，略带甜臭味；不溶于水，溶于乙醇、乙醚等；相对密度（水=1）1.04；相对密度（空气=1）5.80；爆炸极限0.6%~5.8%(V/V)；危险特性：遇高热，明火或与氧化剂接触，有引起燃烧爆炸的危险	毒性：属低毒类；急性毒性：LD_{50}3.28g/kg（大鼠经口）
44	氯化苄 benzyl chloride 100-44-7	C_7H_7Cl 126.58	熔点：-39.2℃ 沸点：179.4℃	2.93kPa (78℃)	—	无色液体，有不愉快的刺激性气味；不溶于水，可混溶于乙醇、氯仿等多数有机溶剂；相对密度（空气=1）1.10；相对密度（水=1）4.36；爆炸极限1.1%~14%(V/V)；危险特性：遇明火、高热或与氧化剂接触，有引起燃烧爆炸的危险。受高热分解放出有毒的腐蚀性烟气	毒性：属中等毒类；急性毒性：LD_{50} 1 231 mg/kg（大鼠经口）；LC_{50} 778 mg/m³，2 小时（大鼠吸入）
45	硫酸二甲酯 methyl sulfate 77-78-1	$C_2H_6O_4S$ 126.13	熔点：-31.8℃ 沸点：188℃/分解	2.00kPa (76℃)	—	无色或浅黄色透明液体，微带洋葱臭味；微溶于水，溶于乙醇；相对密度（水=1）1.33；相对密度（空气=1）4.35；爆炸极限3.6%~23.3%(V/V)；危险特性：遇热源、明火、氧化剂有燃烧爆炸的危险	毒性：属高毒类；急性毒性：LD_{50} 205 mg/kg（大鼠经口）；LC_{50} 405 mg/m³，4 小时（大鼠吸入）

序号	中文名称 英文名称 CAS号	化学式 分子量	熔沸点	饱和蒸气压	嗅阈值	理化性质	毒理毒性
46	二甲胺 Dimethylamine 124-40-3	C_2H_7N 45.08	熔点：-92.2℃ 沸点：6.9℃	202.65kPa （10℃）	0.033×10^{-6} （V/V）	无色气体，浓时有氨味，稀时有烂鱼味；易溶于水、溶于乙醇、乙醚；相对密度（空气=1）0.68；相对密度（水=1）1.55；爆炸极限2.8%~14.4%（V/V）；易燃，与空气混合能形成爆炸性混合物。与氧化剂接触有燃烧爆炸的危险。遇热源和明火有燃烧爆炸的危险。与氧化剂接触会猛烈反应	毒性：属高毒类 急性毒性：LD₅₀ 316 mg/kg（小鼠经口）；0.698g/kg（大鼠经口）；LC₅₀ 8 354 mg/m³（大鼠吸入）
47	二乙胺 Diethylamine 109-89-7	$C_4H_{11}N$ 73.14	熔点：-38.9℃ 沸点：55.5℃	53.32kPa （38℃）	0.048×10^{-6} （V/V）	无色液体，有氨臭；溶于水、醇、醚；相对密度（水=1）0.71；相对密度（空气=1）2.53；爆炸极限1.8%~10.1%（V/V）；危险特性：其蒸气与空气可形成爆炸性混合物。遇明火、高热及强氧化剂易引起燃烧。有腐蚀性，能腐蚀玻璃	毒性：属中等毒类 急性毒性：LD₅₀ 540 mg/kg（大鼠经口）；820 mg/kg（兔经皮）；LC₅₀ 11 960 mg/m³，4小时（大鼠吸入）
48	三乙胺 Trimethylamine 121-44-8	$C_6H_{15}N$ 101.19	熔点：-114.8℃ 沸点：89.5℃	8.80kPa （20℃）	5.4 mg/m³	无色油状液体，有强烈氨臭；微溶于水、溶于乙醇、乙醚等多数有机溶剂；相对密度（水=1）0.70；相对密度（空气=1）3.48；爆炸极限1.2%~8%（V/V）；危险特性：易燃，其蒸气与空气混合可形成爆炸性混合物。遇高热，明火能引起燃烧爆炸	毒性：属高毒类 急性毒性：LD₅₀ 460 mg/kg（大鼠经口）；570 mg/kg（兔经皮）；LC₅₀ 6 000 mg/m³（大鼠吸入）
49	1,6-己二胺 1,6-Hexylenediamime 124-09-4	$C_6H_{16}N_2$ 116.21	熔点：42℃ 沸点：205℃	2.00kPa （90℃）	—	具有氨味的无色片状结晶；易溶于水、乙醇、乙醚；相对密度（水=1）0.85；爆炸极限0.7%~6.3%（V/V）；危险特性：遇明火、高热或与氧化剂接触，有引起燃烧爆炸的危险。有腐蚀性	毒性：属中等毒类 急性毒性：LD₅₀ 750 mg/kg（大鼠经口）；1 110 mg/kg（兔经皮）；大鼠吸入10g/m³×6小时，1/4死亡

序号	中文名称 英文名称 CAS号	化学式 分子量	熔沸点	饱和蒸气压	嗅阈值	理化性质	毒理毒性
50	4-氯苯胺 p-Chloroaniline 106-47-8	C_6H_6ClN 127.57	熔点：72.5℃ 沸点：232℃	0.13kPa (59.3℃)	—	白色结晶或浅黄色固体；溶于热水、多数有机溶剂；相对密度（水=1）1.43；爆炸极限 2.2%~8.8%（V/V）；危险特性：遇明火、高热或与氧化剂接触，有引起燃烧的危险。受高热分解，产生有毒的氮氧化物和氯化氢气体	毒性：属高毒类 急性毒性：LD_{50} 310 mg/kg（大鼠经口）；360 mg/kg（兔经皮）；人吸入 44 mg/m³，人吸入 22 mg/m³，出现症状
51	邻甲苯胺 2-Toluidine 95-53-4	C_7H_9N 107.15	熔点：−24.4℃ 沸点：199.7℃	0.13kPa (44℃)	—	无色或淡黄色油状液体；微溶于水，溶于乙醇、乙醚、稀酸；相对密度（水=1）1.00；相对密度（空气=1）3.69；危险特性：遇明火、高热或与氧化剂接触，有引起燃烧爆炸的危险。受高热分解放出有毒气体	毒性：属中等毒类 急性毒性：LD_{50} 670 mg/kg（大鼠经口）；3 250 mg/kg（兔经皮）；人吸入 176 mg/m³×60 分钟，严重毒作用
52	甲基肼 Methylhydrazine 60-34-3	CH_6N_2 46.07	熔点：−20.9℃ 沸点：87.8℃	6.61kPa (25℃)	—	无色液体，有氨的气味；溶于水、乙醇、乙醚；相对密度（水=1）0.87；相对密度（空气=1）1.6；爆炸极限 2.5%~98%（V/V）；危险特性：其蒸气与空气形成爆炸性混合物，遇明火、高热极易燃烧爆炸	毒性：属高毒类 急性毒性：LD_{50} 71 mg/kg（大鼠经口）；95 mg/kg（兔经皮）；LC_{50} 34×10⁻⁶（V/V）4 小时（大鼠吸入）
53	1,1-二甲基肼 Dimethyl hydrazine 57-14-7	$C_2H_8N_2$ 60.1	熔点：−58℃ 沸点：63.3℃	20.9kPa (25℃)	—	无色带有氨气气味的液体，具有吸湿性；溶于水、乙醇和乙醚；相对密度（水=1）0.78；相对密度（空气=1）1.94；危险特性：其蒸气与空气形成爆炸性混合物，遇明火、高热极易燃烧爆炸	毒性：属高毒类 急性毒性：LD_{50} 120 mg/kg（大鼠经口）；LC_{50}：252×10⁻⁶（V/V），4 小时（大鼠吸入）；630 mg/m³，4 小时（大鼠吸入）
54	氯乙酰氯 Chloroacetyl chloride 79-40-9	$C_2H_2Cl_2O$ 112.95	熔点：−22.5℃ 沸点：107℃	8.00kPa (41.5℃)	—	无色透明液体，有刺激性气味；可混溶于乙醚，溶于丙酮；相对密度（水=1）1.50；相对密度（空气=1）3.9；危险特性：受热分解遇水分解放出有毒的腐蚀性烟气。具有较强的腐蚀性	毒性：属高毒类 急性毒性：LD_{50} 120 mg/kg（大鼠经口）；LC_{50} 1 000×10⁻⁶（V/V），4 小时（大鼠吸入）

序号	中文名称 英文名称 CAS号	化学式 分子量	熔沸点	饱和蒸气压	嗅阈值	理化性质	毒理毒性
55	二硫化碳 carbon disulfide 75-15-0	CS_2 76.14	熔点：-110.8℃ 沸点：46.5℃	53.32kPa (28℃)	$0.21×10^{-6}$ (V/V)	无色或淡黄色透明液体，有刺激性气味，易挥发；不溶于水，溶于乙醇、乙醚等多数有机溶剂；相对密度（空气=1）2.64；相对密度（水=1）1.26；爆炸极限 2%～32%（V/V）；危险特性：极易燃，其蒸气能与空气形成广阔范围的爆炸性混合物。接触热、火星、火焰或氧化剂易燃烧爆炸。受热分解产生有毒的硫化物烟气	毒性：属中等毒类 急性毒性：LD_{50}3 188 mg/kg（大鼠经口）
56	二甲基硫醚 dimethyl sulfide 75-18-3	C_2H_6S 62.13	熔点：-83.2℃ 沸点：38℃	64.64kPa (25℃)	—	无色液体，有不愉快的气味；不溶于水，溶于乙醇、乙醚等多数有机溶剂；相对密度（水=1）0.85；相对密度（空气=1）2.14；危险特性：其蒸气与空气可形成爆炸性混合物。遇到火，高热极易燃烧爆炸。受高热分解产生有毒的硫化物烟气	毒性：属中等毒类 急性毒性：LD_{50} 535 mg/kg（大鼠经口）；LC_{50} 102 235 mg/m³（大鼠吸入）
57	四氯乙烯 Tetrachloroethylene 127-18-4	C_2Cl_4 165.82	熔点：-22.2℃ 沸点：121.2℃	2.11kPa (20℃)	$0.77×10^{-6}$ (V/V)	无色液体，有氯仿样气味；不溶于水，可混溶于乙醇、乙醚等多数有机溶剂；相对密度（空气=1）5.83；相对密度（水=1）1.63；危险特性：一般不会燃烧，但长时间明火及高温下仍能燃烧。受高温分解产生有毒的腐蚀性气体	毒性：属中等毒类 急性毒性：LD_{50}3 005 mg/kg（大鼠经口）；LC_{50}50 427 mg/m³ 4 小时（大鼠吸入）；人吸入 13.6g/m³，数分钟内轻度麻醉；人吸入 0.7～0.8g/m³
58	六氯乙烷 Hexachloroethane 67-72-1	C_2Cl_6 236.76	熔点：186℃/升华 沸点：186℃/103.6kPa	0.13kPa (32.7℃)	—	无色结晶，有樟脑样气味；溶于乙醇、苯、氯仿、油类等多数有机溶剂；相对密度（水=1）2.09；危险特性：高热时能分解出剧毒的光气	毒性：属中等毒类 急性毒性：LD_{50}4 460 mg/kg（大鼠经口）；大鼠吸入 57 mg/L×8 小时，致死

序号	中文名称 英文名称 CAS 号	化学式 分子量	熔点 沸点	饱和蒸气压	嗅阈值	理化性质	毒理毒性
59	环己烷 Cyclohexane 110-82-7	C_6H_{12} 84.16	熔点: 6.5℃ 沸点: 80.7℃	13.33kPa (60.8℃)	—	无色液体，有刺激性气味；不溶于水，溶于乙醇、乙醚、苯、丙酮等多数有机溶剂；相对密度（水=1）0.78；危险特性：极易燃，其蒸气与空气可形成爆炸性混合物。遇明火、高热极易燃烧爆炸。与氧化剂接触发生强烈反应，甚至引起燃烧	毒性：属低毒类；急性毒性：LD_{50}12 705 mg/kg（大鼠经口），有刺激和麻醉作用
60	甲基环己烷 Methylcyclohexane 108-87-2	C_7H_{14} 98.18	熔点: -126.4℃ 沸点: 100.3℃	5.33kPa (22℃)	$0.15×10^{-6}$ (V/V)	无色液体，不溶于水污染，溶于乙醇、乙醚、苯、石油醚、四氯化碳等；相对密度（水=1）0.79；危险特性：其蒸气与空气可形成爆炸性混合物。遇热源和明火有燃烧爆炸的危险。遇热源和明火有燃烧爆炸的危险。与氧化剂能发生强烈反应，引起燃烧或爆炸	毒性：属中等毒类；急性毒性：LD_{50}2 250 mg/kg（小鼠经口）；LC_{50}41 500 mg/m³, 2小时（小鼠吸入）
61	1,4-二恶烷 1,4-dioxane 123-91-1	$C_4H_8O_2$ 88.11	熔点: 11.8℃ 沸点: 101.3℃	5.33kPa (25.2℃)	—	无色、带有醚味的透明液体；与水混溶，可混溶于多数有机溶剂；相对密度（空气=1）3.03；危险特性：易燃，其蒸气与空气可形成爆炸性混合物，遇明火、高热或与氧化剂接触，有引起燃烧爆炸。与氧化剂能发生强烈反应	毒性：属低毒类；急性毒性：LD_{50}5 170 mg/kg（兔经皮）；7 600 mg/kg（兔经皮）；LC_{50}46 000 mg/m³, 2小时（大鼠吸入）
62	2-硝基丙烷 2-nitropropane 79-46-9	$C_3H_7NO_2$ 89.09	熔点: -91.3℃ 沸点: 120.3℃	1.33kPa (15.8℃)	—	无色液体；微溶于水、溶于乙醇；相对密度（水=1）0.99；爆炸极限 2.2%~11.0%（V/V）；危险特性：易燃，其蒸气与空气可形成爆炸性混合物。强烈震动及受热或遇无机碱类、氧化剂、烃类、胺类及二氯化铝、六甲基苯等均能引起燃烧爆炸	毒性：属中等毒类；急性毒性：LD_{50} 720 mg/kg（大鼠经口）；LC_{50}1 456 mg/m³, 6小时（大鼠吸入）

序号	中文名称 英文名称 CAS号	化学式 分子量	熔沸点	饱和蒸气压	嗅阈值	理化性质	毒理毒性
63	1,1-二氯乙烯 1,1-dichloroethylene 75-35-4	$C_2H_2Cl_2$ 96.94	熔点：−122.6℃ 沸点：31.6℃	65.98kPa (20℃)	—	无色液体，带有不愉快气味；不溶于水；相对密度（水=1）1.21；相对密度（空气=1）3.4；爆炸极限 6.5%~15.0%（V/V）；危险特性：易燃，其蒸气与空气可形成爆炸性混合物。遇明火、高热能引起燃烧爆炸。受高热分解产生有毒的腐蚀性烟气	毒性：属高毒类 急性毒性：LD_{50} 200 mg/kg（大鼠经口）；LC_{50}25 210 mg/m³，4 小时（大鼠吸入）；人吸入<5×10⁻⁶（V/V），肝功能略有影响
64	异丁醇 isobutyric acid 78-83-1	$C_4H_8O_2$ 88.11	熔点：−47℃ 沸点：154.5℃	0.13kPa (14.7℃)	0.011×10⁻⁶ (V/V)	无色液体，有刺激性气味；可混溶乙醇、乙醚、氯仿；相对密度（水=1）0.95；相对密度（空气=1）3.04；爆炸极限 1.7%~10.6%（V/V）；危险特性：易燃，遇明火、高热或与氧化剂接触，有引起燃烧爆炸的危险。具有腐蚀性	毒性：属中等毒类 急性毒性：LD_{50} 400~800 mg/kg（大鼠经口）500 mg/kg（兔经皮）
65	乙二醛 Oxalaldehyde 107-22-2	$C_2H_2O_2$ 58.04	熔点：15℃ 沸点：51℃	29.3kPa (20℃)	—	淡黄色微有臭味的液体；易溶于水、醇、醚；相对密度（水=1）1.14；相对密度（空气=1）2.0；危险特性：具有强还原性。接触空气能引起爆炸。遇水发生强烈聚合反应	毒性：属中等毒类 急性毒性：LD_{50}2 020 mg/kg（大鼠经口）；200 mg/kg（小鼠腹腔）
66	丙醛 Propanal 123-38-6	C_3H_6O 58.08	熔点：−81℃ 沸点：48℃	34.4kPa (20℃)	0.001×10⁻⁶ (V/V)	无色液体，有刺激性臭味；溶于水，可混溶于乙醇、乙醚等多数有机溶剂；相对密度（水=1）0.80；危险特性：易燃，其蒸气与空气可形成爆炸性混合物。遇明火、高热能引起燃烧爆炸。与氧化剂接触会猛烈反应	毒性：属中等毒类 急性毒性：LD_{50}1 410 mg/kg（大鼠经口）；5 040 mg/kg（兔经皮）；LC_{50}21 800 mg/kg，2 小时（小鼠吸入）

序号	中文名称 英文名称 CAS 号	化学式 分子量	熔沸点	饱和蒸气压	嗅阈值	理化性质	毒理毒性
67	正丁醛 Butyraldehyde 123-72-8	C₄H₈O 72.11	熔点：−100℃ 沸点：75.7℃	12.20kPa (20℃)	0.6 mg/m³	无色透明液体，有窒息性气味；微溶于水，相溶于乙醇、乙醚等多数有机溶剂；相对密度（水=1）0.80；爆炸极限 1.5%～12.5%（V/V）；危险特性：易燃，其蒸气与空气可形成爆炸性混合物，遇明火、高热能引起燃烧爆炸。与氧化剂会猛烈反应	毒性：属低毒类 急性毒性：LD₅₀5 900 mg/kg（大鼠经口）；3 560 mg/kg（兔经皮）；LC₅₀ 174 000 mg/kg，1/2 小时（大鼠吸入）
68	异丁醛 Isobutylaldehyde 78-84-2	C₄H₈O 72.11	熔点：−65℃ 沸点：64℃	15.3kPa (20℃)	0.3 mg/m³	无色透明液体，有较强的刺激性气味；微溶于水，溶于乙醇、乙醚、苯、氯仿；相对密度（水=1）0.79；相对密度（空气=1）2.48；爆炸极限 1.6%～10.6%（V/V）；危险特性：其蒸气与空气可形成爆炸性混合物，遇明火、高热极易燃烧爆炸。与氧化剂能发生强烈反应	毒性：属中等毒类 急性毒性：LD₅₀2 810 mg/kg（兔经口）；7 130 mg/kg（兔经皮）；LC₅₀39 500 mg/m³，2 小时（小鼠吸入）
69	苯甲醛 Benaldehyde 100-52-7	C₇H₆O 106.12	熔点：−26℃ 沸点：179℃	0.13kPa (26℃)	—	纯品为无色液体，工业品为无色至淡黄色液体，有苦杏仁气味；微溶于水，可混溶于乙醇、乙醚、苯、氯仿；相对密度（水=1）1.04；相对密度（空气=1）3.66；危险特性：遇高热、明火或与氧化剂接触，有引起燃烧的危险	毒性：属中等毒类 急性毒性：LD₅₀1 300 mg/kg（大鼠经口）
70	乙烯酮 Ethenone 463-51-4	C₂H₂O 42.04	熔点：−151℃ 沸点-56℃	—	—	乙烯酮为无色气体；具有类似氯和乙酸酐的刺激性气味	有毒，吸入后会引起剧烈头痛

序号	中文名称 英文名称 CAS号	化学式 分子量	熔沸点	饱和蒸气压	嗅阈值	理化性质	毒理毒性
71	甲基异丁基甲酮 4-methyl-2-pentanone 108-10-1	$C_6H_{12}O$ 100.16	熔点：-83.5℃ 沸点：115.8℃	2.13kPa (20℃)	0.17 mg/m³	水样透明液体，有令人愉快的酮样香味；相对密度（空气=1）3.45；微溶于水，易溶于多数有机溶剂；爆炸极限1.35%～7.5%（V/V）；危险特性：易燃，其蒸气与空气可形成爆炸性混合物。遇明火、高热，氧化剂有引起燃烧的危险	毒性：属中等毒类 急性毒性：LD₅₀2 080 mg/kg（大鼠经口）；LC₅₀32 720 mg/kg（大鼠吸入）；人吸入 410 mg/m³，头痛、恶心和呼吸道刺激；人吸入 0.82～1.64g/m³，1/2 人有眼鼻刺激感
72	2-丁酮 2-butanone 78-93-3	C_4H_8O 72.11	熔点：-85.9℃ 沸点：79.6℃	9.49kPa (20℃)	0.44×10⁻⁶ (V/V)	无色液体，有似丙酮的气味；溶于水、乙醇、乙醚，可混溶于油类；相对密度（水=1）0.81；相对密度（空气=1）2.42；爆炸极限1.7%～11.4%（V/V）；危险特性：易燃，其蒸气与空气可形成爆炸性混合物。遇明火、高热或与氧化剂接触，有引起燃烧爆炸的危险	毒性：属中等毒类 急性毒性：LD₅₀3 400 mg/kg（大鼠经口）；6 480 mg/kg（兔经皮）；LC₅₀23 520 mg/m³，8 小时（大鼠吸入）
73	环己酮 Cyclohexanone 108-94-1	$C_6H_{10}O$ 98.14	熔点：-45℃ 沸点：115.6℃	1.33kPa (38.7℃)	—	无色或浅黄色透明液体，有强烈的刺激性臭味；微溶于水，可混溶于醇、醚、苯、丙酮等多数有机溶剂；相对密度（空气=1）3.38；危险特性：易燃；相对密度（水=1）0.95；爆炸极限1.1%～9.4%（V/V）；危险特性：易燃，遇高热，明火有引起燃烧的危险。与氧化剂接触有猛烈反应	毒性：属中等毒类 急性毒性：LD₅₀1 535 mg/kg（大鼠经口）；948 mg/kg（兔经皮）；LC₅₀32 080 mg/m³，4 小时（大鼠吸入）
74	甲酸 Formic acid 64-18-6	CH_2O_2 46.03	熔点：8.2℃ 沸点：100.8℃	5.33kPa (24℃)	—	无色透明发烟液体，有强烈刺激性酸味；与水混溶，不溶于烃类，可混溶于醇，相对密度（空气=1）1.59；相对密度（水=1）1.23；爆炸极限18%～57%（V/V）；危险特性：其蒸气与空气能形成爆炸性混合物，遇明火、高热能引起燃烧爆炸	毒性：属中等毒类 急性毒性：LD₅₀1 100 mg/kg（大鼠经口）；LC₅₀15 000 mg/m³，人吸入（大鼠吸入）；15分钟（大鼠吸入），750 mg/m³（15 秒）

序号	中文名称 英文名称 CAS号	化学式 分子量	熔沸点	饱和蒸气压	嗅阈值	理化性质	毒理毒性
75	乙酸 Acetic acid 64-19-7	$C_2H_4O_2$ 60.05	熔点：16.7℃ 沸点：118.1℃	1.52kPa (20℃)	$0.006×10^{-6}$ (V/V)	无色透明液体，有刺激性酸臭；溶于水、醚、甘油，不溶于二硫化碳；相对密度（空气=1）1.05；爆炸极限4%～17%（V/V）；危险特性：其蒸气与空气形成爆炸性混合物，遇明火、高热能引起燃烧爆炸	毒性：属中等毒类 急性毒性：LD_{50}3 530 mg/kg（大鼠经口）；1 060 mg/kg（兔经皮）；LC_{50}5 620×10⁻⁶ (V/V)，1小时（小鼠吸入）
76	三氯乙酸 Trichloroacetic acid 76-03-9	$C_2HCl_3O_2$ 163.40	熔点：57.5℃ 沸点：197.5℃	1.3kPa (51℃)	—	无色结晶，有刺激性气味，易潮解；相对密度（水=1）1.63；溶于水、乙醇、乙醚；相对危险特性：不易燃烧。受高热分解产生有毒的腐蚀性气体。具有较强的腐蚀性	毒性：属中等毒类 急性毒性：LD_{50}3 300 mg/kg；5 640 mg/kg（小鼠经口）
77	乙酸酐 Acetic anhydride 108-24-7	$C_4H_6O_3$ 102.09	熔点：-73.1℃ 沸点：138.6℃	1.33kPa (36℃)	—	无色透明液体，有刺激气味，其蒸气为催泪毒气；溶于苯、乙醇、乙醚；相对密度（水=1）1.08；相对密度（空气=1）3.52；爆炸极限2.0%～10.3%（V/V）；危险特性：其蒸气与空气形成爆炸性混合物，遇高热、明火、高热能引起燃烧爆炸	毒性：属中等毒类 急性毒性：LD_{50}1 780 mg/kg（兔经口）；4 000 mg/kg（鼠经口）；LC_{50}1 000×10⁻⁶ (V/V)，4小时（大鼠吸入）
78	丙酸 Propionic acid 79-09-4	$C_3H_6O_2$ 74.08	熔点：-22℃ 沸点：140.7℃	1.33kPa (39.7℃)	5.7 mg/m³	无色液体，有刺激性气味；与水混溶，可混溶于乙醇、乙醚、氯仿；相对密度（空气=1）2.56；相对密度（水=1）0.99；爆炸极限3.0%～14.9%（V/V）；危险特性：其蒸气与空气形成爆炸性混合物，遇高热、明火能引起燃烧爆炸。与氧化剂能发生强烈反应	毒性：属中等毒类 急性毒性：LD_{50}3 500 mg/kg（大鼠经口）；500 mg/kg（兔经皮）

序号	中文名称 英文名称 CAS号	化学式 分子量	熔沸点	饱和蒸气压	嗅阈值	理化性质	毒理毒性
79	甲基丙烯酸 Methacrylic acid 79-41-4	C₄H₆O₂ 86.09	熔点：15℃ 沸点：161℃	1.33kPa (60.6℃)	—	无色结晶或透明液体，有刺激性气味；溶于水，乙醇、乙醚等多数有机溶剂；相对密度（水=1）1.01；爆炸极限 2.1%～12.5%（V/V）；危险特性：遇明火、高热能引起燃烧爆炸。与氧化剂能发生强烈反应	毒性：属中等毒类 急性毒性：LD₅₀1 600 mg/kg（大鼠经口）；500 mg/kg（兔经皮）
80	乙酸甲酯 methyl acetate 79-20-9	C₃H₆O₂ 74.08	熔点：−98.7℃ 沸点：57.8℃	13.33kPa (9.4℃)	1.7×10⁻⁶ (V/V)	无色透明液体，有香味，可混溶于乙醇、乙醚等多数有机溶剂，微溶于水，相对密度（水=1）0.92；相对密度（空气=1）2.55；爆炸极限 3.1%～16.0%（V/V）；危险特性：易燃，其蒸气与空气可形成爆炸性混合物。遇明火、高热能引起燃烧爆炸	毒性：属低毒类 急性毒性：LD₅₀5 450 mg/kg（大鼠经口）；3 700 mg/kg（兔经口）
81	乙酸异丁酯 isobutyl acetate 110-19-0	C₆H₁₂O₂ 116.16	熔点：−98.9℃ 沸点：118.0℃	1.33kPa (12.8℃)	—	无色液体，有果子香味，可混溶于乙醇、乙醚；相对密度（水=1）0.87；相对密度（空气=1）4.0；爆炸极限 1.7%～9.0%（V/V）；危险特性：易燃，其蒸气与空气可形成爆炸性混合物。遇明火、高热能引起燃烧爆炸。与氧化剂能发生强烈反应	毒性：属低毒类 急性毒性：LD₅₀15 400 mg/kg（大鼠经口）；4 763 mg/kg（兔经皮）
82	异丙苯 Isopropylbenzene 98-82-8	C₉H₁₂ 120.19	熔点：−96.0℃ 沸点：152.4℃	2.48kPa (50℃)	—	无色液体，有特殊芳香气味；相对密度（水=1）0.86；相对密度（空气=1）4.1；不溶于水，可混溶于乙醇、乙醚、四氯化碳等多数有机溶剂；爆炸极限 0.88%～6.5%（V/V）；危险特性：易燃，遇明火、高热或与氧化剂接触，有引起燃烧爆炸的危险	毒性：属中等毒类 急性毒性：LD₅₀1 400 mg/kg（兔经口）；12 300 mg/kg（兔经皮）；LC₅₀24 700 mg/m³，2 小时（小鼠吸入）
83	苯甲酰氯	C₇H₅ClO	熔点：−0.5℃	0.13kPa	—	无色发烟液体；相对密度（水=1）1.22；	毒性：属中等毒类

序号	中文名称 英文名称 CAS 号	化学式 分子量	熔沸点	饱和蒸气压	嗅阈值	理化性质	毒理毒性
	Benzoyl chloride 98-88-4	140.57	沸点: 197℃	(32.1℃)		相对密度（空气=1）4.88；溶于乙醚、二硫化碳；爆炸极限 2.5%～27% (V/V)；危险特性：遇明火、高热可燃。与强氧化剂可发生反应。遇水反应发热放出有毒的腐蚀性气体	急性毒性：LC₅₀1 870 mg/m³，2 小时（大鼠吸入）
84	苯磺酰氯 Benzenesulfonyl chloride 98-09-9	C₆H₅ClO₂S 176.62	熔点: 14.5℃ 沸点: 251℃/ 分解	1.33kPa (120℃)	—	无色透明油状液体；相对密度（水=1）1.38；不溶于水、溶于乙醚，易溶于乙醇、苯；危险特性：遇明火、高热易燃。与强氧化剂可发生反应。受高热分解发生有毒的腐蚀性气体	毒性：属中等毒类 急性毒性：LD₅₀1 960 mg/kg（大鼠经口）
85	乙醇胺 2-Aminoethanol 141-43-5	C₂H₇NO 61.08	熔点: 10.5℃ 沸点: 170.5℃	0.80kPa (60℃)	—	无色粘稠的气味；相对密度（空气=1）2.11；与水混溶、氯溶于乙醚，可混溶于四氯化碳、氯仿；危险特性：遇高热、明火或与氧化剂接触，有引起燃烧的危险。与硫酸、硝酸、盐酸等强酸发生剧烈反应	毒性：属中等毒类 急性毒性：LD₅₀2 050 mg/kg（大鼠经口）；1 000 mg/kg（兔经皮）；LC₅₀2 120 mg/m³，4 小时（大鼠吸入）
86	二甲基亚砜 Dimethyl sulfoxide 67-68-5	C₂H₆OS 78.13	熔点: 18.4℃ 沸点: 189℃	0.05kPa (20℃)	—	无色粘稠液体、几乎无臭、带有苦味；相对密度（水=1）1.02；与水、乙醇、丙酮、乙醛、乙醚、吡啶、乙酸乙酯二甲酸二丁酯、苯二甲酸丁酯、不溶于乙炔以外的脂肪族烃类化合物；爆炸极限 2.6%～28.5% (V/V)	毒性：属低毒类 急性毒性：LD₅₀: 9 700～28 300 mg/kg（大鼠经口）16 500～24 000 mg/kg（小鼠经口）
87	1,2,3-三氯丙烷 1,2,3-trichloropropane 96-18-4	C₃H₅Cl₃ 147.44	熔点: −14.7℃ 沸点: 156.2℃	1.33kPa (46℃)	—	无色液体（空气=1）1.39；相对密度（水=1）5.0；微溶于水、溶于油类；危险特性：与强氧化剂接触可发生化学反应。受热易分解、燃烧时产生有毒的氯化物气体	毒性：属高毒类 急性毒性：LD₅₀ 320 mg/kg（兔经口）1 770 mg/kg（兔经皮）；LC₅₀3 400 mg/m³，2 小时（小鼠吸入）

序号	中文名称 英文名称 CAS号	化学式 分子量	熔点 沸点	饱和蒸气压	嗅阈值	理化性质	毒理毒性
88	环己醇 Cyclohexanol 108-93-0	$C_6H_{12}O$ 100.16	熔点：20~22℃ 沸点：160.9℃	0.13kPa （21℃）	—	无色、有樟脑气味、晶体或液体；相对密度（水=1）0.96；相对密度（空气=1）3.45；微溶于水，可混溶于乙醇、苯、乙酸乙酯、二硫化碳、油类等；爆炸极限1.52%~11.1%（V/V）；危险特性：遇高热、明火或与氧化剂接触，有引起燃烧的危险	毒性：属低毒类；急性毒性：LD_{50}2.06g/kg（大鼠经口）；0.27g/kg（小鼠静脉）
89	2-甲氧基乙醇 2-methoxyethanol 109-86-4	$C_3H_8O_2$ 76.09	熔点：-86.5℃ 沸点：124.5℃	0.83kPa （20℃）	—	无色液体，略有气味；相对密度（水=1）0.97；相对密度（空气=1）2.62；与水混溶，可混溶于乙醇、酮、烃类；危险特性：易燃，遇高热、明火或与氧化剂接触，有引起燃烧的危险	毒性：属中等毒类；急性毒性：LD_{50}2 460 mg/kg（大鼠经口）；2 000 mg/kg（兔经皮）；LC_{50}4 665 mg/m³，7小时（大鼠吸入）
90	异丙醇 2-propanol 67-63-0	C_3H_8O 60.10	熔点：-88.5℃ 沸点：80.3℃	4.40kPa （20℃）	$26×10^{-6}$ （V/V）	无色透明液体，有似乙醇和丙酮混合物的气味；相对密度（水=1）0.79；相对密度（空气=1）2.07；溶于水、醇醚、苯、氯仿等多数有机溶剂；爆炸极限2.0%~12.7%（V/V）；危险特性：易燃，其蒸气与空气可形成爆炸性混合物。遇明火、高热能引起燃烧爆炸。与氧化剂接触会猛烈反应	毒性：属低毒类；急性毒性：LD_{50}5 045 mg/kg（大鼠经口）；12 800 mg/kg（兔经皮）；人吸入 980 mg/m³×3~5分钟，眼鼻黏膜轻度刺激
91	1,4-丁二醇 Tetramethylene glycol 110-63-4	$C_4H_{10}O_2$ 90.12	熔点：20.2℃ 沸点：228℃	1.33kPa （120℃）	—	无色黏稠油状液体，有吸湿性，气味苦，入口则略有甜味；相对密度1.0171（20/4℃）；能与水混溶，溶于甲醇、乙醇、丙酮，微溶于乙醚；爆炸极限2.4%~15.3%（V/V）	毒性：属中等毒类；急性毒性：LD_{50}1 525 mg/kg（大鼠经口）

序号	中文名称 英文名称 CAS号	化学式 分子量	熔沸点	饱和蒸气压	嗅阈值	理化性质	毒理毒性
92	异佛尔酮 Isophorone 78-59-1	$C_9H_{14}O$ 138.23	熔点：-8.1℃ 沸点：215.2℃	0.133kPa（38℃）	—	水白色液体，带有薄荷香味，相对密度（水=1）0.923 0；溶于水，易溶于多数有机溶剂；爆炸极限0.84%～38%（V/V）；危险特性：与空气混合能形成爆炸性混合物，遇明火、高热能燃烧爆炸，与氧化剂接触，有引起燃烧爆炸的危险	毒性：属中等毒类 急性毒性：LD_{50} 2 330 mg/kg（大鼠经口）；2 000 mg/kg（小鼠经口）；1 500 mg/kg（兔经皮）；人吸入228 mg/m³×1小时眼鼻黏膜受损
93	甲酸甲酯 methyl formate 107-31-3	$C_2H_4O_2$ 60.05	熔点：-99.8℃ 沸点：32.0℃	53.32kPa（16℃）	—	无色液体，有芳香气味；溶于水、乙醚、乙醇、甲醇；相对密度（空气=1）2.07；爆炸极限5.9%～20%（V/V）；危险特性：极易燃，其蒸气与空气可形成爆炸性混合物。遇明火、高热易燃烧爆炸与氧化剂接触，有引起燃烧爆炸的危险	毒性：属中等毒类 急性毒性：LD_{50} 1 622 mg/kg（兔经口）
94	乙醚 ethyl ether 60-29-7	$C_4H_{10}O$ 74.12	熔点：-116.2℃ 沸点：34.6℃	58.92kPa（20℃）	—	无色透明液体，有芳香气味，极易挥发；微溶于水，溶于乙醇、苯、氯仿等多数有机溶剂；相对密度（水=1）0.71；爆炸极限1.9%～48%（V/V）；危险特性：其蒸气与空气可形成爆炸性混合物。遇明火、高热极易燃烧爆炸。与氧化剂能发生强烈反应。在空气中久置后能生成具有爆炸性的过氧化物	毒性：属中等毒类 急性毒性：LD_{50}1 215 mg/kg（大鼠经口）；LC_{50} 221 190 mg/m³，人吸入2小时（大鼠吸入）人吸入200×10⁻⁶（V/V）
95	四氢呋喃 Tetrahydrofuran 109-99-9	C_4H_8O 72.11	熔点：-108.5℃ 沸点：65.4℃	15.20kPa（15℃）	—	无色易挥发液体，有类似乙醚的气味；相对密度（水=1）0.89；相对密度（空气=1）2.5；溶于水、乙醇、乙醚、丙酮、苯等多数有机溶剂；爆炸极限1.5%～12.4%（V/V）；危险特性：其蒸气与空气可形成爆炸性混合物。遇明火、高热及强氧化剂易引起燃烧	毒性：属中等毒类 急性毒性：LD_{50}2 816 mg/kg（大鼠经口）；LC_{50}61 740 mg/m³，3 小时（大鼠吸入）；人经口50 mg/kg最小致死浓度

附录五：常见 VOCs 控制技术应用案例

1 蓄热式热氧化炉处理农药行业挥发性有机废气工程实例

江苏盐城某农药企业主要生产氟环唑，氰氟草酯、吡氟草胺、二噻农、咪酰胺、烯酰吗啉、除草定、抗倒酯等产品。在正常生产过程中，各类反应釜、精馏塔、真空泵、离心机和离心母液收集槽、干燥机、原料及产品储罐等设备均会产生废气，废气中主要含有甲醇、异丙醇、甲苯、二甲苯、丙酮、苯酚、二乙胺、三乙胺、氯化亚砜、乙酸、二氯乙烷、石油醚、正丁醇、二甲基亚砜等挥发性有机物和少量 NO_x、SO_2、HCl、HBr、Br_2、Cl_2 等无机污染物。企业原有废气治理手段包括冷凝、水洗、碱洗、次氯酸钠吸收、活性炭吸附等。根据现场实地调查，该企业废气收集处理主要存在以下问题：①冷凝法可大量回收有机物料，水洗和碱洗对无机污染物具有一定效果，但对绝大多数 VOCs 效果欠佳；②次氯酸钠吸收在一定程度上可去除具有还原性的 VOCs，但存在二次污染问题；③现有活性炭吸附净化装置无脱附再生系统，极易饱和，仅采用活性炭吸附难以确保达标排放，同时又可产生大量废活性炭等二次污染物。结合该农药公司实际情况，提出采用 RTO 净化工艺处理含 VOCs 废气。

1.1 工艺流程

三床式 RTO（蓄热式氧化炉）处理该农药企业 VOCs 工艺流程如图 1 所示，车间产生的含 VOCs 废气经预处理后由前送风机送至前两级水洗塔，除去无机废气和少量水溶性有机废气，同时起到除尘和降温作用，以减轻 RTO 处理负荷；接着经气水分离器，除去水洗塔带入的水分，避免安全事故；然后废气经主风机送至 RTO 进行高温焚烧处理；焚烧后的废气通过混合箱、水冷却塔、后碱洗塔，经降温和除去焚烧产生的酸性气体，经排气筒达标排放。

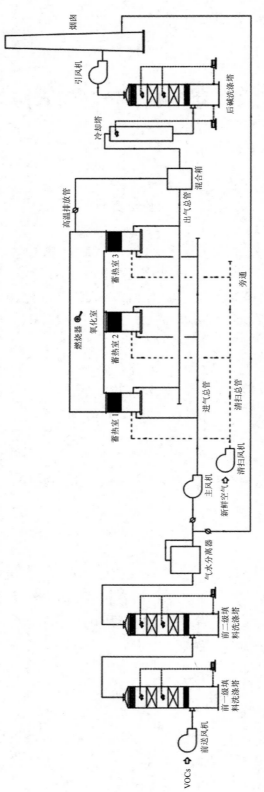

图 1 RTO 处理 VOCs 工艺流程

1.2　设计要点

（1）设计参数

根据企业已有的废气收集系统，实测废气流量为 Q=8 000 m³/h，排气温度为 30℃，考虑处理系统留有 20%的操作余量，确定进入 RTO 装置的废气处理能力 Q=10 000 m³/h。其余设计参数见表 1。

表 1　RTO 主要设计参数

序号	项目	设计参数
1	设计废气量	10 000 m³/h
	RTO 允许运行最大废气量	12 000 m³/h
	RTO 允许运行最小废气量	5 000 m³/h
2	氧化温度	820℃
3	停留时间	≥1.0s
4	废气净化后排放温度（平均）	～100℃（随 VOCs 浓度波动而波动）
5	系统压降	～5 000 Pa
6	装机功率（含控制用电）	50 kW
7	正常运行实际电耗	～35 kW
8	燃烧器输出功率	25 万大卡/小时
9	公用设施参数	
	（1）电	3 相、380V、50Hz，装机功率约 50kW
	（2）燃料	轻柴油
	（3）碱液	5%～30%NaOH

（2）防火间距

《建筑设计防火规范》（GB 50016—2014）明确提出了厂房、仓库、储罐以及可燃材料堆场与明火或散发火花地点（RTO 焚烧炉）的最小防火间距，即 RTO 焚烧炉与甲、乙类厂房的防火间距不宜小于 30 m，与甲类仓库的防火间距至少为 25 m，与甲乙丙类液体储罐的防火间距至少为 25 m，与湿式可燃气体储罐的防火间距至少为 20 m，与湿式氧气储罐的防火间距至少为 25 m，与可燃材料堆场的防火间距至少为 12.5 m。本项目 RTO 焚烧炉选址处与甲类厂房的防火距离为 35 m，满足 GB 50016—2014 要求。

（3）选材原则

该农药企业废气中含卤素、氮、硫等元素，这类有机物经高温焚烧后产生卤化氢等酸性气体，对 RTO 炉体造成严重腐蚀，从而影响设备正常运行，因此，RTO 选材必须考虑防腐问题。本系统为减缓 RTO 及辅助设备腐蚀，在选材方面做了以下工作：①蓄热室炉栅采用 316L 不锈钢；②RTO 壳体内壁涂耐温防腐浇注材料（如耐酸胶注料）；③混合箱、水冷却塔、后碱洗塔等配套设备也采用 316L 不锈钢，送风机和主风机采用防腐防爆型风机。

（4）蓄热陶瓷体

陶瓷蓄热体起到气流定期转换过程中的吸热放热功能，使 RTO 进出口废气的平均温差控制在 30～100℃，换热效率大于 95%，减少 RTO 的能源消耗以降低运行费用。本项目陶瓷蓄热体采用 LANTEC MLM180 专利产品，其特点在于比表面积大 680 m^2/m^3，阻力小，热容量大 0.22BTU/lb℉（2.326J/kg℉）1℉（华氏度），耐温高可达 1 200℃，耐酸度 99.5%，吸水率小于 0.5%，压碎力大于 4kgf/cm^2（1kgf=9.8N），热胀冷缩系数小，为 $4.7×10^{-8}$/℃，抗裂性能好，寿命长。

（5）切换阀

切换阀是蓄热陶瓷体实现蓄热、燃烧与吹扫功能的关键部件之一，因废气中含有腐蚀性介质和粉尘颗粒，切换阀的频繁动作会造成腐蚀和磨损，进而出现阀门密封不严、动作速度慢等问题，导致排气出现瞬间浓度超标现象，极大影响了净化效果，如何解决高温条件下旋转灵活和密封的矛盾至关重要。为此本系统中所有切换阀全部采用进口优质气动蝶阀，选用的切换阀精度高，泄漏量小（≤1%），寿命长（可达 100 万次），启闭迅速（≤1s），运行可靠。

（6）燃烧器

燃烧器的主要目的是确保燃料在低氧环境中燃烧，避免形成局部高温或燃烧不充分，这就需要考虑到燃料与气体间的扩散、与炉内废气的混合以及射流的角度及深度等因素，然后根据实际的工艺需求选择最合适的燃烧器，否则会直接影响 RTO 的焚烧效果。本系统选用美国 NA5 424-5（20×104kcal/h）（1 kcal=4.184 J）燃油比例调节式燃烧器，其特点是可进行连续比例调节（调节范围 10∶1），高压点火，可适应多种情况。

（7）控制系统

采用 DCS 系统对 RTO 进行自动控制，配计算机对整个系统运行工况进行实时监控。DCS 系统主要包括燃爆检控系统、炉膛温控系统和负压控制系统。

①燃爆检控系统：本系统在前级水洗塔和 RTO 焚烧炉之间相应位置废气总管上设置 VOCs 可燃气体在线检测仪，用于测定废气的 VOCs 可燃气体的浓度，给 RTO 前的阀门留有足够的切换时间，确保进入 RTO 的 VOCs 可燃气体浓度小于混合气体爆炸下限的 25%。

②炉膛温控系统：当炉膛温度超过上限温度 920℃时，本系统将自动打开新风阀；当炉膛温度超过上限温度 970℃时，本系统将自动打开超温排放阀；当炉膛温度超过上上限温度 1 050℃时，本系统将自动报警并自动停机，同时打开旁通排放阀。

③负压控制系统：本系统在前级水洗塔和 RTO 焚烧炉之间相应位置废气总管设置压力传感器，负压控制送风风机变频器，来控制调节送风机风量；由炉膛的压力传感器负压控制排风机变频器，来控制调节排风机风量。

（8）二噁英防治

基于二噁英产生机理，本系统做了以下工作：①对反应釜、真空泵等设备产生含二氯乙烷废气的加强冷凝回收；②将含二氯乙烷废气单独收集后采用活性炭吸附-蒸气脱附回收；③在尽量减少含二氯乙烷废气进入 RTO 情况下，对蓄热室尺寸进行合理设计，缩短燃烧后的高温废气极冷时间，确保废气在中温区（300～500℃）停留时间小于 2s，从而减少二噁英的产生。

1.3 运行效果

RTO 处理该农药企业 VOCs 已稳定运行两年，委托第三方检测机构对 RTO 装置进出口尾气进行了取样监测，结果如表 2。由表 2 可知，甲苯和非甲烷总烃排放限值满足 GB 16297—1996 中表 2 二级标准，二氯乙烷排放限值满足 USEPA 和 GB/T 3840—1991 计算值。因尾气中含有二氯乙烷，故对 RTO 出口的二噁英进行了监测，结果表明，二噁英浓度为 0.011ngTEQ/m³，远低于 GB 18485—2014 中二噁英的浓度标准限值 0.1ngTEQ/m³。

表 2　监测结果（*n*=3）

检测因子	RTO 装置进口		RTO 装置出口		去除率/%	排放限值	
	浓度/（mg/m³）	速率/（kg/h）	浓度/（mg/m³）	速率/（kg/h）		浓度/（mg/m³）	速率/（kg/h）
二氯乙烷	75.1～119	0.60～0.95	8.52～25.60	0.07～0.20	73.55～88.66	30	0.92
甲苯	308～657	2.46～5.26	11.80～19.00	0.09～0.15	96.17～97.11	40	11.6
非甲烷总烃	236～355	1.89～2.84	31.80～78.90	0.25～0.63	77.77～78.90	120	35
TVOC	283～349	2.26～2.79	6.32～32.00	0.05～0.26	90.83～97.77	—	—
二噁英	0.011ngTEQ/m³					0.1 ngTEQ/m³	

注：RTO 装置进出口标态废气量 8 000 m³/h，排气筒高度 *H*=25 m；甲苯和非甲烷总烃排放值执行《大气污染物综合排放标准》（GB 16297—1996）表 2 二级标准；二氯乙烷排放浓度根据 USEPA 工业环境实验室计算，排放速率限值根据《制定地方大气污染物排放标准的技术方法》（GB/T 3840—1991）计算；二噁英排放限值执行《生活垃圾焚烧污染控制标准》（GB 18485—2014）。

1.4 经济分析

（1）RTO 系统（包括炉体、前后喷淋吸收塔、防腐风机等）总投资共计 150 万元。

（2）RTO 系统总装机功率 50kW，按 70%运行效率计算运行功率 35kW，按 0.75 元/kW·h（峰谷电平均价）计算，电费为 630 元/d。

（3）系统正常运行后，轻柴油平均用量为 6kg/h，按 6.5 元/kg 轻柴油价格计算，轻柴油费用为 936 元/d。

（4）消耗 30%的液碱约 100kg/d，按 1 000 元/t 的液碱价格，液碱费用为 100 元/d。

按年运行 300 天计，不计设备折旧、资金利息、维修费用等，RTO 系统总运行费用约为 49.98 万元/a。

2   活性炭纤维吸附-蒸气脱附回收甲苯工程实例

江苏南通某医药中间体企业主要生产 7ADCA，其生产工艺包括过氧乙酸合成、BSU 合成、扩环、酶裂解以及甲苯精馏等辅助工序，使用原辅料有冰乙酸、过氧乙酸、硅醚、尿素、糖精、青霉素亚砜、氨水、硫酸等，使用的有机溶剂为甲苯和二氯甲烷，该企业原有含甲苯废气收集和处理情况见表 3。根据现场实地调查，该企业含甲苯废气收集处理主要存在以下问题：①BSU 合成釜废气主要污染物质包括甲苯、NH_3 等，现有净化工艺对甲苯净化效果差；②扩环釜废气主要污染物质包括甲苯、NH_3 等，现有冷凝工艺无法实现甲苯达标排放，并且现有活性炭吸附净化装置无脱附再生系统，极易饱和，效果较差；③精馏车间中甲苯精馏不凝气经过玻璃冷凝器直接放空，造成资源严重浪费。结合该医药中间体公司甲苯的年消耗量，提出采用"活性炭吸附-蒸气脱附+冷凝法"回收甲苯有机溶剂。

表 3   含甲苯废气收集和处理情况

工艺阶段	设备	数量	主要废气污染物	现有处理工艺
BSU 合成	BSU 合成釜	20	甲苯、NH_3、BSU 等	一级循环水冷凝+两级冷冻盐水冷凝+两级水吸收处理后排放
扩环	扩环釜	24	NH_3、甲苯、青霉素亚砜等	进卧式循环水冷凝器
	卧式循环水冷凝器	24	NH_3、甲苯、BSU、青霉素亚砜等	进冷冻冷凝器
	冷冻冷凝器	4	NH_3、甲苯、BSU、青霉素亚砜等	一级活性炭吸附装置处理后经 DN150 排气筒排放
	甲苯回收槽	1	甲苯等	一级活性炭吸附装置处理后经 DN150 排气筒排放
	水环泵 1#	3	甲苯、BSU、青霉素亚砜等	经一级冷冻盐水冷凝+一级活性炭吸附装置处理后经 DN150 排气筒排放
	水冲泵 2#	2	甲苯、BSU、青霉素亚砜等	经一级冷冻盐水冷凝+一级活性炭吸附装置处理后经 DN150 排气筒排放
	水冲泵 3#	5	甲苯、BSU、青霉素亚砜等	经一级冷冻盐水冷凝+一级活性炭吸附装置处理后经 DN150 排气筒排放
甲苯精馏	精馏釜	6	甲苯	一级常温水冷凝后直接放空

2.1   吸附装置工艺程序

该工艺所采用的处理装置采用 3 个组合型吸附器为主体的吸附回收系统，吸附-脱附-再生工序均在吸附器内完成。其他系统还包括蒸气脱附系统、冷凝回收系统、干燥系统和自动控制系统。

图 2 所示，活性炭纤维有机废气回收装置由三个吸附器组成共同组成一个管路系统，当吸附器 A 吸附时，吸附器 B 解吸，吸附器 C 再生，各吸附器吸附-解吸-再生依次进行。

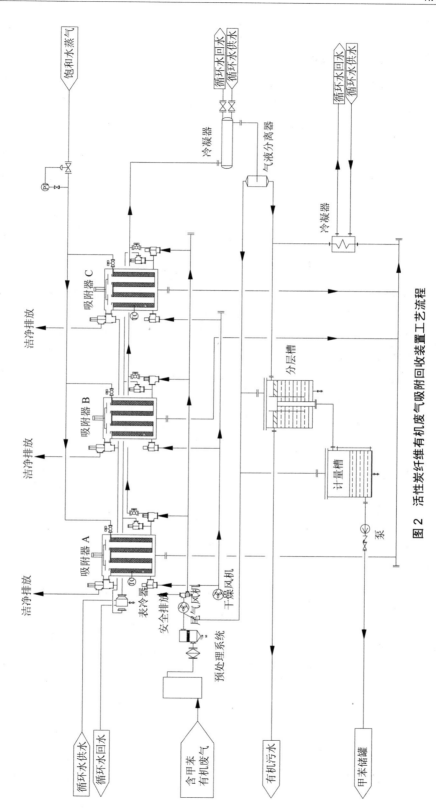

图 2　活性炭纤维有机废气吸附回收装置工艺流程

有机废气一般从底部进入吸附器，其中有机物被活性炭纤维毡吸附下来，净化后的尾气由吸附器顶部排出。脱附蒸气由吸附器顶部进入，穿过活性炭纤维毡，将被吸附的有机物脱附下来并带入冷凝器，有机物和水蒸气被冷凝下来流入分层槽，通过重力沉降作用进行分离。分离出的有机相排入计量槽而后转入有机溶剂储罐，分离出的水相作为污水排放至厂方化学污水系统集中处理后排放。整个工艺过程通过 DCS 程序自动控制，交替进行吸附、解吸、干燥工艺过程。

2.2　系统运行参数和安全保障

（1）系统运行参数

①废气成分及处理要求：该废气中含有甲苯、微量青霉素亚砜、氨气，其中甲苯排放浓度约为 5 000 mg/m³，废气流量为 3 600 m³/h，排气温度为 50℃。

②处理气量确定：根据甲苯性质、废气流量及浓度，考虑处理系统留有 10%的操作余量，确定进入吸附装置的实际废气处理能力 Q =4 000 m³/h。

③系统阻力：系统阻力包括管路系统和吸附器本身的阻力，根据计算和实际经验，确定整个系统的阻力为 3 500Pa。

④空塔气速：根据《吸附法工业有机废气治理工程技术规范》（HJ 2026—2013）中要求"固定床吸附装置吸附层（活性炭纤维）的气速宜小于 0.15 m/s"，依此本设计确定空塔气速为 0.15 m/s。

⑤吸附温度：35℃。

⑥脱附温度：110℃。

（2）吸附装置安全保障

根据《大气污染治理工程技术导则》（HJ 2000—2010）、《吸附法工业有机废气治理工程技术规范》（HJ 2026—2013）等相关技术规范，为了使吸附系统能有效而安全地操作，需注意以下问题：

①考虑含甲苯废气的爆炸极限。甲苯的爆炸极限为 1.2%～7.0%。因此，本设计规定进入废气处理装置的甲苯体积分数为 0.6%，对应的甲苯浓度为 7 767 mg/m³。

②切实确保系统的密封性。吸附、解吸和回收。由于整个系统始终处于频繁切换之中，因此设计上选用特殊结构的密封垫以保证系统有良好的密封，或将正压送风调整为负压抽风，将整个系统气体泄漏降至最低限度，确保设备安全运行。

③控制系统的自动化。本系统吸附-脱附-再生工序设计为 DCS 系统自动控制，当出现运行故障时，程序自动报警并转入待机状态，有机废气通过三通放空阀紧急排放，不影响正常生产。

④系统温度的控制。吸附过程是一个放热过程，在连续吸附操作进行时，床层温度会

持续升高，导致吸附效率下降，同时给系统的安全运行带来隐患。系统采用了床层温度报警装置，当温度超过设定值时，系统会自动报警并自动切换到安全位置；同时启动降温装置，保证系统正常安全运行。具体设计规定：

a. 温度高位报警：当吸附器在实行吸附操作时，其最大温度不得超过 60℃（甲苯的沸点约为 110℃），若温度≥60℃时，应予报警。

b. 温度高位报警连锁控制：当冷却器出口甲苯温度超过 60℃时报警，同时信号送入 DCS，DCS 发出指令关闭蒸气阀门。

2.3　装置运行情况

活性炭纤维甲苯吸附回收装置已安装正式投入 1 年，运行稳定，甲苯回收率高，回收的甲苯可直接回用于生产系统。对该厂吸附装置进出口尾气进行了连续分析，结果如表4。由表 4 可知，采用活性炭纤维装置回收尾气中的甲苯的回收率很高，绝大多数情况下稳定在 97%，但尾气中甲苯排放浓度不符合《大气污染物综合排放标准》（GB 16297—1996）表 2 中二级标准，故这股尾气应进一步采取治理措施以使其达标排放。

表 4　含甲苯废气收集和处理情况

检测编号	废气流量/（m³/h）	吸附装置进口处		吸附装置出口处		回收率/%	排放限值	
		浓度/（mg/m³）	速率/（kg/h）	浓度/（mg/m³）	速率/（kg/h）		浓度/（mg/m³）	速率/（kg/h）
1#	3 657	$5.34×10^3$	19.53	159	0.58	97.02	40	3.1
2#	3 728	$5.38×10^3$	20.06	101	0.38	98.12		
3#	3 844	$5.94×10^3$	22.83	81.4	0.31	98.63		
平均值	3 743±94	5 553±335	20.81±1.78	113.8±40.4	0.42±0.14	97.92±0.82		

注：甲苯排放限值参照《大气污染物综合排放标准》（GB 16297—1996）表 2 二级标准，其中排气筒高度取 15 m。

2.4　经济分析

（1）每年回收甲苯的价值

根据运行情况分析，该精细化工企业此套装置尾气排放量为 3 743 m³/h，按每年运行时间 7 920h、尾气中甲苯平均浓度由 5 553 mg/m³ 降至 114 mg/m³，若按此计算，每年可回收甲苯 161t。甲苯价格按 6 000 元/t 计（近年来平均价格），则每年回收甲苯价值为：161×6 000=96.6 万元。

（2）设备投资共计 100 万元。

（3）年运行费用。

电费：8kW×7 920h×0.45 元/（kW·h）≈2.8 万元。

蒸气费用：161×2×200 元/t≈6.5 万元

冷却水、仪表运行费用约 5 万元。

设备折旧、资金利息、维修费用约 15 万元。

合计：2.8+6.5+5+15=29.3 万元。

（4）年净增效益：96.6–29.3=67.3 万元。

（5）投资回收期：1.5 年。

3 低温等离子体处理食用香精生产废气治理工程实例

江苏句容某香精香料生产企业主要从事液体香精、粉末香精和膏体香精的复配，生产过程均为物理搅拌，无化学反应，使用的原辅材料主要有各种香料、食用酒精、丙二醇、色拉油、麦芽糊、玉米淀粉等。香精生产企业生产的品种繁多，因此废气成分复杂多变，但是主要代表性物质均为酯、醛、烯烃和酮，部分香精生产过程可能排放含硫醚、硫醇等刺激性臭味物质。根据现场实地调查，该企业主要废气来源和排放特点见表 5。

表 5 废气产污环节及排放特点

来源	生产设备	污染物	排放特点
溶解混合	溶解桶反应釜	溶剂、香料	间歇无组织排放源强不稳定
溶剂冷凝回收	冷凝器	低沸点溶剂	连续无组织排放气量小、浓度高
搅拌剪切	搅拌桶反应釜	溶剂、香料	连续无组织排放源强不稳定
转料包装	—	溶剂、香料	面源无组织排放
烘干	干燥机	粉尘、溶剂、香料	有组织排放

3.1 废气治理现状及存在问题

企业现有两个生产车间，一车间生产甜味液体香精，二车间生产咸味香精（液体、粉末、膏体）和甜味粉末香精。

生产的废气主要包括无组织废气和有组织废气。无组织废气主要来自敞口生产设备以及人工转料和包装过程，该部分废气均为间歇性排放，且污染物浓度波动较大，收集处理难度较大；有组织废气来自二车间的粉末香精干燥过程。各车间废气收集处理现状见表 6。

表6　废气收集处理现状

车间名称	设备名称	数量	废气收集处理现状
一车间	化料槽	1	抽风机收集后车间外排放
	反应釜	32	无组织排放
	搅拌桶	8	无组织排放
	称重台	1	无组织排放
	包装台	1	无组织排放
二车间	反应釜	4	水冷后车间放空
	反应釜	14	无组织排放
	搅拌桶	4	无组织排放
	水环泵	1	无组织排放
	咸味喷粉干燥机	2	文丘里除尘后排放
	咸味微波干燥机	1	楼顶排放
	甜味喷粉干燥机	3	文丘里除尘+布袋除尘+水吸收+活性炭吸附后排放

由于生产过程无化学反应，废气以香精香料自身气味为主，因此所排放废气中有机物含量较低，但异味较大且吸附性强。调查发现，二车间生产区域的异味较一车间更重。现场对车间各区域换风系统和干燥机排气口的臭气浓度、TVOC、排气量进行了检测，结果见表7。

表7　排口臭气浓度、TVOC检测值

车间名称	废气来源	臭气浓度（无量纲）	TVOC浓度/[$\times 10^{-6}$（V/V）]
一车间	小料配制区换风	1 233	6.2
	乳化区换风	507	11.1
二车间	咸味清洗区换风	1 379	45
	咸味粉末区换风	1 731	2.8
	咸味液体膏体区换风	1 025	15
	甜味粉末区换风	2 455	15
	甜味清洗区换风	1 780	1
	咸味喷粉干燥机	579	25
	咸味微波干燥机	641	25
	甜味喷粉干燥机	835	31

现有废气收集处理存在的问题如下：①反应釜、搅拌桶、称重台以及包装台均未设置废气收集装置，车间内主要生产设备的废气均无组织排放。②车间主要生产区域均设有强制换风系统，但是换风未经处理直接排放，排气口臭气浓度较高，异味明显。③咸味喷粉干燥机出口尾气经一级文丘里除尘后排放，甜味喷粉干燥机出口尾气经"文丘里除尘+布

袋除尘+水吸收+活性炭吸附"处理后排放。上述净化工艺可以去除尾气中的颗粒物，但是活性炭吸附装置净化效果取决于活性炭更换频率，现有吸附装置未配备脱附再生系统，实际运行过程中极易饱和，一旦活性炭吸附饱和，设备将无法有效控制VOCs异味污染。

3.2　废气收集系统改造

一、二车间内划分了多个相互隔离的作业区域，其中搅拌桶、反应釜等生产设备的废气均无组织排放。由于香精产品种类多、产量小，现有间歇式、敞开式生产工艺难以改为连续化、自动化、密闭化生产工艺。为防止新增废气收集装置污染食用香精，废气收集系统的改造仍利用现有换风系统，同时新增一套变频风机收集各区域排风机出口废气。各股废气设计流量见表8。

由于咸味粉末香精的微波干燥机和喷粉干燥机互为备用，总风量按照 25 000 m³/h 设计。

表8　废气流量统计

车间名称	废气来源	设计流量/（m³/h）
一车间	小料配制区换风	3 500
	乳化区换风	3 000
二车间	咸味清洗区换风	2 000
	咸味粉末区换风	2 000
	咸味液体膏体区换风	1 000
	甜味粉末区换风	1 000
	甜味清洗区换风	3 000
	咸味喷粉干燥机	3 500
	咸味微波干燥机	3 500
	甜味喷粉干燥机	6 000

3.3　废气净化工艺比选

该企业排放的废气净化处理属异味治理范畴，常见的净化工艺包括水吸收、活性炭吸附、蓄热式焚烧、低温等离子体净化等。水吸收的净化处理效率主要取决于污染物的溶解度、蒸气压等物理属性，其净化效率不高，常用作预处理措施。活性炭吸附主要用于回收有机物，本项目中有机物排放总量较低但异味较大，采用活性炭吸附实际处理效果较差，且产生大量的危险固废。蓄热式焚烧和低温等离子技术具有净化效率高、无二次污染等有点，在精细化工行业正得到越来越大范围的应用，两种工艺的对比分析见表9。

表 9　蓄热式焚烧和低温等离子体净化工艺对比分析

净化工艺	净化原理	适用范围	经济性对比分析（以文中企业为例）	
			投资费用	年运行费
蓄热式焚烧	以规整陶瓷材料作为蓄热体，通过流向变换操作循环利用有机废气氧化过程中产生的热量，热循环利用效率一般可高达 95%，对有机物的氧化温度高，一般在 800℃左右，净化效率高，对大部分有机物的净化效率可达到 98% 以上	适合处理排外连续稳定的中、高浓度有机废气（ TVOC 浓度 500～5 000 mg/m³ ）	320 万元	57.6 万元
低温等离子体	用介质阻挡放电或脉冲荷电放电过程中，等离子体内部产生富含极高化学活性的粒子，如电子、离子、自由基和激发态分子等。废气中的污染物质与这些具有较高能量的活性基团发生反应，最终转化为 CO、CO_2、H_2O 或小分子等物质，从而达到净化废气的目的	适用范围广、净化效率比较高、流量范围宽，尤其适用于其他方法难以处理的多组分有机废气和恶臭气体	260 万元	13.4 万元

注：电费按 0.8 元/度估算，天然气 3.5 元/m³，废气处理装置年工作时间 2 400h。

蓄热式焚烧净化工艺是有机废气和异味处理的最终手段，但是该企业日常生产周期仅 8h，且有机物实测浓度较低，如果采用蓄热式焚烧工艺，则运行成本过高，因此不宜直接采用 RTO 炉高温焚烧处理。现场试验表明，介质阻挡放电低温等离子体对有机物浓度较低的废气具有良好的净化处理效率，且运行成本低，操作维护简单，可与生产装置同开同停，因此最终选定采用水吸收+低温等离子体+水吸收净化工艺，处理流程如图 3 所示。

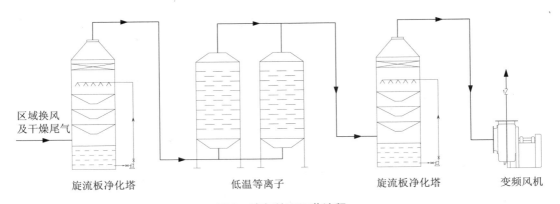

图 3　废气处理工艺流程

3.4 运行效果

该工程于 2016 年 7 月底竣工，经过半年多的运行，系统运行稳定，装置投运后废气扰民投诉显著减少。企业排放废气的臭气浓度由 1 738 降为 130，净化效果高达 92.5%。废气处理检测结果见表 10。

表 10   废气处理结果

污染物	废气处理装置入口浓度	废气处理装置出口浓度	去除率/%
臭气浓度	1 738 （无量纲）	130 （无量纲）	92.5
非甲烷总烃	16.31 mg/m³	2.94 mg/m³	82

设备运行主要消耗为电费，循环水泵功率为 7.5 kW，风机功率为 30 kW，等离子净化设备功率为 40 kW，废气处理装置年运行时间为 2 400 h，每千瓦时电 0.8 元，电极工作负荷为 90%，电费共计：（7.5+30+40）×2 400×0.8×0.9=13.4（万元/a）。